九型人格与血型密码

毛定娟 黄亚男·编著

天津科学技术出版社

图书在版编目（CIP）数据

九型人格与血型密码／毛定娟，黄亚男编著．—天津：天津科学技术出版社，2009.11
ISBN 978-7-5308-5447-1

Ⅰ.①九… Ⅱ.①毛… ②黄… Ⅲ.①血型—影响—性格—通俗读物 Ⅳ.①B848.6-49

中国版本图书馆 CIP 数据核字（2009）第 210349 号

责任编辑：刘丽燕
责任印制：白彦生

天津科学技术出版社出版
出版人：胡振泰
天津市西康路 35 号　邮编 300051
电话（022）23332398（事业部）　23332697（发行）
网址：www.tjkjcbs.com.cn
新华书店经销
北京中印联印务有限公司印刷

开本 880×1230　1/32　印张 10.5　字数 259 000
2009 年 12 月第 1 版第 1 次印刷
定价：28.00 元

血型影响性格 性格决定命运

　　一直以来，人们都在探索命运的变化。不管是中国的《易经》，还是古埃及的塔罗牌，抑或古巴比伦的占星术，无不试图洞穿命运的秘密，希望寻找到命运背后那位神秘的主宰。然而，科学发展到今天，从神秘主义到心理学，又从心理学到遗传学，决定命运的两个因素——性格与血型逐渐浮出水面。也许这个答案会让一些人大失所望，怎么偏偏是与我们朝夕相伴、我们再熟悉不过的性格与血型呢？但事实确实如此。

　　血型 A、B、AB、O 一起去食堂……

　　四人默默吃着自己的饭，谁也不说话。突然，吃了一半的 AB 站起身跑了出去，A 和 O 觉得很奇怪："他怎么了，还没吃完就走了？"

　　O 越想越奇怪，于是决定去看看 AB 干吗去了，便站起身跑了出去。这时 A 坐不住了，带着怀疑的口气问对周围漠不关心的 B："难道他们是因为不想和我一起吃饭才走的吗？"

　　从这个小故事中，我们会发现各种血型的性格特点：A 担心周围的事，盼望有平稳的人际关系；B 不愿受束缚，我行我素，不受周遭的影响，不在乎习惯与规则；O不愿被压制，具有同伴意识，喜欢有个性的事物；AB特立独行，具有独特的思维方式。

不同血型的人对事情的处理方式不同。比如，妻子洗了一块窗帘，正准备晾的时候接到单位的电话，于是妻子对在一旁看球赛的丈夫说："老公，我有事去一趟单位，你把窗帘晾阳台上吧。"丈夫乐呵呵地回答："你放心吧老婆，这事就交给我啦。"

这个时候，A、B、O、AB血型的丈夫分别会怎么做呢？我们来看看。

A丈夫看妻子一走，便关了电视来到洗衣机旁，把妻子放在盆里的窗帘拿到阳台上，先用抹布把晾衣竿擦干净，然后把窗帘挂上去，再把窗帘的各个边角扯平，挂在阳台上的窗帘平平整整好似一幅画。

B丈夫等妻子关上门，眼睛一边盯着电视里的足球，一边慢慢挪到洗衣机旁，拎起窗帘，跑到阳台胳膊一甩，于是窗帘就稳稳当当地搭在了晾衣竿上。等妻子回来一看，窗帘好似一条大麻花挂在阳台上，哭笑不得。

这件事情对O丈夫来说特别简单，因为等妻子一走，他斜眼一瞅盆里的窗帘，说："等我先睡一觉再挂吧。"于是倒在沙发上"呼呼"大睡，直到妻子回来才发现窗帘还乖乖地在盆子里躺着呢。

AB丈夫是这件事情当中最令妻子生气的人，因为妻子前脚一出门，后脚他就拎着妻子洗好的窗帘当自己的"秘密武器"，在客厅里一边甩一边走来走去，嘴里还振振有词："快快快，传球……传给他……"等妻子回到家，发现那块可怜的窗帘正无奈地躺在地上，而且身上沾满了灰尘……

一个人的血型是与生俱来的，丝毫不受外界环境的影响而改变。血型是一种特质，每个人都有一定的血型。血型与性格相对应，每种血型都有它独特的性格特征，而性格也关系着一个人将来的运程。例如有的人能历尽艰难终成一番事业，有的人则半途而废；有的人向往轰轰烈烈的爱情，有的人则追求平实的婚姻；有的人选择浪漫，有的人则选择稳定；有的人心胸宽广，有的人心胸狭窄；有的人刚正不阿，有的人奸诈狡猾……不同性格的人在面对同一件事情的时候会有不同的反应和行动，会导致不同的结果和不同的命运。因此，血型影响性格，性格决定命运就成为不可改变的事实。

血型、性格的奇妙作用，它们对命运的影响，在古往今来的故事及我们周围的人，包括我们自己在内都能得到最有力的见证，而且这样的例子屡见不鲜。就我们个人而言，要想争取成功和完美人生，第一步便应该了解自己。早在几千年前古希腊哲学家苏格拉底就说过："人啊，认识你自己！"而认识自己在很大程度上就是认识自己的血型、性格，进而克服自身弱点，不断完善自我。发挥血型优势，让良好的性格在人生之路上爆发出它的力量，帮助自己取得成功。

也许此时你的内心充满了困惑，你也许要问，你是什么血型，具有怎样的性格？血型从哪里来，它又如何影响性格？你的血型、性格会给你带来怎样的命运？如果你想知道这些问题的答案，请翻看这本书吧。

性格犹如人的面孔，有多少人就有多少性格，可谓千差万别。为了帮助读者迅速判断自己和他人的性格，我们采用近年来风靡全球的九型人格性格分析法，对人的性格进行深刻解读。

本书从理论和实践两大角度，全面而深入地阐述九型人格、血型对命运的决定关系，不仅在理论的层面上对九型人格、血型决定命运进行了科学论证，还对每种性格、血型作了较透彻的分析，并着重性格、血型的优势和缺陷的剖析。全书既介绍了九型人格和血型的神秘起源、历史发展、特征类型，又通过自我测试及具体典型性格、血型案例来帮助读者认识并掌握自己的性格、血型，同时重点阐述了性格、血型对于自己的事业、婚姻、健康及财富的影响。

在这本书中，你将带着好奇和问题开始你的一次重新认识自我的旅程；你将会找到决定你命运的金钥匙；你将会发现让你走向成功的法宝。

目 录 Contents

第一章 人生的两大奥秘：人格和血型

人格，你的内涵是什么 003
中国古代的人格分类 005
人格不好可以改变吗 009
血型的传说故事 010
日本人迷恋、崇尚"血型说" 013
中国人血型的潜在优势 017

第二章 九型人格：影响成功的神秘力量

揭开你我他的面纱——九型人格测试 021
古老的历史：九型人格来源于苏菲教 026
众生相：九张表情各异的面孔 028
九型人格著名代表人物 033
九型人格可以用在哪些方面 037

第三章 从血型窥探命运的密码

第一个发现血型的人 041

你的血型从哪里来 042

各种血型全面解析 044

血型之四大风云人物 053

第四章 九型人格与血型的奇妙关系

血型遗传影响人的人格 061

从人格表现上判断他人属于何种血型 062

生活中最常见的血型人格 064

第五章 魅力搜捕：评估你的人格魅力价值

起决定作用的是第一瞬间 069

永恒的魅力，源于内在美 072

不同血型的女人魅力各在哪里 078

女性眼中的魅力男人 084

测试：你的魅力指数有多少 087

第六章 心绪拾遗：走出不良情绪的沼泽地

细说两种人的"古怪"情绪　093

最易激动的人格和最冷静的人格　097

A、B、AB、O血型的"闹情绪"　100

重压之下，各血型人的古怪动作　104

缓解压力的方法　105

测试：你的情绪是否稳定　107

第七章 健康资讯：养成爱惜身体的良好习惯

易处于亚健康状态的三种人格　113

揭秘两种人格减压秘诀　118

血型不同，易患疾病也不同　124

从饮食、血型谈血型保健法　129

测试：你的抗压能力如何　134

第八章 生活写照：从生活中采撷情趣

培养健康的生活情趣　139

生活的方式由个人选择　143

四大血型人在生活中的表现　147

A、B、AB、O型血女性的美容养颜经　155

测试：你是否拥有一个健康的生活态度　161

第九章 恋爱时节：做个调配爱情的高手

恋情不稳定的两种情况　165

做个会恋爱的聪明女人　168

为什么B型血男友不招人疼爱　173

你与其他血型恋人该如何相处　177

教你如何根据血型追女孩　182

血型男求婚大揭秘　187

测试：自己的心上人喜欢自己吗　192

第十章 婚姻城堡：经营婚姻才能让婚姻持久保鲜

易给幸福婚姻带来危机的三种人格　199

不同人格夫妻的和美相处之道　204

你知道哪些女人易嫁入豪门吗　212

男人出轨都是血型在作怪　218

根据血型掌控婆媳相处的艺术　224

AB型血媳妇与不同型血婆婆　229

O型血媳妇与不同型血婆婆　231

测试：婚姻对你来说是什么　233

第十一章 交际纽带：储蓄左右逢源的人脉资源

用心读懂你周围的人　241

你的交际弱点在哪里　247

四种血型影响力大比拼　253

A、B、AB、O血型者交友之道　262

测试：你是社交达人吗　269

第十二章 职场在线：略懂些职场生存攻略

哪几种人格最可能成为领军人物　273

工作中最易碰壁的"倒霉"人格　277

从血型窥视你的职场表现　284

职场血型对对碰　291

测试：你的工作效能如何　295

第十三章 财富锦囊：解开自己的财富密码

从九型人格看谁能白手起家当富豪　303

细看"败家女"的奢侈生活　307

每种血型都有独特的花钱习惯　310

A、B、AB、O血型人的理财观念　315

测试：是什么阻碍了你发财致富　319

第一章
人生的两大奥秘：人格和血型

最近，有关人格、血型的话题成为人们茶余饭后的谈资，例如"人格决定命运""哪种血型人的命运最好""在日本找工作，先问你是什么血型"。也许，你很好奇：什么是人格，为什么人格、血型会影响一个人的命运？它们有哪些神奇魔力？带着这些问题，我们走进本书的第一章，了解人格、血型背后的故事。

第一章　人生的两大奥秘：人格和血型

🕴 人格，你的内涵是什么

　　爱因斯坦说过："一个人智力上的成就很大程度上取决于人格的伟大，这一点往往超出人们通常的认识。"那么什么是"人格"？我们先来看一个小故事。

　　一个下着小雨的中午，车厢里的乘客稀稀落落。在桥头站，上来一对残疾的父子。中年男子是个盲人，而他不到10岁的儿子只剩下一只眼睛略微能看到东西。父亲在小男孩的牵引下，一步一步地摸索着走到车厢中央。当车子继续缓缓往前开时，小男孩开口了："各位先生女士，你们好！我的名字叫林平，下面我唱几首歌给大家听。"接着，小男孩用电子琴自弹自唱起来，电子琴音乐很一般，但孩子的歌声却有天然童音的甜美。

　　正如人们所预料的那样，唱完了几首歌曲之后，男孩走到车厢头，开始"行乞"。但他手里既没有托着盘，也没有直接把手伸到你前面，只是走到你身边，叫一声"先生"或"小姐"，然后默默地站在那儿。乘客们都知道他的意思，但每一个人都装出不明白的样子，或干脆扭头看车窗外面……

　　当小男孩两手空空地走到车厢尾时，旁边的一位中年妇女尖声大嚷起来："真不知道怎么搞的，北京的乞丐这么多，连车上都有！"这一下，几乎所有的目光都集中到这对残疾父子的身上。没想到，小男孩竟表现出与年龄极不相称的冷峻，他一字一顿地说："女士，你说错了，我不是乞丐，我是在卖唱。"

　　车厢里所有淡漠的目光刹那间都生动起来。有人带头鼓起了掌，然后是掌声一片。

这就是人格的魅力。面对尊严的践踏，小男孩不卑不亢。

人格是一个心理学概念，它最初来源于拉丁文的 persona，原意指演员在舞台上戴的面具，与中国戏剧舞台上代表不同角色的脸谱相类似。经过漫长的演变过程，人格一词的内涵已与原意大相径庭。一般说来，人格指一个人在社会化过程中形成和发展的思想、情感以及行为的特有统合模式，这个模式包括个体独具的、有别于他人的各种特质或特点的总体。概括地讲，人格是指人的整体精神面貌，如气质、能力、性格和理想、信念、人生观等。

人格并不是一朝一夕形成的，但一经形成就比较稳定，并且贯穿在他的全部精神面貌和行动之中。因此，个体一时性的偶然表现不能认为是他的人格特征，只有经常性、习惯性的表现才是他真正的人格特征。人格虽稳定，但又不是一成不变的。它随着现实的多样性和多变性或多或少地变化着。

需注意，人格与我们平常所说的性格相似，但又有不同。性格是指个体对现实的态度和行为方式习惯化的结果。个体对现实的态度就是对自己、对他人、对集体、对社会的看法和评价。人们生活在社会中，不可能不对各种事物产生自己的看法，作出一定的选择，采取一定的行为方式，这个过程就是性格的体现。例如，"守株待兔"反映一个人懒惰、迂腐的性格特点；"孔融让梨"反映了谦让的性格特点。

在心理学上，性格的定义几乎与人格相同，事实上它们有区别。性格是人格的重要组成部分，它是人格中涉及社会评价的那一部分。可以说，性格是人格的社会属性的体现。

在古希腊德尔菲神庙上有句古老的格言："认识你自己。"言外之意，只要人类存在，人们对自己的探索就不应停止。人之所以探索人格问题，是因为人们希望自己能更好地把握世界。人们在自然和社会中寻求发展的同时，不断反求诸己，反躬自省，探索着行为与人性、人格的关系，以求更好地掌握自己的人生。

第一章 人生的两大奥秘：人格和血型

中国古代的人格分类

我国从古代起就对人格进行了研究，并根据人格的不同特征进行各种各样的分类，例如孔子、荀子以及《黄帝内经》等著作，都在这方面有深入的研究。相较于西方，我国古代的人格分类、鉴定思想多有独到之处，如鉴定人格的情境法、诗文书画分析法等。因此，总结并继承我国古代这一份优秀的思想遗产，显得尤为重要。

下面我们就其中最典型的几种人格分类进行介绍。

孔子的人格分类

（1）从道德品质上划分，人格有君子、小人之分。

界定语录

"君子坦荡荡，小人常戚戚。"
"君子周而不比，小人比而不周。"
"君子喻于义，小人喻于利。"
"君子求诸己，小人求诸人。"
"君子上达，小人下达。"
"君子固穷，小人穷斯滥矣。"
"君子和而不同，小人同而不和。"
"君子泰而不骄，小人骄而不泰。"
"君子成人之美，不成人之恶。小人反是。"
"君子怀德，小人怀土；君子怀刑，小人怀惠。"

（2）从智慧上划分，人格有上智、中人和下愚之说。

界定语录

"唯上智与下愚不移。"

"中人以上,可以语上也;中人以下,不可以语上也。"

(3) 从气禀上划分,人格有狂、狷和中行之别。

> **界定语录**

"不得中行而与之,必也狂狷乎!狂者进取,狷者有所不为也。"

"狂"就是敢作敢为,积极进取;"狷"就是遇事拘谨,不敢作为;而"中行"大多合乎中庸之道。

荀子的人格分类

(1) 从德行上划分,人格有通士、公士、直士、悫(què,诚实)士、小人之分。

> **界定语录**

"上则能尊君,下则能爱民,物至而应,事起而辨:若是则可谓通士矣。不下比以暗上,不上同以疾下,纷争于中,不以私害之:若是则可谓公士矣。身之所长,上虽不知,不以悖君;身之所短,上虽不知,不以取赏;长短不饰,以情自竭:若是则可谓直士矣。庸言必信之,庸行必慎之,畏法流俗,而不敢以其所独甚:若是则可谓悫士矣。言无常信,行无常贞,唯利所在,无所不倾:若是则可谓小人矣。"

(2) 从勇猛的程度上划分,人格有上勇、中勇和下勇之别。

> **界定语录**

"天下有中(正道之意),敢直其身;先王有道,敢行其意;上不循于乱世之君,下不俗于乱世之民;仁之所在无贫穷,仁之所亡无富贵;天下知之,则欲与天下共乐之;天下不知之,则傀然独立天地之间而不畏:是上勇也。礼恭而意俭,大齐信焉,而轻货财;贤者敢推而尚之,不肖者敢援而废之:是中勇也。轻身而重货,恬祸而广解苟免;不恤是非、然不然之情,以期胜人为意:是下勇也。"

荀子崇尚"上勇","中勇"次之,反对"下勇"。

(3) 从勇猛的性质上划分，人格有狗彘之勇、贾盗之勇、小人之勇和君子之勇之说。

> **界定语录**

"争饮食，无廉耻，不知是非，不辞死伤，不畏众强，悻悻然唯利饮食之见：是狗彘之勇也。为事例，争货财，无辞让，果敢而振，猛贪而戾，悻悻然唯利之见：是贾盗之勇也。轻死而暴：是小人之勇也。义之所在，不倾于权，不顾其利，举国而与之不为改视，重死、持义而不挠：是士君子之勇也。"

《黄帝内经》的人格类型说

《黄帝内经》中，从秉持阴阳之气的多少和五行两个方面对人进行了划分。前者侧重于心理，后者侧重于生理。

(1) 根据阴阳之气的多少来看，人格有太阳、少阳、太阴、少阴和阴阳和平之分。

> **界定语录**

"太阴之人，贪而不仁，下齐湛湛，好内而恶出，心和而不发，不务于时，动而后之，此太阴之人也。少阴之人，小贪而贼心，见人有亡，常若有得，好伤好害；见人有容，乃反愠怒，心疾而无恩，此少阴之人也。太阳之人，居处于于（得意自足的样子），好言大事，无能而虚说，志发于四野，举措不顾是非，为事如常自用，事虽败而常无悔，此太阳之人也。少阳之人，是谛（shìdì，做事精细审慎）好自贵，有小小官则高自宜，好为外交而不内附，此少阳之人也。阴阳和平之人，居处安静，无为惧惧，无为欣欣，宛然从物，或与不争，与时变化，尊则谦谦，谭而不治，是谓至治。"

(2) 从五行的角度来看，人格有金型、木型、水型、火型和土型之说。这五型人的特征和寿命如下。

金型人 金型人有着方形的面孔，白皙的皮肤，眉高眼深，鼻高耳仰。骨头轻，肩、腹、足都很小，脚跟却坚实厚大。他们性情耿直，易急躁；行动敏捷，果断利索；意志比较坚定。这类人办事严肃认真，多比较廉洁奉公。

金型人大多豁达大度，虚怀若谷，因此，寿命一般偏长，但燥阳之气易伤阴津，故寿命只属中等。

木型人 木型人头小面长，肩阔背直，骨骼修长。他们勤劳，但体力不强，肤色苍白，走路轻飘，常给人以弱不禁风之感。他们多是有才之人，质朴清高，好用心机，因此常常过于忧虑。这类人心地善良，有恻隐之心。

木型人由于性急好动，阳气耗散较快，所以寿命偏短。

水型人 水型人多肤色暗淡，面部缺乏光泽，身体清瘦，头大，肩膀狭小，走路时身子摇摇晃晃。这类人多性格内向、阴柔，城府较深，遇到事情善于保全自己，有参谋家素质。他们无所畏惧，不卑不亢，廉洁不够，欺诈有余。

水型人由于阴气重，喜伏藏，阳气耗损较少而寿命偏长。

火型人 火型人外貌瘦小，面尖下圆，肤色发红，背部肌肉宽厚、丰满，步履稳重，走路时肩摇背晃。这类人多性急如火，热情爽快，诚实，质朴，待人总是彬彬有礼，人缘较好。他们有气魄但少信心，轻财但少信用。

火型人阳气偏盛，阳气耗散过大，所以寿命偏短，尤其容易灼伤阴津而猝死。

土型人 土型人头大面圆，肤色发黄，肩背丰厚，肌肉丰满，手足不大，腹大，腿部壮实，整体比较匀称。这类人勤劳质朴，忠厚老实，忠孝至诚，对人宽宏大量，因此内心安定。他们乐于助人，严守信誉，行事稳重，值得人信赖。

土型人是五型人中最长寿的。他们气血运行缓慢，阴阳虽趋于调和，但偏阴，所以一般来说，此型人很少患急性病而多长寿。

第一章　人生的两大奥秘：人格和血型

人格不好可以改变吗

有的人常常抱怨："为什么我这么懦弱？我讨厌我的性格！"连自己都不喜欢自己、不接纳自己，这是件多么可怕的事情啊。不喜欢自己的人大多会自卑，只要一自卑，成功就很可能与你无缘。

19世纪末，一个男孩降生在布拉格一个贫穷的犹太人家里。随着男孩一天天地长大，人们发现他虽为男儿身，却没有半点男子汉气概。他性格十分内向、懦弱，也非常敏感多虑，老是觉得周围的环境都在对他产生压迫和威胁。防范和躲避的心理在他心中可谓根深蒂固。

男孩的父亲竭力想把他培养成一个标准的男子汉，希望他具有风风火火、宁折不屈、刚毅勇敢的性格特征。在父亲粗暴、严厉的培养下，他的性格不但没有变得刚烈勇敢，反而更加的懦弱自卑，并从根本上丧失了自信心，以至于他在惶惑痛苦中长大。他整天都在察言观色，常独自躲在角落悄悄咀嚼受到伤害的痛苦。

这样的孩子，实在太没有出息了。你能够让他去当兵，去冲锋陷阵，去做元帅吗？不可能，部队还没有开拔，他也许就已当逃兵了。让他去从政吧！依他的智慧、勇气和决断力，要从各种纷杂势力的矛盾冲突中寻找出一种平衡妥当的解决方法，那更是可望而不可即的幻想。他也做不了律师，懦弱内向的他怎么可能在法庭上像斗鸡似的竖起雄冠来呢？做医生则会因太多的犹豫顾虑而不能果断行事，那只会使很多的生命在他的犹豫延宕中遗恨终身。

看来，懦弱、内向的性格，确实是一场人生的悲剧，即使想要改变也改变不了，因为他的父亲已做过努力了。你能想象这个男孩后来的命运吗？这个男孩后来成了世界上最伟大的文学家，他就是卡夫卡。

为什么会这样呢？原因很简单，就在于卡夫卡找到了适合自己穿的鞋，找到了上苍为他的性格安排的职业。

性格内向、懦弱的人，他们的内心世界很丰富，能敏锐地感受到别人感受不到的东西。他们是外部世界的懦夫，却是精神世界的国王。这种性格的人如果选择了做军人、政客、律师，那么，他就选择了做懦夫；但是如果他选择了精神的领域，那么，他就选择了做国王。卡夫卡正是选择了后者，才在文学创作的领域里纵横驰骋，写出了《变形记》《判决》《乡村医生》《地洞》等传世巨著。卡夫卡的文笔明净而想象奇诡，以对生活的巨大洞察力为后盾，其形式之怪诞表现了艺术的独创，20世纪各个写作流派纷纷追其为先驱。卡夫卡直到41岁死于肺痨时才停止了自己的创作。

看了这个故事，你还在为自己的性格烦恼吗？你还试图改变自己的性格吗？千万别这样做，因为"江山易改，本性难移"，想改变一个人的性格，比移动一座大山还难。而且性格并无好坏之分，就像一个畏首畏尾、做事放不开手脚的人，性格一定很谨慎；一个不会三思而后行、行为鲁莽的人一定具有勇敢的性格；一个我行我素、不拘小节的人，性格一定很豪放。所以，每一种性格都能成功，关键在于自己能否准确识别并全力发挥自己性格的优势与天赋，寻找到适合自己发挥自身性格的道路，并坚持下去。

而暂时没有成功的人，就像少年时的卡夫卡，仅仅是因为他们还没有为自己的性格找到合适的位置，还未发挥自己的性格优势。所以，千万不要讨厌自己的性格，只要往性格的优势方向发展，无须改变，只要改善，相信性格不会阻挡成功的来临。

血型的传说故事

人类并不是一开始就存在四种血型的。血型是在人类演化进程中逐渐产生并发展的，它们留存着各个历史时代生活对人类要求的印记。

A型　好交游的拓荒者

A型血人出现在人类进化阶段的开始。如今，这种血型的人集中分布在西欧，如西班牙、土耳其、地中海地区的亚得里亚海以及爱琴海沿岸。此外，在位于亚欧大陆东端的日本，也有不少A型血人。

随着狩猎武器的发明和改良，人类开始捕获大量的野兽，以致出现了肉类的短缺。于是，进化开始了。从此，人类开始从事农业生产，并学会了储存粮食。他们的饮食结构也在进化过程中慢慢发生着改变。最开始，他们还只是以植物、水果和蔬菜为食，以粮食和牛奶为主食是到一万年前才出现的事。

在人类的血型逐步适应新的饮食结构的同时，这个改变了的饮食方式还要求产生一种新的性格。这种性格完全不同于猎人的孤独和耐心，它要求含有更多的合作能力与集体精神，于是，在一系列的集体活动中，人们之间逐渐产生了相互依存、相互联系的社会关系，并相对稳定下来。这个稳定在小型团体中，交际能力、乐于助人及沟通能力显得至关重要。这一切从人的血液中反映出来，就产生了A型血人。

B型　强大的畜牧者

B型血是人类进化过程中继A型血之后的又一产物。从各种迹象看来，这一血型的人应该首先来自印度，是高加索人与蒙古人的混血民族。

随着气候的变迁、土地的过度种植，食物日益面临短缺的危机，人类需要寻求新的食物来源。在向亚洲方向迁徙的过程中，人类学会了畜牧及驯养野生动物。这是一门全新的技术，它完全不同于狩猎及射杀动物。在这个过程中，他们不断追求权力，他们需要对这些牲畜群进行管理，使之听从指挥。

此外，在很长一段时间里，他们不得不为生活担忧。在照顾牲畜群的过程中，他们一方面不得不始终保持高度警觉，因为一不小心牲畜就可能被贼偷走；一方面又不得不一再地寻找合适的牧场。这种一面追求权力，一面又为生活担忧的生活状态，影响了他们的气质，使得他们的性格发生了相应的改变。B型血人就这样应运而生了。

AB型　人类大迁徙的结晶

AB型血的发展时间最短，直到近1000～2000年才出现。在这之前，人类不断地进行着大迁徙，并在迁徙中相互融合，于是，A型血和B型血之间出现了混合。之后，人类又继续从亚洲向西方迁徙，于是，AB型血就这样被带到了西欧的东部地区，如德国和奥地利。

通常情况下，血型应按照一定的遗传规律传给下一代，也就是说，如果A型和B型一直为显性，后代也一定是A型或B型血。因为很少情况下会出现混合，所以，AB型血的出现显得非常特殊。

直到现在，人们也没有弄清楚这种混合的原因，但是结果已很清楚明了。AB型人兼具A型和B型的特质，性情多变，有时他们会很平和或者温柔，然而有时又会暴跳如雷或者充满热情。因此，相较于其他血型的人，AB型人显得极为神秘，令人难以捉摸。

O型　孤独的猎人与采集者

O型血的历史最为悠久，它大约出现于公元前6万至4万年之间。

4万年前，现代人的祖先克鲁马侬人出现了。他们的外表与今天的南部非洲人极为相似。他们以狩猎为生，偶尔也采集树根、浆果和野菜。在猎光了所有的大野兽后，他们开始从非洲向欧洲迁徙，并最终在三万五千年前在整个欧洲定居。

在那段漫长的岁月里，为了能够御寒饱腹，他们不得不成日穿梭在原始森林中，四处寻找食物。他们的狩猎工具相当原始，因而在与熊的搏斗中，常常处于劣势。

除了环境的极度恶劣，他们还面临着与原住民尼安德特人之间的竞争。为了生存，他们必须勇敢无畏，极具耐心，在成日的狩猎中忍受孤独；他们必须具备超强的承受能力，绝不能垮掉。终于，当尼安德特人消失在历史的视野里时，他们仍然顽强地生存了下来。

O 型血人的出现，可以说是顺应自然的结果。虽然后来因为食物的短缺，他们不得不继续向欧洲及亚洲大规模迁徙。

日本人迷恋、崇尚"血型说"

日本"迷信风潮"，血型决定一切

近年来，在日本掀起了前所未有的疯狂的血型迷信潮。血型，俨然成了现代日本人的流行通行证。

血型书受到追捧，销量惊人。2008 年，在日本十大畅销书中，关于血型的书就占了 4 种。它们一上市就备受青睐，不到两个月，销量就超过了 500 万册。

血型影响日常交往和就业。工厂、公司录用员工，都会事先了解应聘者的血型，血型相合才能被录用；婚介公司为征婚人安排的交往对象，也是以血型的匹配度为依据的，他们坚信，匹配度高则交往成功的概率高，婚后也才能幸福；同一血型的人总是有着他们的共性，所以，为了方便照看，幼儿园的小朋友都按血型分组；不但如此，女子棒球队的训练方案，也是根据队员的血型单独制订的。

不仅如此，血型的影响甚至渗透到了政党竞选、商业招标等重大活动中。据说，日本前首相麻生太郎在竞选中，为了打败他的政治对手、民主党党首小泽一郎，竟然在其个人官方网站上公开标明了自己的血型，血型的影响力由此可见一斑。

血型更是现代日本年轻人爱情的流行通行证。他们毫不置疑地认为，流淌在他们血管里的血液，不仅能够决定他们能否更好地把握生活，能否赚到钱，家庭能否幸福，事业能否成功，而且能决定他们的爱情和婚姻。不信，你可以看看下面的故事。

只嫁 AB 型

20 岁的美智子甜美可人，追她的人排着队，然而不是他们表现太差，就是不符合她的择偶标准。不过，美智子倒不觉得惋惜，毕竟自己还年轻，有的是大把时间去挥霍和等待！

一天，美智子从电脑前抬起头来时，一张面孔势不可挡地闯了进来。美智子定睛一看，不觉有些恍惚，这是一张多么富有朝气、多么英俊的面孔啊！而且，这张面孔的主人，正柔情蜜意地注视着她。"不是吧？我是不是眼花了？"没等美智子回过神来，他已经消失得无影无踪了。

"不得了，美智子被董事长的公子看上了耶！你瞧他刚才看你的眼神，真的是好温柔，好温柔呢！"办公室里，顿时骚动起来。

"原来是董事长的公子，这怎么可能呢？"美智子暗自嘀咕道。起初，美智子并未放在心上，但是很快，这位叫反町的公子哥就展开了攻势，又是送花，又是假借出差带她出外旅行……原来他早就在一次公司舞会上对她一见钟情，这次来父亲公司见习才得以有机会追求她。

接下来的日子，美智子真切地感受到了幸福的滋味，反町的温柔、细心、英俊与绅士，如一阵春风叩开了她的心扉。然而当反町含情脉脉地向她表白时，她却犹豫了。

"怎么啦？是我做得不够好吗？"反町的语气有些焦急。在他的注视下，美智子低下了头，迟疑地说道："不，不是的，只是，你能告诉我，你是什么血型吗？"

"AB 型。这有什么关系吗？"

"真的吗？"美智子有些欣喜若狂，她相信，一定是上苍把这样的男子带到我身边的！

第一章 人生的两大奥秘：人格和血型

看着前后判若两人的美智子，反町有一瞬间的纳闷，但很快就被追求成功的喜悦替代了。

多年后，一位曾经的情敌见到反町夫妇时，不无艳羡地说："美智子只嫁 AB 型的，我当时就是因为这个被挡在了门外，您的运气还真不错呢！"

原来，美智子一直坚持的择偶标准竟然是：只嫁 AB 型！

非 B 型不嫁

长得清纯靓丽的由奈美，同样拥有众多的爱慕者。然而，眼看就要步入中年的她却丝毫不动心，迟迟不肯开启她的爱之门。长辈们都看在眼里，急在心头。

其实，由奈美的情感世界也并非一片空白。她也曾有过一段美好的过往，一段若不是触动心扉她绝不肯开启的记忆。他叫川田，是一家网络公司的职员。那是 3 年前一个深秋的黄昏，他们在街心公园相遇了。

同样寂寞的他们相恋了，他们一起逛商场、游公园、泡咖啡厅、出外旅行……在他们各自的朋友看来，他们是幸福的一对，这段恋情应该有个完美的结局。精明而体贴的川田，也认为两人的爱已水到渠成，于是，他决定借着咖啡厅里缠绵的灯光，向由奈美表白自己的心迹。

"由奈美小姐，你愿意给个理由让我照顾你一生吗？"川田温柔地说道。

"川田君，我……我不能！"

"为什么？是我不值得你爱吗？是我做得不够好么？"

"不，不是的，川田君，请你不要逼问我，我很感谢你留给我这么多值得珍藏的记忆……对不起，我先走一步！"说完，由奈美黯然地离开了咖啡厅。

对于这次求婚的结局，川田在心中设想了 N 种，但没有一种是这样的，这让川田不知所措。之后，由奈美对他避而不见，他只好去找她的好友静子小姐帮忙，然而，静子小姐的话彻底粉碎了他的幻梦。

"川田君，对于你们俩的结果，我真的很痛心。那天，当由奈美从别处打听到您的血型后，非常遗憾地向我哭诉：'怎么川田君偏偏是 O 型呢？我可是非 B 型不嫁的啊！'在由奈美的眼中，O 型血人再怎么努力都是徒劳的，他们注定命运不济。任凭我百般劝说，她还是坚持己见，一心想要放弃。"

"毕竟她是爱过我的！"离开时，川田君默默地告诫自己要坚强，可眼前却一片模糊。他想起了那天由奈美离去的身影，落寞而忧伤……

A 型血的人没有爱情

要说优子，长得也算是美人了，可是在爱情这条路上，却走得非常辛苦。有时候，她甚至绝望地想要一个人走完这一生。

大学毕业后，优子在一家事业单位找到了一份文员工作，但不久就因为脾气暴躁被解雇了。之后，她几次出去找工作，都被告知血型不合要求。眼看半年过去了，工作还一点眉目都没有，她有些泄气："难道 A 型血人就真的一无是处了吗？"尽管如此，优子还是做梦都想拥有一份自己的工作，哪怕是一份卑微的工作也行！

丢了工作的优子，在爱情上也遭遇了滑铁卢！还是在上大学那会儿，优子认识了在一家私人公司上班的木村。他长得不怎么帅，但心眼好，能够处处想着她。他们的爱情虽然没有太多的浪漫，却从不缺乏温馨感人的画面。多少个午夜，不管多困，木村都会准时给优子送去吃的，因为他知道她这会儿会饿；遇到暴风雨天气，木村也总是会提前等候在校外……为此，优子感动不已，发誓要真心对待他，与他共度一生。然而，临到谈婚论嫁的当口，木村却一反常态地要和她分手。

"为什么？这是为什么？"优子不明白。

"这些年来，你没感觉到吗？A型血的你，脾气太暴躁了，我可不想再继续忍受下去，说不定哪天我会发疯的！"木村狠狠地掐灭了烟头，说道。

"难道因为我是A型血，就连与你撒撒娇和偶尔的争辩，都成了我生性暴躁、生性让人讨厌的证明吗？可是，为什么你不早跟我说，为什么还对我那么好？"优子感到难以理解，心头油然升起一股悲怆而绝望的情绪。

分手后的优子，又主动向几个小伙子发起过爱情攻势，但都因为是A型血而遭回绝。

"为什么会这样？难道A型血的人注定没有爱情？"优子满腹的疑惑不知道该向谁去求证，只好一遍一遍地问自己。当她单薄的身影穿过黄昏的街头，没有人注意到她眼中闪烁的落寞和无奈。

中国人血型的潜在优势

中国人的血型比例大概为A型血占28%，B型血占24%，O型血占41%，AB型血占7%。这个比例可谓举世罕见，它是中国社会几千年来的社会结构不断趋于优化和合理的结果。

如今的科学业已证实，对一个社会或一个国家来讲，单一血型或血型比例太偏是弊多利少的。中国是一个多民族国家，在漫长的历史演变过程中，几乎每个朝代都曾有意识地溶进不同民族血型来优化她的血型比例。例如，在唐王朝的强大军队中，就有不少朝鲜族和维吾尔族的人担任要职，甚至被任命为大将，统领千军万马。元朝是中国历史上第一个由少数民族建立的统一的封建王朝，蒙古人骁勇善战、兵强马壮，他们打败金人，重新实现大一统的局面。

九型人格与血型密码

从某种意义上讲，中国可以算是世界上最早进行血型化验的国家。宋朝时，提刑官办案，有时就采用"滴血认清"的方法。所谓滴血认清，就是指孩子的血和大人的血如能溶在一起，便是父母亲生，否则就不是。这种方法在今天看来虽然缺乏科学依据，但仍不失为有益的尝试。值得一提的是，认识到引进不同民族血型的人才能繁荣昌盛这一道理，在中国已经有千年历史了，而在世界其他各国，包括现今头号经济大国美国在内，只是近两百来年的事。

血型不能完全决定一个人的性格，因而一个国家的血型比例特征也不能完全决定一个国家的发展模式。中国现今的3：3：3：1这一血型比例，既有A型人把既成事物加以应用改造的特性，又能以B型人固有的聪明才智加以发明创造，再加上O型人的进取和开拓精神，这就使中国走着一条既非欧美、也非日本的独特的经济发展道路。中国将向世界证明，她将仍是最富有发明创造性的国家。

另外，中国的血型比例具有强大的影响力。回顾历史，自从秦灭六国实现统一，建立国家政权后，无论外族怎样入侵，结果不是被消灭就是被同化，有事实为证。犹太民族被人类学家认为是世界上最难同化的民族，无论在哪里，他们都坚守本民族的宗教信仰、风俗习惯、兴趣爱好和古老的希伯来文化遗产。然而据调查，在犹太民族历史上向东大迁徙中，他们到达东方大陆后却失去了踪影。原来，他们已经被融合在中华民族中了。这充分说明了中国是世界上最有影响力的国家，也是最有生命力的国家。

中国3：3：3：1的血型比例被许多血型专家认为是ABO血型中的最优组合。各种血型既充分发挥自己的特性，又相互制约，防止出现由某一血型占主导地位而引起的不良现象。例如，日本和德国就以A型血占主导地位，他们某些人的非理性曾使整个世界陷入水深火热之中。

相信，不久的将来，中国会凭她拥有的强大实力跻身发达国家行列。

第二章
九型人格：影响成功的神秘力量

世界上剖析性格的方法有很多种，九型人格测试就是其中之一。九型人格测试来自美国斯坦福大学的科学研究，如今已经在国际上开始流行，并被作为众多的世界500强企业领导用来安排员工岗位的一个重要参考。那么，何为九型人格？九型人格具体指哪些性格？其代表人物是谁？它有什么作用？这就是本章所要讲述的内容。

第二章　九型人格：影响成功的神秘力量

揭开你我他的面纱
——九型人格测试

中国的老子说"知人者智，自知者明"，一个能看透周围人的人"智慧"，一个能了解自己的人"明"，不糊涂，一般不会做出没有自知之明的事情。

"知己知彼"，才能百战不殆。下面，我们首先开始九型人格的测试，借此来了解我们自身与周围的他（她）。在做九型人格测试题之前，需要注意以下几点。

（1）108道题要凭借第一感觉选择，不要过多权衡，因为每种性格的背后都是有好有坏。这样忠实地记录，只是为了更好地了解你自己。

（2）在与你情况相符的题目旁做记号，并记录相关题目后面的数字。

（3）最后将相同的数字归为一类，看看有多少个1，多少个2，多少个3……然后找出数量最多的数字，对照答案便了解自己是九型人格中的哪一种。

（4）数字最多的只是你的主要性格，还要参照其他较多数字所对应的人格类型，并阅读全书以获得更详细、准确的信息。

九型人格测试题

1. 我很容易迷惑。9
2. 我不想成为一个喜欢批评的人，但很难做到。1
3. 我喜欢研究宇宙的道理、哲理。5
4. 我很注意自己是否年轻，因为那是找乐子的本钱。7

5. 我喜欢独立自主，一切都靠自己。8

6. 当我有困难时，我会试着不让人知道。2

7. 被人误解对我而言是一件十分痛苦的事。4

8. 施比受会给我更大的满足感。2

9. 我常常设想最糟的结果而使自己陷入苦恼中。6

10. 我常常试探或考验朋友、伴侣的忠诚。6

11. 我看不起那些不像我一样坚强的人，有时我会用种种方式羞辱他们。8

12. 身体上的舒适对我非常重要。9

13. 我能触碰生活中的悲伤和不幸。4

14. 别人不能完成他的分内事，会令我失望和愤怒。1

15. 我时常拖延问题，不去解决。9

16. 我喜欢戏剧性、多彩多姿的生活。7

17. 我认为自己非常不完善。4

18. 我对感官的需求特别强烈，喜欢美食、服装、身体的触觉刺激，并纵情享乐。7

19. 当别人请教我一些问题，我会巨细无遗地分析得很清楚。5

20. 我习惯推销自己，从不觉得难为情。3

21. 有时我会放纵和做出僭越的事。7

22. 帮助不到别人会让我觉得痛苦。2

23. 我不喜欢人家问我关于广泛、笼统的问题。5

24. 在某方面我有放纵的倾向（例如食物、药物等）。8

25. 我宁愿适应别人，包括我的伴侣，而不会反抗他们。9

26. 我最不喜欢的一件事就是虚伪。6

27. 我知错能改，但由于执著好强，周围的人还是感觉到压力。8

28. 我常觉得很多事情都很好玩、很有趣，人生真是快乐。7

29. 我有时很欣赏自己充满权威，有时却又优柔寡断，依赖别

第二章 九型人格：影响成功的神秘力量

人。6

30. 我习惯付出多于接受。2

31. 面对威胁时，我一是变得焦虑，一是对抗迎面而来的危险。6

32. 我通常是等别人来接近我，而不是我去接近他们。5

33. 我喜欢当主角，希望得到大家的注意。3

34. 别人批评我，我也不会回应和辩解，因为我不想与人发生任何争执与冲突。9

35. 我有时期待别人的指导，有时却忽略别人的忠告，径直去做我想做的事。6

36. 我经常忘记自己的需要。9

37. 在重大危机中，我通常能克服对自己的质疑和内心的焦虑。6

38. 我是一个天生的推销员，说服别人对我来说是一件轻易的事。3

39. 我不相信一个我一直都无法了解的人。9

40. 我爱依惯例行事，不大喜欢改变。8

41. 我很在乎家人，在家中表现得忠诚和包容。9

42. 我被动而优柔寡断。5

43. 我很有包容力，彬彬有礼，但跟人的感情互动不深。5

44. 我沉默寡言，好像不会关心别人似的。8

45. 当沉浸在工作或我擅长的领域时，别人会觉得我冷酷无情。6

46. 我常常保持警觉。6

47. 我不喜欢要对人尽义务的感觉。5

48. 如果不能完美地表态，我宁愿不说。5

49. 我的计划比我实际完成的还要多。7

50. 我野心勃勃，喜欢挑战和登上高峰的经验。8

51. 我倾向于独断专行并自己解决问题。5

52. 我很多时候感到被遗弃。4

53. 我常常表现得十分忧郁的样子,充满痛苦而且内向。4

54. 初见陌生人时,我会表现得很冷漠、高傲。4

55. 我的面部表情严肃而生硬。1

56. 我很飘忽,常常不知自己下一刻想要什么。4

57. 我常对自己挑剔,期望不断改善自己的缺点,以成为一个完美的人。1

58. 我感受特别深刻,并怀疑那些总是很快乐的人。4

59. 我做事有效率,也会找捷径,模仿力特强。3

60. 我讲理、重实用。1

61. 我有很强的创造天分和想象力,喜欢将事情重新整合。4

62. 我不要求得到很多的注意力。9

63. 我喜欢每件事都井然有序,但别人会认为我过分执著。1

64. 我渴望拥有完美的心灵伴侣。4

65. 我常夸耀自己,对自己的能力十分有信心。3

66. 如果周遭的人行为太过分时,我准会让他难堪。8

67. 我外向、精力充沛,喜欢不断追求成就,这使我的自我感觉良好。3

68. 我是一位忠实的朋友和伙伴。6

69. 我知道如何让别人喜欢我。2

70. 我很少看到别人的功劳和好处。3

71. 我很容易知道别人的功劳和好处。2

72. 我忌妒心强,喜欢跟别人比较。3

73. 我对别人做的事总是不放心,批评一番后,自己会动手再做。1

74. 别人会说我常戴着面具做人。3

75. 有时我会激怒对方,引来莫名其妙的吵架,其实是想试探对方爱不爱我。6

第二章 九型人格：影响成功的神秘力量

76. 我会极力保护我所爱的人。8

77. 我常常刻意保持兴奋的情绪。3

78. 我只喜欢与有趣的人为友，对一些无趣的人却懒得交往，即使他们看来很有深度。7

79. 我常往外跑，四处帮助别人。2

80. 有时我会讲求效率而牺牲完美和原则。3

81. 我似乎不太懂得幽默，没有弹性。1

82. 我待人热情而有耐性。2

83. 在人群中我时常感到害羞和不安。5

84. 我喜欢效率，讨厌拖泥带水。8

85. 帮助别人达到快乐和成功是我重要的成就。2

86. 付出时，别人若不欣然接纳，我便会产生挫折感。2

87. 我的肢体硬邦邦的，不习惯别人热情的付出。1

88. 我对大部分的社交集会不太有兴趣，除非那是我熟识的和喜爱的人。5

89. 很多时候我会有强烈的寂寞感。2

90. 人们很乐意向我表白他们所遭遇的问题。2

91. 我不但不会说甜言蜜语，而且别人会觉得我唠叨不停。1

92. 我常担心自由被剥夺，因此不爱做承诺。7

93. 我喜欢告诉别人我所做的事和所知的一切。3

94. 我很容易认同别人为我所做的事和所知的一切。9

95. 我要求光明正大，为此不惜与人发生冲突。8

96. 我很有正义感，有时会支持不利的一方。8

97. 我注重小节而效率不高。1

98. 我容易感到沮丧和麻木更多于愤怒。9

99. 我不喜欢那些侵略性或过度情绪化的人。5

100. 我非常情绪化，喜怒哀乐多变。4

101. 我不想别人知道我的感受与想法，除非我告诉他们。5

102. 我喜欢刺激和紧张的关系，而不是稳定和依赖的关系。1

103. 我很少用心去听别人的心情，只喜欢说说俏皮话和笑话。7

104. 我是循规蹈矩的人，秩序对我十分有意义。1

105. 我很难找到一种我真正感到被爱的关系。4

106. 假如我想要结束一段关系，我不是直接告诉对方，而是激怒他来让他离开我。1

107. 我温和平静，不自夸，不爱与人竞争。9

108. 我有时善良可爱，有时又粗野暴躁，很难捉摸。9

记录下你所得的数字：

"1"共有（　）个，对应完美主义者

"2"共有（　）个，对应给予者

"3"共有（　）个，对应实用主义者

"4"共有（　）个，对应浪漫主义者

"5"共有（　）个，对应观察者

"6"共有（　）个，对应怀疑论者

"7"共有（　）个，对应享乐主义者

"8"共有（　）个，对应领袖

"9"共有（　）个，对应协调者"和事老"

古老的历史：九型人格来源于苏菲教

九型人格又称性格形态学、九种性格，它近年来备受美国斯坦福等国际著名大学MBA学员推崇，并成为最热门的课程之一，几十年来风行欧美学术界及工商界。

九型人格与其他人格分类法相似，是人们研究人格的一种方法，

第二章　九型人格：影响成功的神秘力量

是应用心理学的一个分支。它的起源时间和形成经过已不可考，但是研究者一致认为它的起源非常久远，可能要追溯到公元前2500年或者更早。

当时，苏菲教有个长者，因为他善于开导人们，为别人排忧解难，所以被称为灵性教师。灵性教师经常和他的弟子在一起探讨学问。随着频繁接触，灵性教师发现不同的弟子有不同的表现，比如有的人十分邋遢，有的人却很在意穿着打扮；有的人喜欢静静地思考一个问题，有的人却喜欢和别人交谈、辩论；有的人急于知道某个问题的答案，有的人愿享受灵性教师分析问题的过程……

为什么弟子会有不同的表现？灵性教师对这一现象产生了浓厚兴趣。于是，他着手对人的各种表现加以分析、总结，并将有同一性格特征的人归为一类，共有九类。后来经过更多的调查研究，灵性教师发现，生活中的每个人都离不开这九种类型，于是，最初的九型人格诞生了。

这项"发明"只有苏菲教派的灵性教师知道，用以开启教众的灵性，而且数千年来一直都是以秘密的方式流传。它的神奇之处不仅仅在于每个前去请求灵性教师解决困扰的人都得到非常满意的解答，还在于即使是相同的问题，每个人的解答也不同。

公元1920年，俄国人古尔捷耶夫首先将九型人格学说传入西方，用它阐释人类的九种特质，而真正将这套学说发扬光大的是艾瑞卡学院的创办人奥斯卡伊察索。

奥斯卡伊察索宣称，九型人格学说是他在20世纪50年代旅行于阿富汗，自苏菲教派里学得。他将人类的九种欲望放进九型人格学说中，并将这套学说拿来作为人类心理训练的教材。许多知名的心理学家、精神病学家都曾追随伊察索学习九型人格学。其中知名的精神病学家克劳狄亚纳朗荷，在智利学习后，便将这门知识传入美国加州，开设一系列作坊，探索人的性格形态。九型人格由美国加州斯坦福大学发扬光大，其传播到中国是近几年的事。

九型人格揭示了世界上有九种不同类型的人，九型里没有好的、坏的，只有一个人主观看世界的方式。

众生相：九张表情各异的面孔

1号 完美型：追求完美的完美主义者

这是一张严肃而认真的脸。在他的脸上表情总很凝重，他对待一顿饭的态度就像对待一场外交一样慎重。完美主义者总是希望得到别人的肯定，害怕出现任何差错，他们对待工作和生活的态度永远是精益求精，追求至善至美。

在工作上，他是制度的拥护者。如果他是一名员工，他是最努力最有责任心的那一个。领导可以放心地把各项任务交给他。他也是一个不折不扣的工作狂，对于"消极怠工"的人他总是很生气。

如果他是一名领导，他喜欢事无巨细的管理风格，他崇尚没有规矩不成方圆的道理。他处处以身作则，对下属要求极高，一旦下属的工作出现差错，他会忍不住大发雷霆。完美主义型的管理者容易对下属求全责备，给周围人带去压力。

在生活上，他喜欢有秩序，讨厌凌乱和肮脏的房间。他们的衣服永远被熨得很平整，鞋子很干净，房子一尘不染，各种东西都被划分成不同的区域放置，他永远知道他要找的事物放在哪里。

除此以外，他还可能是个喜欢穿白色衣服的人，他更可能是个精神洁癖。他对爱情相当忠诚，但他对伴侣的要求也会很高，一旦对方出现越轨行为，完美主义者眼睛里是容不下沙子的，他会在愤怒之后选择分道扬镳。

第二章 九型人格：影响成功的神秘力量

对待朋友他也同样如此，他选择朋友和择偶一样严谨，对友谊忠诚，期盼对方也能给予相同的重视。

这就是完美主义者的表情。他们的表情变化并不丰富，这因为他们冷静自制的个性使然，他们不会咋咋呼呼，他们永远稳重优雅，因为他们不会让自己的内心世界轻易地表露在脸上。

2号　助人型：热心的给予者

这是一张讨人喜欢的脸，也是一张温暖人心的脸。他们的表情总是温和而友好，他们的手像是随时准备帮助别人。

从小到大，他们生活的意义好像永远是为了别人开心。小时候为了得到父母的奖励，他们做乖乖仔；上学的时候为了让老师赞赏，他们成了好学生；再后来为了伴侣的开心，他们又总是想尽办法讨好对方。

他们忽略自己的真实意愿，总是尽力让别人高兴，不为难任何人，除了他自己。这种人是有责任感的，因为他们会选择做应该做的事情，而非自己想做的事情。

工作上，他们对同事真诚关心，体贴之情常令人感动。他们绝对是世态炎凉中温暖人心的一群人，同事也因此愿意将内心的真实想法对其倾诉。他们的人缘总是很好，看似吃亏的事情，最后他们总能获得更大的回报，他们是讨人喜欢的专家。

生活上，他们可能是保守而传统的人士。他们孝敬父母、关心子女，对爱人无微不至。他们是贴心的人生伴侣，他们的脸上也总是洋溢着幸福的微笑。无论怎样风雨兼程，他们一定是能够陪伴你走完人生的忠实伴侣。

这就是给予者的画像，一幅如同春天般醉人的画面。他们永远温和暖人的笑容就像人间四月天里的骄阳和翠柳，不刺激，有希望，还有暖流。

3号　成就型：追名逐利的实干者

天下攘攘皆为利往，天下熙熙皆为名来。这句话送给实用实干者再合适不过。他们的身上有着难能可贵的务实精神，他们不会将精力浪费在无用的地方，他们在做一件事情的时候总是不断分析它有什么利益可图。这不是缺点，而是很实在的优势。

在他们的脸上，我们看不到太多的平易近人与温和，和给予者相反，他们可能是很有"表演"能力的一群人。他们会用不同的表情来面对不同的人，有时候难免让人觉得虚伪和做作。

他们对名利的热衷是9种人中最为明显的一群人，他们的脸也因为他们所面对的人而发生戏剧性变化。

工作中，他们与完美主义者一样是工作狂，不同的是他们的目的。完美主义者认真工作，是发自内心地认为只有诚实劳动才配得起收获的成果，实用主义者则认为这是他们明天成名得利的基础。与此同时，实用主义者的务实精神还让他们是不会盲目的一类人，所以他们的效率总是很高。

生活上，因为他们永远将事业放在第一位，所以忽略伴侣的事情常有发生。他们将感情深藏在自己的内心，不轻易表达自己的感情，因此也经常会遇到被伴侣埋怨的情况。"赢了世界输了你"的事情在这类人的身上较为多见。

4号　自我型：想象力丰富的浪漫主义者

他们是天生的艺术家，他们的表情最多变。高兴的时候他们尽情地开怀大笑，伤心的时候也是号啕大哭而不惧怕别人的眼光。他们生活得最自我也最真实，少见他们虚伪和做作。

尽管如此，他们的气质中总有一股忧郁的气息，让人难以捉摸又欲罢不能。

他们的想象力最丰富，也最适合在需要创造的氛围中工作。工作中他们最害怕的是像完美主义者那样循规蹈矩，他们害怕束缚，对于他们来讲能够充分地发挥他们天才的工作才值得努力。他们不会勉强自己做自己不喜欢做的事情，他们总是做自己感兴趣的工作。自由和爱是他们生活中的氧气和水，缺一不可。

生活中的浪漫主义者可能是长不大的孩童，他们不喜欢现实生活中的种种虚假，因此常生活在自己幻想的世界中。他们能够为了让伴侣开心而把身上仅有的几元钱拿去买一朵玫瑰，在他们看来，金钱生不带来死不带走，唯有爱才是最宝贵的财富。

5号　思考型：冷静客观的观察者

他们不喜欢与人交往，宁愿孤独地面对整个世界。他们的脸上永远是一副深沉思考的表情，他们花在研究理论与事物身上的时间要远远超过研究人的行为与心理。

他们是异常冷静的一群人。在工作上，他们的理性让他们很少感情用事。他们和任何人交往都是"君子之交淡如水"，他们不会让你走进他们的内心，当然，他们也没有兴趣走进你的内心。他们认为距离是一种安全和尊重。

生活中的观察者性格沉稳，不轻易发表自己的言论，因为他们对不确定的事物总是抱有审慎的态度。他们希望自己的观点代表着客观和公正。他们的性格内向，永远保留着自己的一片小天地，就算是对最亲密的人，他们也常常觉得无人了解他们。他们有着孤独的、寂寞的、思想深刻的灵魂。

6号　忠诚型：谨慎严谨的怀疑论者

他们的脸上总带着研究的表情，因为他们不确定这个事情的真假、好坏。他们难以相信任何人，他们甚至对自己也不算信任。信任危机一直困扰着他们。

工作上,他们怀疑权威者的一切论点,企图找到可以攻击的地方。在接受一项任务的时候,他们首先想到的不是成功,而是万一失败了怎么办。他们总能想到最坏的一面,也总是怀疑别人对他们心怀不轨。因此,他们生活得战战兢兢、如履薄冰、如临深渊。

他们过分谨慎的性格常让他们裹足不前,容易丧失机会。和完美主义者不同,完美主义者是因为想要得出最完美的方法而延误时机,他们则是因为害怕失败而不敢轻易决定。但是他们超强的责任心也能弥补性格的这一重大缺陷。生活上也好,工作上也罢,他们总是希望能够得到强有力的保护和指引。

7号　活跃型:及时行乐的享乐主义者

他们的脸上永远洋溢着快乐,烦恼在他们的心里不会驻足太久。对于他们来说,今朝有酒今朝醉是非常好的生活哲学,因为生命太短暂,要抓紧时间享受。

工作上,他们可能是那个多才多艺的同事,不会带给你压力,因为他们认为赚钱是次要的,懂得生活才是重要的。他们还可能是那个和任何人都能打成一片的人,因为他们很少有"世俗"的偏见,不会因为你曾经的失足而嘲笑你,也不会因为你的成就而忌妒你。

生活上的享乐主义者是个开心果,但也可能是让人伤心的人。他们惧怕承诺,担心因此失去自由,害怕承担责任,这些都是让人头痛的地方。

8号　领袖型:号令天下的领导者

领导者的表情是严肃而威严的。他们从小可能就是那个调皮捣蛋的孩子王,长大了那种领导众人的魅力就显现出来了。

他们可能是为了帮助弱小者挺身而出的人,也可能是为了反对某种不合理的制度带头"革命"的人。他们的身上正义感很强,愿意保护社会中的弱势群体。然而，他们喜欢命令人的脾气可能会让人吃不消。

感情生活中的8号，也将保护弱者的个性带到伴侣身边。他们认为爱他（她）就是要保护他（她）不受伤害。他们不习惯表露感情，有时候甚至用激怒对方的方式来确认对方对自己的感情。

9号 和平型：纵横捭阖的调停者

合纵连横，纵横捭阖，这是调停者的强势。他们也许不是最厉害的，但是他们能将最厉害的人聚拢在自己周围。

工作中的调停者最常见的工作可能是上传下达的秘书，因为他们极其优越的协调能力让他们能够胜任这样的工作。他们胸怀博大，很少因为不同政见而和别人争吵。事实上，他们不喜欢任何争执。

生活上的调停者可能是个被动的人，他们不愿意主动解决问题，喜欢抱怨。但是温和的脾气让他们的伴侣觉得他们还是不错的爱人。不过固执却又是他们让人头痛的地方，尽管他们自己不觉得。

九型人格著名代表人物

1号 完美主义者

代表人物：柏拉图

完美主义者极有原则，永远要求公正无私、客观公平。对他们而言，真理与正义是最基本的价值观。古希腊哲学家柏拉图就是这样的人。他在《理想国》中为我们描绘出了一幅理想的乌托邦画面：每个人在社会上都有其特殊功能，以满足社会的整体需求；每个人应该做自己分内的事而不应该打扰到别人；女人和男人有着同样的权利，存在完全的性别平等……柏拉图为建设他的理想国度，提出了一整套完整的理论。

2号　给予者

代表人物：德兰修女

德兰修女具有给予者的典型人格特征：奉献。

1979年，德兰修女被授予诺贝尔和平奖，是继1952年史怀泽博士获得诺贝尔和平奖以来最没有争议的一位得奖者，也是20世纪80年代美国青少年最崇拜的四位人物之一。她创建的仁爱传教修女会有4亿多美元的资产，然而，当她去世时，她个人全部财产就是一张耶稣受难像、一双凉鞋和三件旧衣服。

德兰修女始终怀着一颗爱心去帮助受苦受难的人们，她不知多少次在污秽、肮脏的街道拥抱那些患皮肤病、传染病，甚至周身流脓的垂死病人，把他们带回自己的住处，照顾他们，安葬他们，让人们享受她的奉献。

有人说她很伟大，可德兰修女却说："我们都不是伟大的人，但我们可以用伟大的爱来做生活中每一件平凡的事。"

3号　实干者

代表人物：迪斯尼

实干者富有自信，相信自己和自己的价值。他们精力充沛，有强烈的企图心让自己更好，会尽可能成为某方面的佼佼者。

年轻时的迪斯尼就梦想着制作出能够吸引人的动画电影，他以极大的热情投入到工作。为了了解动物的习性，他每周都到动物园去研究动物的动作及叫声。他制作的动画片中，很多动物的叫声，都是他亲自配的音，包括那位可爱的米老鼠。

迪斯尼十分自信，在实现梦想的道路上激情四射、坚定不移，最终打造了属于自己的童话王国。

4号　浪漫主义者

代表人物：雪莱

浪漫主义者拥有非常的创意，而且对内在的自我有着深刻的洞察力。他们习惯以写作等私人的沟通方式表达自己的情感，所以，大多数作家、诗人具有艺术型人格。雪莱便是其中一位。

雪莱是英国文学史上最有才华的抒情诗人之一，他见识广泛，不仅是柏拉图主义者，更是个伟大的理想主义者。

18岁时，雪莱进入牛津大学，深受英国自由思想家休谟以及葛德文等人著作的影响，有"骂自己的父亲和国王的习惯"，被同学称为"疯子雪莱"。不久，他在学校发表《无神论的必要性》，甚至寄了两份给主教，因此而被学校开除。

雪莱追求自由、进步，他说："所有时代的诗人都在为一首不断发展的'伟大诗篇'作出贡献。"

5号　观察者

代表人物：比尔·盖茨

观察者最明显的人格特征就是思考。世界首富比尔·盖茨之所以成为首富，很重要的一点就是他是一个懂得思考的人。

比尔·盖茨从小学开始就在学习中不停地思考。放学后，他总是把自己关在卧室，思考着一天的所学。他的母亲叫他出来吃饭时，他总是置若罔闻。当母亲问他在干什么的时候，比尔·盖茨回答："我正在思考！"有时他还责问家人："难道你们从不思考吗？"正是得益于在学习中勤于思考的习惯，比尔·盖茨考进了哈佛大学。后来，创办了微软公司。成为世界首富后，他也一直是一个勤于思考的人。

直到现在，微软公司还流传着这样一种说法："和大多数人谈话就像从喷泉中饮水，而和盖茨谈话却像从救火的水龙头中饮水，让人根本应付不过来，他会提出无穷无尽的问题。"

6号　怀疑论者

代表人物：夏洛克·福尔摩斯

怀疑论者喜欢周围的环境像小葱拌豆腐一样一清二白，权力、责任和问题等都分得清清楚楚。如果事情纷繁复杂，自己手足无措，他们就会感到恐惧，结果要么逃避，要么积极主动地化解疑惑。著名侦探福尔摩斯就采取第二种方式摆脱疑惑。

夏洛克·福尔摩斯，是19世纪末英国侦探小说家塑造的一个才华横溢的侦探形象，现在已成为世界通用的名侦探的代名词。

福尔摩斯称自己是一名"咨询侦探"，也就是说当其他私人或官方侦探遇到困难时常常向他求救。为什么大家习惯向福尔摩斯咨询呢？恐怕和他本人的性格有关。一旦接到案子，福尔摩斯立刻会变成一匹追逐猎物的猎犬，开始锁定目标，将整个事件剥茧抽丝、层层过滤，直到最后真相大白！

7号　享乐主义者

代表人物："老顽童"周伯通

贪玩是享乐主义者的本性。他们像个孩子，永远长不大，具有恋青春狂、渴望永远年轻的心态。提起这些，我们不得不说说金庸笔下的老顽童，他是典型的享乐主义者。

老顽童周伯通，是《射雕英雄传》中全真教王重阳的师弟。他练武资质甚高，内功深厚，但从不迷恋天下第一的称号，也不贪图全真教的掌门人之位。老顽童不争名不争利，整天嘻嘻哈哈，无忧无虑，贪玩好动。其享受人生乐趣的态度，值得后人学习，人老心不老。

8号　领导者

代表人物：尼采

领导者勇敢无畏，他们肯冒险追求难以完成的理想，可能是英雄或历史上伟大的人物。这里，我们先介绍其中一位——尼采。

尼采是19世纪德国唯意志论哲学的主要代表，他肯定人的价值，认为在没有上帝的世界里，应建立以人的意志为中心的价值观。他公开反对一直以来以纯理论观察宇宙的以理性为中心的哲学思想。如果以尼采为分界线，尼采之前的传统哲学体系解体了，尼采开创了人类思想的新纪元。

9号　调停者

代表人物：刘邦

调停者不会是某个领域的专家，但他是最有可能将各路英雄聚集起来的人。

这类人格的典型代表人物是刘邦。刘邦取得天下后，深刻总结了自己成功的经验："夫运筹帷幄之中、决胜千里之外，吾不如子房（张良）；镇国家，抚百姓，张饷馈，不绝粮道，吾不如萧何；连百万之众，战必胜，攻必取，吾不如韩信。三者皆人杰，吾能用之，此吾所以取天下者也！"张良负责运筹帷幄，韩信负责调兵遣将，萧何负责处理政务。

刘邦的个人能力也许不强，但是他能将最强的人留在自己身边，并统领他们，这种能力是9号调停者的突出地方。

九型人格可以用在哪些方面

九型人格好比显微镜，把不容易观察的事物放大后看得清清楚楚、明明白白。它是我们了解自己、认识和理解他人的一把金钥匙，是一件与人沟通、有效交流的利器。

如果在工作、交往、恋爱、教育孩子等过程中掌握一点九型人格理论，定会收到事半功倍的效果。

成长：通过九型人格，认识自己的个性优势，跳出个性的局限，从而获得更加美满快乐的人生。

夫妻：当一方掌握了九型人格，他就会知道对方是哪一类型人，对对方从前的做法加以理解，并学会站在其他角度欣赏对方。

教育孩子：研究和发现孩子的个性特质，运用九型人格这个工具帮助孩子朝着健康的方向发展，说不定真会影响孩子的命运。

人际交往：利用九型人格分析身边的人，例如爱占便宜的人、吃软不吃硬的人、始终以冷面孔待人的人等，了解他们产生这些行为的原因，交往时不仅能避免误会，还会找到相应的方式。

普通职员：一旦掌握九型人格这个工具，就会知道以自己的个性特质从事什么职业最有发展，怎样跳出个性局限，突破事业瓶颈。

人事经理：九型人格帮你练就一双慧眼，挑选精兵良将。选拔人才：你知道能力固然重要，但良好的性格有助于团结大家，为公司创造更多利润。用对人才：从对方的个性特质分析，安排他做相应的工作，发挥个人最大潜能。留住人才：挽留辞职的人，或以薪酬诱惑，或晓之以理，动之以情，根据个人特质采取不同措施，这样，你就会做到人尽其才，知人善用。

管理者：身为团队的领军人物，根据每个成员的个性类型，安排他们的位置，发挥他们的才能，自己用恰当的管理方式，令他们跳出个性局限，获得卓越的成就。

决策者：知道自己属于九型人格的哪一类，作决策时就会知道怎样筛选和过滤相关的信息，从而作出客观全面的决定。

九型人格不仅对个人生存有指导作用，今时今日更被全球大部分先进国家和企业，如惠普计算机、可口可乐、Nokia、美国中央情报局等广泛应用。全球500强企业的管理阶层均研习九型人格，并以此培训员工，帮助建立团队、促进沟通、提升领导力、增强执行力等多方面综合能力。

以上内容只是九型人格应用的一部分。做个有心人，主动用九型人格解决身边的问题，你就会获得意想不到的神奇效果。

第三章
从血型窥探命运的密码

　　B型人做事干脆,有领导风范;O型人活泼外向,交友广泛;看他那副神情紧张的样子,准是A型人。一位对血型颇有研究的人说道:"其实,每种血型都有它独特的性格,只要一个人肯了解、掌握各血型的性格特点,他就能准确地说出某个人的外在表现,甚至通过言谈举止推断出某个人的血型。"

第三章　从血型窥探命运的密码

第一个发现血型的人

在古代，血液就被人们视为"灵魂的主宰""性格的象征"，而后的科学研究也认为，人的血型和人的性格之间存在着一定的相关性。因此，了解血型有助于我们更好地认识自身和他人。而人类血型的发现，也有一段颇为曲折的历史。

17世纪60年代的一天，英国科学家查理·罗尔看到一条出了意外的小狗，因流血过多，已经奄奄一息。小狗非常可怜，查理·罗尔开始想有没有办法可以救小狗，经过苦想，查理·罗尔想出了一个可能拯救小狗生命的方法。他试着将那条奄奄一息的小狗的血管与另一条狗的血管连通，这样那条没有受伤的小狗的血就慢慢地流入了已经奄奄一息的小狗的身体里。过了一会儿，那条奄奄一息的小狗竟然神奇地活了过来。他的这种使血液得到补偿、救活小狗的有效方法，启发了人们，使人们意识到，通过不同个体间的输血可以挽救生命。这个300多年前的偶尔尝试，就是后来输血技术的萌芽。

随后，便有人要求将羊的血输入自己丈夫体内以改变他暴戾的性格，使他变得温顺，该男子自己也同意，于是，他们找到了法国的丹尼斯医生。但是，结果可以想象，就在丹尼斯医生为这名男子输入羊血时，悲剧发生了。这名男子突然呼吸困难，心跳加快，痛苦万分，出现一阵歇斯底里的狂躁，最后痛苦地死去了。

随后丹尼斯医生被人指控为"过失杀人"而入狱，从此再也没有人敢尝试为人体输血的工作了。

一百年后的一天，英国的生理学家兼妇产科学家詹姆士·博尤戴尔医生为了拯救一名因难产而大出血的孕妇，在征得其丈夫同意后，冒着入狱的危险为孕妇输血。这一天是值得纪念的日子：詹姆士医生将一名健壮的男子的血输给了那位失血过多的产妇，终于使她得救了！在丹尼斯医生因为输血入狱的一百多年后，人类终于成功地完成了这一伟大的壮举。这一年的12月22日，在伦敦医学年会的讲台上，詹姆士医生成了做人与人之间输血成功报告的第一人。

但随后的许多次尝试证明，并非每个人体输血病例都能成功，甚至有的还会出现严重的生理反应而加速死亡。看来，输血技术还存在着许多理论问题尚未解决。

此后，这个问题一直困扰着一大批科学家。直到有一天，奥地利免疫学家卡尔灵机一动，想到会不会血液也有不同的类型存在，于是，在1900年，卡尔采集了22位同事的正常血样，然后将它们交叉混合。结果他发现红细胞和血浆之间出现反应：某些血浆能促使另一些人的红细胞凝集，但有的血浆与红细胞不发生凝集。于是他将这次实验结果编写在一个表格里，通过仔细观察这份表格，他发现表格中的血液可以分成3种，也就是A、B、O三种血型。

两年之后，卡尔医生的两名学生扩大实验范围至155人，他们发现除了A、B、O三种血型之外，还存在着一种较为稀少的第四种类型，后来称为AB型。1927年，经国际会议公认，决定采用卡尔原定的字母来确定血型，即A、B、O、AB四种类型，ABO血型系统正式确立。卡尔也因贡献重大，在1930年获得诺贝尔医学生物学奖。

你的血型从哪里来

人类的血型主要是A、B、AB、O四种类型，实际详细区分起来应该是AO型、AA型、BO型、BB型、AB型和OO型。据遗传学研

第三章 从血型窥探命运的密码

究，A 与 B 两个遗传基因是显性的，O 基因是隐性的，所以 AO 和 AA 型在医学上表现为 A 型，BO 型和 BB 型在医学上表现为 B 型。因此，我们平常所说的血型通常指的是"ABO"血型。

血型，这一生命体最本质的东西，来源于我们的父母，父母双方的遗传因子决定了我们一生的血型，所以自古以来就有"血脉相承"的说法。

那么，血型是怎样遗传的？到底是什么奇妙的因素在起作用呢？

从下面的表格中，我们或许能了解一些血型详细的遗传方式。

父母的血型	父母的遗传因子	子女的遗传因子	子女可能有的血型	子女不可能有的血型
O×O	OO×OO	OO	O	A、B、AB
O×A	OO×AO	OO、AO	O、A	B、AB
	OO×AA	AO	A	O、B、AB
O×B	OO×BO	OO、BO	O、B	A、AB
	OO×BB	BO	B	O、A、AB
O×AB	OO×AB	AO、BO	A、B	O、AB
A×B	AO×BO	OO、AO、BO、AB	O、A、B、AB	—
	AO×BB	BO、AB	B、AB	O、A
	AA×BO	AO、AB	A、AB	O、B
	AA×BB	AB	AB	O、A、B
A×A	AO×AO	OO、AO、AA	O、A	B、AB
	AO×AA	AO、AA	A	O、B、AB
	AA×AA	AA	A	O、B、AB

续

B×B	BO×BO	OO、BO、BB	O、B	A、AB
	BO×BB	BO、BB	B	O、A、AB
	BB×BB	BB	B	O、A、AB
A×AB	AO×AB	AO、AA、BO、AB	A、B、AB	O
	AA×AB	AA、AB	A、AB	O、B
B×AB	BO×AB	AO、BO、BB、AB	A、B、AB	OB
	B×AB	BB、AB	B、AB	O、A
AB×AB	AB×AB	AA、BB、AB	A、B、AB	O

从上面的表格中不难看出，血型是先天遗传的。如果父母都是O型血，他们所生子女必定也都是O型血；如果父母中有一人为A型血，另一人为B型血，则他们所生子女中四种血型都有可能产生；如果父母同为A型或B型，他们生下O型的孩子，也是不足为怪的。

纯O型的父母是不可能有其他血型的孩子的，因为O型只有OO这种遗传因子，没有A型或B型的成分。但是A型或B型中带有O型成分，所以A型或B型血的人在紧急情况下可以接受O型输血，而O型却不能接受其他血型的输血，所以O型又被冠上"万能输血者"的美称。

各种血型全面解析

A型血的人性格全面解析

总体而言，A型血的人乐于与人合作，有较强的集体归属意识，他们温文尔雅，并且有一副好脾气，很受别人的欢迎，容易得到别人的信任。

1. A型血男性

A型血男性受自信心影响很大。在自信心尚未丧失之前,通常会表现得相当积极;一旦自信心受损,顿时会变得消极起来,自卑感也会油然而生。

A型血男性非常讲究,对穿着的品位非常在意,经常会刻意打扮自己,借以引起他人的注意。

A型血男人做事非常谨慎,在感情上十分痴情。A型血性格的人往往不善于表达自己的感情,即使在内心很爱对方,但碍于自尊心,害怕被自己所爱的人拒绝,因此宁愿忍受感情的折磨,也不愿向对方吐露心声。所以他们往往抓不住机会,总是错过后才追悔莫及。

A型血的男人总是把恋爱和婚姻连在一起,在他们看来,恋爱的最终目的就是婚姻。他们通常会选择那些心地善良、乐观开朗、能理解自己、互相体谅的女性。

A型血的丈夫责任感最强,他们对自己的家庭非常重视,对于家庭的人际关系考虑得十分周全和细心。他们把家庭成员的幸福当做自己的幸福,尽忠尽责,为了家庭可以牺牲自己的一切。他们在家里一般比较放松,会流露出真正的自我。

总的来说,A型男性的主要类型有:诚实的协调型,对人对己严格的默默努力型,自信很强的积极型,对世俗超然的学究型,自我逃避的内向型。

2. A型血女性

A型血女性爱讲道理,缺乏通融性,有时显得固执、想不开。然而,她们往往最具责任感,经常成为能够委托的女性。

A型血妻子温柔,体贴,能干。她们大多心思细密、待人和蔼,即使在与丈夫吵架时,也能挤出笑脸招待客人。

A型血女性普遍缺乏野心,与世无争。她们多是贤妻良母,且善烹饪,对丈夫和子女照顾尽心竭力,把整个家庭料理得井井有条。A

型血妻子要求绝对的忠诚，她们容不得自己丈夫有半点越轨行为。

总的来说，A型女性的主要类型有：温柔体贴型、认真、负责型，固执、想不开型，唠叨、爱讲道理型，悲观主义的顺从型。

3. 弱点及对策

（1）A型血的人不到万不得已，往往不容易集中精力。因此，在日常生活中，要每天加以训练，在周围确定注意目标，努力使意识集中在某一点上，这样还有助于自我控制感情。

（2）A型血的人面对困难往往比较消极，他们不会采取积极姿态为自己开拓道路，稍一遭遇困难障碍就失去信心。为此，A型血人应不断进行自我鼓励，坚定自己必胜的信念，让自己能经受住打击，实现奋斗目标。

（3）A型血的人什么事都爱往坏处想，常常畏缩不前、忧心忡忡，决断力很弱。所以，A型血人应尝试着多朝胜利的方向去想、去努力，从可以决断的小事做起，试着果断地下结论，便能够决断下去了。

（4）A型血的人总是考虑得太多，往往延误了行动，甚至会因此而缺乏行动的勇气。建议A型人与其思前想后，不如尽全力先干起来。

（5）A型血人在吸收知识、积蓄才能方面很出色，但在交际上语言有欠妥帖，由于很谨慎，所以一般表现消极。因此，A型血人应尽量把真心话用富有感情的话语来表现，便可以促进积极的对话，同时缓解讲话时的精神紧张程度。

（6）A型血人的行动带有抑制性，常会感到欲求不满足、心情烦躁、精神疲劳。要想解除这种状态，首先要行动，享受乐趣，活动身体，偶尔用休息日出去旅行，远离人群。

B型血的人性格全面解析

B型血的人最大的特性便是爽朗、直率、充满活力。他们在情绪上的变化幅度非常大，一旦遭受小小的情绪冲击，便会立即心情大变，并表露于外。

第三章 从血型窥探命运的密码

1. B型血男性

B型血的男性,似乎永远保持着无穷的活力,这源自他们的兴趣及本身所具有的能力,一旦他们无法发挥所长,野心便会消失,甚至逐渐变得懒惰。

B型血男性恋爱对象通常是自己身边的同学、同事。一旦投入爱情,他们往往表现狂热。恋爱中,他们常常变得很黏人,让人生厌;遭遇失恋后,容易消沉、心灰意懒。

B型血男性认为恋爱与婚姻关系不大,恋爱的结果不一定就是婚姻。

B型血的丈夫天生是个美食家,对烹饪无师自通,但他们一般不愿插手家务,更厌烦家庭间的人际关系,对婚丧礼仪等杂事更是不能忍受。对待自己的子女,他们会很宽容,常常与他们像朋友般相处。

总的来说,B型血男性主要类型:整日忙碌的活动型,埋首于工作的工作狂型,独自享乐的趣味派型,野心消失的消极型,慢条斯理的懒惰型。

2. B型血女性

B型血女性热心且粗心,她们通常不甘寂寞,闲来无事时,总要找些同伴聊谈一番。

B型血女性可以毫无拘束地与初次见面的人谈笑风生,因此,有她们的场合,气氛必然非常热闹。但因为她们没有心机,过于随和,极易给人爱管闲事的印象。

B型血女性往往热情、奔放、豪爽,在恋爱中多比较积极主动,而且容易成功。B型血女性天性幽默,爱开玩笑,性情善良,不会捉弄人。

B型血女性过于粗枝大叶,不善于察言观色,也不留意别人的感受。许多时候,她们可能得罪别人或惹人厌烦而不自知。

B型血的妻子性格乐观、爽朗,对丈夫的依赖性不太强,对孩子比较宽容,不太喜欢插手孩子的事,容易放任孩子的行为。

总的来说,B型血女性的主要类型有:不甘寂寞、爱管闲事的多事婆型、无拘无束的明朗型、喜欢助人的服务型、善于家事的母亲型、惹人厌烦的粗心型。

3. 弱点及对策

（1）B型血人瞬间的集中力超群，却缺乏持久性，一遇到困难，就想逃避。所以，B型血人应培养点耐心，等事情发展到对自己有利时再行动或为打破不利局面从正面去排除障碍。

（2）B型血人决断力较强，但多较草率。因此，在决断之前，B型血人应慎重，要三思而后行。

（3）B型血人易冲动，常常导致行动与当初的主张不一致，但他们并不终止，而是悄悄改变想法使行动合理化，因此，很容易失去周围人们的信赖。所以，正确的判断对于他们来说非常重要。

（4）B型血人话题丰富，说话风趣，且善于雄辩，却往往缺乏说服力，难以给人真实感。因此，B型血人偶尔也应表现得沉默一些，或者直截了当地提出一己之见。

（5）安定的环境容易导致不思进取、委靡不振，所以，B型血人应常怀奋斗目标，并考虑为达到目标应如何做才好，并以此约束自己。最好是计划好一天、一周、一个月的日程，尽可能地按计划去做。

（6）一旦产生谋求安稳的念头，B型血人就该注意了，要克服不执著、无所谓的倾向，要保持快活的生活态度："吃了亏没什么，要以为他人服务的态度来工作。"

（7）B型血人自由奔放，不喜欢重复同样的工作，当工作、学习进展不如愿时很容易心情苦闷、情绪低落，所以，平时应多做室外运动或随心所欲地散散步，或栽培植物、饲养动物、郊游、钓鱼等。

AB型血的人性格全面解析

AB型血人的最大特色是具有多样化的能力。他们大多待人亲切，颇具服务精神。他们通常具有两面性格，一面是以理性来控制情绪的宣泄，另一面则是任性的、非理性的，以自我为本位的性格表现。

1. AB型血男性

AB型血男性，八面玲珑，擅长人际关系的调停斡旋，但对于亲情方面的关系往往敬而远之。

AB型血男性大多在社会上相当活跃，善于经营，其中有如O型般的能干型，有如A型般的认真做事型，也有如B型般的善于交际型。

AB型血男性都喜欢和平，不愿意与人正面冲突。一旦失去经济上的依靠，他们极易变得软弱无能、不知所措。

AB型血男性习惯与人保持距离，所以，他们喜欢从自己熟识的好朋友里选择恋爱对象。他们容易被外貌姣好、气质优雅的女性吸引，但他们通常不会主动追求女性，而且表达感情的方式也很含蓄。

AB型血男性对待婚姻很认真，因此在是否结婚的问题上，常常举棋不定。

AB型血的丈夫很重视家庭，常常把整个家庭的活动安排得井井有条，是妻子很得力的帮手。他们一般很好客，却讨厌繁文缛节。他们对子女要求比较严格。

总的来说，AB型血男性的主要类型有：八面玲珑、擅长交际型，社交活跃、善于经营型，认真工作的能干型，亲切、洒脱的绅士型，极端内向的神经质型。

2. AB型血女性

AB型血的女性温柔可爱、情绪善变，有时很天真，有时又会有惊人之举。她们多喜欢刚强、健壮的男性。

AB型血女性最缺乏野心，但求三餐温饱、生活安定便心满意足。她们多是丈夫眼里"可爱的女人"，但是她们既任性又随便，堪称"可爱的坏女人"。

AB型血的妻子对物质生活要求不高，却很在意整个家庭的布置和情调，她们往往热心于家居的装饰和色彩搭配。她们对丈夫很关心，不会因为其成功或失败而改变情意。她们对子女要求严格，但她们对孩子的关心和爱护则非常细心和周到。

总的来说，AB型女性的主要类型有：热心服务的活跃型，事事要求合理的正义型，可爱的坏女人型，毫无野心的知足型，对人恐惧的神经质型。

3. 弱点及对策

（1）尽管AB型血人知识渊博，但他们仅能将一小部分付诸实行，有时明明知道全神贯注做某项事可以锻炼意志，但总是迟迟不去实行。因此，AB型血人应花较长的时间来培养耐性。比如做个全年的慢跑计划，相信只要能坚持下去，一定会得到预期功效。

（2）AB型血的人作决断时不太受常识、伦理、人情等约束，一经决断就立即行动。所以，AB型血人要注意充分利用所具有的合理性进行反省，以便杜绝或减少失败。

（3）AB型血人常常过分拘泥于合理，把握不住适当的度，因此，在行动上，AB型血人需做到始终如一，保持节度。

（4）AB型血人能透彻地分析利害得失，常常会说出违心的话，做出违心的事。因此，AB型血人应培养自己的真诚，学会站在对方的立场上考虑问题，否则会遭人嫌弃。

（5）AB型血人有时因为对周围人漠不关心，极力回避给自己添麻烦，以致失去别人的信任，陷入孤立境地。因此，AB型血人应有"为人所生"的思想，要有牺牲精神。

（6）AB型人的感受多较他人机敏，因而常常会从一个极端走向另一个极端，为了控制住自己，他们时常感到精神紧张。平时，AB型血人可通过发自内心地大声喊叫，将心中的烦闷发泄出去；也可以泡泡温水澡，用上等的香皂和洗发液等方法来慢慢理清心绪。

O型血人性格全面解析

O型血的人能干而充满自信心,但往往也显得自我主张太强,会让人感到难以应付。有时,他们会因过度专心于事业而忽略了周围的人。

1. O型血男性

O型血的男性一旦对自己的社会地位感到不满,常常会有种失败感。这么一来,他们对任何人都容易生气。当他们逐渐孤立之后,会对周围的人胡乱地产生戒心,并因此产生反抗意识或变得固执起来。

O型血男人的爱情炽热如火,一旦投入爱河,势必爱得轰轰烈烈。O型血人通常容易为对方的才能和显著个性所吸引,一旦选择了理想的恋爱对象,他们便会主动进攻,大胆、直率地向对方表明心意。O型血的人活泼热情,在他们身上多发生一见钟情式的爱情。他们极具语言表达力,知识渊博,幽默热情,所以他们的恋爱较容易成功。

O型血人对爱情疯狂投入,但这并不表明他们一定会与恋爱的对象走向婚姻。对他们来说,恋爱与婚姻还有很长一段距离,不能等同视之。

O型血男人会是好丈夫和好父亲。他们总希望得到妻子和子女的最大信任,成为他们最好的保护者。

总的来说,O型男性的主要类型有:明朗快活、富于活力型,稳定、能干型,把事情看得太简单的少爷型,一心一意地用功和提高工作能力型,反抗、固执、沉默寡言型。

2. O型血女性

O型血女性,似乎与生俱来便善于获取他人的保护。她们不仅敢爱敢恨,而且还有撒娇的天才。她们所表现出来的纯真与快活,往往给人以十足"可爱的女人"之感。O型血的女性直率,常会做出一些不小心的言谈举止,并因此得罪他人而不自知。

O型血女性浪漫、热情，情感丰富，因此显得更加妩媚动人，所以她们往往令她们的恋人倾心、爱慕不已。

O型血的妻子婚后可能会由浪漫可爱的少女变为很现实经济的家庭妇女。她们对丈夫很关心，是丈夫的贤内助；对子女的事情也很上心，是典型的"全能"母亲。她们大多人缘很好，家里常常有客人拜访。

总的来说，O型女性的主要类型有：可爱女人型，大方的母性型，好活动、爱管闲事型，有不平、不满即到处抱怨型。

3. 弱点及对策

（1）O型血的人非常自信，且具有很坚强的毅力，但也难免会出错，因此，O型血的人应该谨慎些，因为不知何时也许就要碰钉子了。

（2）O型血人浪漫，富有开拓精神，但往往对所处的环境、地位考虑不周。因此，O型血人做事情应从大局出发，高瞻远瞩，要从各个角度去考察，不能只是闷头傻干。

（3）O型血人虽然很善于宣传自己的主张，却不善于听取别人的意见。因此，与人交谈时，O型血人需抱着承认对方的想法有道理的态度；要尊重对方，不要打断对方的话头，以使自己能从对方的谈话中受益。在谈话中，偶尔穿插一点儿自己的想法，这样比较容易被对方接受。

（4）O型血人往往锋芒毕露，因此，有时不妨采取一下守势，这样，就很容易理解被攻击一方的心情、想法了。只要与周围的人和睦相处，还是能够得到大家的拥护的。

（5）O型血人做领导时，容易给人以傲慢的感觉，因此，在工作中，要时时审视自己的意见。该说的就要说，该回避的就要回避，上下进退皆有分寸。要为共同的目标，和大家携起手来。

（6）O型血人应注意适应社会、掌握好分寸，不要急于求成，把自己搞得心力交瘁。因此，要学会休息，听听音乐、钓钓鱼，或是去远足，参加一些放松神经的活动，做到劳逸结合。

血型之四大风云人物

A型血代表人物

倔强是A型血人的特质。在历史风云人物中,没有谁像美国第二次世界大战中赫赫有名的五星上将麦克阿瑟那样,将A型血人的特质演绎得那般淋漓尽致。

麦克阿瑟的一生,可说是成也倔强,败也倔强!

作为美国历史上杰出的五星上将,麦克阿瑟当之无愧是优秀的人物。在第二次世界大战中,麦克阿瑟被任命为远东盟军统帅,他运筹帷幄,临危不惧,亲临战场,出生入死,书写了一段叱咤风云的战斗经历。他以过人的胆略、坚强的意志,为美国立下了赫赫战功,取得了令世人瞩目的战绩和荣誉。这一切都归功于他那"一根筋"似的"偏执狂"性格。这种极端自负与倔强的性格,决定了他必然是风云多变的战场骁将。

在实际生活和工作中,麦克阿瑟更是一位狂妄自大、唯我独尊、恃才傲物的指挥官。其中,最能够反映他自负与倔强性格的,当数他和总统杜鲁门之间的关系。

第二次世界大战结束后,杜鲁门总统尽管对麦克阿瑟印象不佳,但仍相当重用他,他由此成为日本的绝对统治者。但是麦克阿瑟没有得到批准,擅自将驻日美军削减一半,杜鲁门对此大为恼火,两人关系极为紧张。战争结束后,杜鲁门两次邀请他回国参加庆典,均遭拒绝。

麦克阿瑟还自作主张,未和杜鲁门打招呼就去台湾地区访问。杜鲁门非常气愤,认为麦克阿瑟抛弃了他使台湾中立化的政策。

1950年秋天，联合国军被堵在朝鲜半岛东南角的釜山。假如麦克阿瑟对釜山发动进攻，他的军队必然遭受重大伤亡。他采取了攻其不备的战术，突然从朝鲜半岛的西海岸港口仁川登陆，结果取得了成功。我们撇开关于朝鲜战争的性质，这里仅就麦克阿瑟的战术看，与他自负的性格不无关系。

仁川登陆后，麦克阿瑟继续扩大战火，把战火烧到了鸭绿江边，中国人民志愿军入朝参战，重创美军。由于军事上的失败，杜鲁门已经考虑停战了，但麦克阿瑟认为杜鲁门是"绥靖主义"、是"投降"，并公开指责他。

1951年4月，杜鲁门下令撤销麦克阿瑟的一切职务。

自负与倔强，最终彻底地毁了麦克阿瑟的政治前程。在他和艾森豪威尔一起竞选美国总统时，应当说凭麦克阿瑟的经历、战绩和在美国人心中的形象、地位，他应当是会成为赢家的，但最终人们还是选择了艾森豪威尔。这意味着，他在战场上的勇猛顽强，以及用自己出色的战略、战术拯救数以万计的官兵性命的辉煌过往，都已被他那自负、倔强和盛气凌人的派头一笔勾销。

就这样，这位曾经指挥千军万马的五星上将，最终以政治流放者结局，苍凉地退出了政治舞台。

B型血代表人物

果断是B型血人的特质。声名显赫的服装设计师兼企业家皮尔·卡丹是这类人的杰出代表。

皮尔·卡丹的成功取决于他"当机立断，迅速决定"的个性。凡是接触过他的人都会发现，他做事总是快节奏、快速度，从不优柔寡断，但又绝非草率从事，深思熟虑与当机立断在他身上体现得极为完美。他对马克西姆餐厅的经营策略更是体现了这位现代企业家和服装设计大师在关键时刻的决策能力和才干。

第三章　从血型窥探命运的密码

马克西姆餐厅创办于1893年，是法国著名的高档餐厅。但是，发展到20世纪70年代，经营却越来越不景气，到1977年时，已濒临倒闭。

这时，皮尔·卡丹却决定买下马克西姆餐厅。朋友都以为皮尔·卡丹在开玩笑，纷纷劝阻他："这个餐厅本来就不景气，如果要买下来肯定耗资巨大，等于自己给自己背一个包袱。"还有人对他说："不要让自己走向破产，头脑要冷静一点。"但是，皮尔·卡丹却认为：马克西姆餐厅虽然目前不景气，但历史悠久，牌子老，有优势。它经营状况不佳的主要原因在于档次太高，而且单一，市场也局限在国内，只要从这几方面加以改进，肯定可以收到成效。而且，趁其不景气的时候购买，才能以低价买进。

1981年，皮尔·卡丹终于以巨款买下了马克西姆餐厅这一巨大产业。经营伊始，他着手改革，以图走出困境。首先，增设品种，在单一的高档菜的基础上再增加中档和一般的菜点。其次，扩大经营范围，除菜点外，兼营鲜花、水果和高档调味品。另外，还在世界各地设立马克西姆餐厅分店，取得了良好的经济效益。事实证明他当初的决策是非常正确的。

卡丹的行动和决断有时快得惊人。他是第一个来中国投资的法国人。1978年，他在中国举办了第一次服装展示会。当时，中国刚刚开放，经济还十分困难，就连法国驻华大使也认为，与中国发展外贸关系绝不会、也不可能有前途。对此，皮尔·卡丹有自己独到的经验和见解："基于我对中国传统的了解，我觉得中法文明有许多共同之处，我坚信中国老百姓一定会喜欢上我设计的服装的。"最终，皮尔·卡丹在中国获得了巨大的成功。

成名后的皮尔·卡丹仍旧不断地决定、行动、收获，一刻也不闲着。他像旋风一样席卷全球，一会儿去柏林签约，一会儿去东京主持仪式，一会儿返回巴黎伏案设计，一会儿又赴纽约检查工作……他脚不沾地,一天到晚忙得不亦乐乎。"这就是我爱干的事情。我的名声使我能够把自己的生活变成当今世界持久性现实的一个组成部分。"

皮尔·卡丹是位实干家,更是一位成功的革新家。他总是不断地设想,然后付诸实践,又不断地进行自我怀疑与否定。他以顽强拼搏的斗志和别具特色的创新精神,向世界服装业的因循守旧和忌妒排挤进行了勇敢的挑战,并最终取得了胜利。

AB 型血代表人物

要说 AB 型血的典型代表,则非著名的投资大师沃伦·巴菲特莫属。他以天生的聪明、不断进取的精神、冷静敏锐的头脑,创造了股市神话,书写了 AB 型血人的传奇。

一个人炒股挣点儿钱不算啥,难的是一辈子投资股市,绝大部分时候只挣钱,不赔钱。然而,沃伦·巴菲特做到了。他凭借着聪慧的大脑和沉着冷静的个性,为广大理性的投资者树起了一面旗帜。

巴菲特认为,投资这一行是一项要求人们动脑筋的、有趣的游戏,而且又不大难赢。在他的神话宝典里,除了满腔的热情和兴趣之外,还要有耐心。首先要确定企业值多少钱,再决定每股股票值多少钱,然后决定买不买。因为你投资的前提是企业真正的价值。所以,只要公司真正有价值,股价便宜,买好后就不应该担心,即使证券市场关闭几年也无关紧要。

自信更是成功的翅膀。自信来自知识,所以,你要绝对诚实,对自己懂什么、不懂什么要非常清楚。对自己不懂的企业,即使投价再便宜,也请不要投资。

独立思考的能力也至关重要。千万不要因为他人而轻易动摇,在信息不充分的情况下,你最好不要作决定。一旦你的信息正确,自己的判断也准确,就无需担心。

借债投资是他所鄙弃的。投资者不爱钱则没有动力,但太爱钱,也会导致失败。所以,他认为投资者应该保持希望赚钱,但贪欲不应过重的心理状态,要注重投资过程而不是钱本身。由于很难发现好的公司,所以,发现后就不要轻易卖掉。不能贪图便宜去买不好的公司,也不能为了占一点便宜而把手里的好公司卖掉。要长期持有股票,但也要灵活机动,发现不好就卖掉。

巴菲特堪称世界级的"天才理财家"。他经常说,一个优秀的投资者应该像企业经理那样考虑问题,而一个优秀的企业经理在思考问题时,也应该像一个投资者才对。在从事投资管理的专业人士中,巴菲特的机智和学问很少有人能与之匹敌。他经营的资金有100亿美元。他有9个助手,办公室里没有电脑,也没有显示股价瞬间变化的电视屏幕,但他的同事说他的思考速度比电脑还快,谁都跟不上。

不仅巴菲特对股市的把握令人称羡,他的为人与品格也受到世人称赞。他把自己在股市上的成功归功于允许他成功的社会。为了回馈社会,他成立了巴菲特基金,他将把绝大部分财产留给巴菲特基金。以这位当代超级投资明星之豪富,其基金的规模无疑将超过洛克菲勒基金、福特基金或卡尼基基金。

O型血代表人物

说到德国第一号赛车手米歇尔·舒马赫,应该无人不知、无人不晓。印象中,他始终穿着红色的工装裤,开着一辆红色法拉利。受工作影响,舒马赫是个拥有强大自制力的人。当有人问他自己最大的缺点是什么时,他会坦率地回答:"我有一点儿自私。"他欣赏他人那种"心如止水"的品质。他的存在,可说是为O型血人的特质作了最好的诠释。

O型血的人总是充满活力、精力旺盛并且追求成功。他认定的事,从不轻言放弃,即使是遭受失败与挫折。他只是视之为挑战,为自己设定新的目标,并积极解决问题。在英国银石赛道的严重事故发生的三个月后，舒马赫的法拉利赛车的引擎声再次在马来西亚赛道上响起。

O型血的人乐观、有野心。他们满怀胜利的信心，并对自己的能力及取得的成绩深信不疑。这并不是吹牛，他们知道自己想要干什么，能够干什么。在他们的身上，总是有着无意但相当自然的耀眼光芒，而这也正是他们如此让人着迷的地方。1996年，舒马赫转到法拉利车队。他凭借健康强壮的体魄、出色的控制能力和强烈的个性，那一年赢得了三个分站赛冠军。他的胜利家喻户晓。但他并不满足于自己已取得的成绩，在赛车的路上，他只会继续前进，一直前进。

然而他坚毅的外表，难掩他那颗善良、脆弱的心。2000年6月的蒙特卡洛大奖赛中，他出局了。尽管他很失望，但还是沉着面对。"我没有尝过比这更难受的。但是这次出局也并不是那么糟，它是我在这个赛季中出现的第一个技术问题，随时都会出现的，而它在此时此刻发生了，只能说很遗憾。"这就是舒马赫，他时刻保持冷静的头脑。

在赛车的路上，他是个"孤独的猎人"。虽然舒马赫得到赞助商、机械师、设计师等人的大力支持，但在比赛中，他只能凭借技术、聪慧的头脑和多年来的经验，独自一人应对挑战。对手不可能成为他的朋友，他只相信自己。他深信在关键时刻，除了自己，谁都无法帮助你解决困难。

这就是具有典型O型血性格的舒马赫，他非常感谢自己的性格。当然，只靠血型，舒马赫并不能获得成功，毕竟还需要经验、天分以及运气。

第四章
九型人格与血型的奇妙关系

血型与人格关系密切。不同的血型表现为不同的人格,同一血型也有着不同的人格,而同一人格也会出现在不同的血型上,只是强弱不同而已。

血型遗传影响人的人格

人类似乎很早就对人格形成的遗传因素有了一定的认识，中国的很多俗语就有这一方面的十分生动和形象的体现，如"种豆得豆，种瓜得瓜""上梁不正下梁歪""老鼠的儿子会打洞"等。从科学的角度来看，人格的形成与发展确实有着极其深厚的生物学根源，血型遗传作为人格形成的自然基础，也为人格的形成和发展提供了必不可少的前提条件。

下面我们着重从两方面来分析血型遗传对人格的影响。

第一，经过多年研究，遗传专家得出结论，血型之所以能左右一个人的人格，是因为其本身具有无形气质。血型的无形气质是生物遗传的结果，表现为这类血型的人特定的思维方式、行为举止、谈吐风度等。例如：O型血的人的人格特征是热情、坦诚、善良、讲义气、办事雷厉风行、踏实苦干、效率高；B型血的人的人格特征是聪明、思路广、拓展力强、最怕受约束。

第二，血型遗传决定着一个人的相貌、身高、体重等生理特征，而这些会因社会文化的评价与自我意识的作用，影响到自信心、自尊等人格特征的形成。

如在一个崇尚以瘦、高、小脸为美的国家里，如果一个人的外表刚好符合这个国家的大众审美标准，那么他/她将成为众人认可、肯定的对象，其自信心和自尊感也会得到大幅度的提升；但如果相反，他/她胖、矮且相貌不那么出众，他/她就会在大众的否定中感到自尊心受挫，并产生自卑的情绪。

血型遗传固然是人格形成的重要因素之一，但我们不能无限夸大遗传的影响。因为一个人人格的形成，无论是讨人喜欢的人格还是不讨人喜欢的人格，除去遗传因素的影响，更多的是受出生地、家庭、教育、工作环境的影响，受着周围的人和事的影响，所以人的人格千差万别。了解了这一点，也就使我们能够更好地培养并完善自己的人格。

从人格表现上判断他人属于何种血型

如果你很想知道对方的血型，又不方便问的话，你可以从他的外在表现来判断他是什么血型，因为不同血型的人，外在表现是不同的。

我们来看看性格划分。如果把九型人格进行归类整理，可分为内向型和外向型两类。

内向型属于自我封闭的类型，喜欢独自一人，不爱多说话，感情不很外露，不愿与别人分享快乐或分担痛苦，对陌生人有些胆怯。他们总是抑制自己感情的宣泄，很容易沉湎于美好的幻想之中。这类型人包括完美主义者、实干者、观察者、怀疑论者和调停者。

内向型的人，以 A 型血人和 AB 型血人居多，是思考型、孤独型的人。他们有时会有点自卑感，做事比较冷静。在色彩上，他们往往更喜欢蓝色、绿色等冷色调。

外向型的人活泼、开朗、不拘小节，不愿沉于独自的思索，往往追求能够发泄感情的活动，努力寻求对别人的帮助，以引起他人的注意。这类型人包括给予者、浪漫主义者、享乐主义者和领导者。

外向型的人，以 O 型血人和 B 型血人居多，是行动型、社交型的人。他们乐观、重感情，有时会有点自负，因此，他们往往更喜欢红色、橙色等暖色调。

第四章 九型人格与血型的奇妙关系

当然,内向型和外向型的性格特征通常都表现得不太鲜明,所以也就不能仅以内向型和外向型为标准简单地区分人们的不同血型。

由于不同血型的人,性格的表达方式不一样,所以,我们可以通过对他们的观察来判断。

1. 血型不同的人,给人们留下的第一印象不同

往往一个人的相貌、衣着、表情、姿态、举止、交谈、风度形象等,在一定程度上反映出这个人的内在素养和其他个性的特征。

A型血人办事严谨,朴实勤劳,待人客气,谦虚有礼。

B型血人心直口快,坚决果断。

AB型血人注重理性,感情细腻,追求细节完美。

O型血人办事能力强,有领导风范,性情豪爽。

2. 血型不同的人,在穿着打扮上各有心得

A型血人讲究时髦,对于流行的款式和色调十分敏感;很会打扮,善于把流行的服装恰到好处地穿在自己身上;在挑选服装时更注重色彩,有很好的色感。

B型血人仿佛是天生的时装达人,他们具有很强的色彩辨别能力,对服装很会挑剔,在挑选服装时很注重花样和色彩。

AB型血人有时衣冠楚楚,有时又衣帽不整。选择服装很注意色彩,喜欢色彩反差大的服装,但穿起来总是很合体。

O型血人既穿戴整齐、合乎传统,又在设计方面强调自己的个性。偏爱清素淡雅的装束,常给人以清爽整洁的印象。

3. 血型不同的人,拥有不同的讲话方式和态度

A型血人绝对不说伤害对方的话,态度和蔼、谦虚。

B型血人善于观察,能巧妙把握对方的心理,从而使谈话内容保持一致。

AB型血人坚持己见,说话谨慎,很少得罪人。

O型血人以事实为依据,不主观臆断。

4. 血型不同的人，处理问题的方式也不一样

A型血人具有跳跃性思维，往往一个问题还没有解决就开始思考下一个问题，他们身后总有一堆事情急需处理。

B型血人心思缜密，分析能力强，即使再棘手的事情，他们也能想办法解决。

AB型血人是"细节"有余而"全局"不足。他们拥有快速解决小问题的能力，却缺乏全局意识，鲜有宏观想法。

O型血人善于思考，且有愚公移山的毅力，除非解决了问题，否则绝不放弃。

生活中最常见的血型人格

所谓性格，指的是个体比较稳定的对现实的态度以及与之相应的习惯行为方式。在众多因素中，生理因素对性格的形成起着决定性作用。因此，作为重要的生理因素之一的血型，对人的性格特征有着较大的影响。

生活中，这四种血型具有明显的性格特质，若对照九型人格，便一目了然。

A型血的人具有完美型人格

A型血的人处理事物比较有条理、深入、细腻，正因为他们崇尚完美，追求完美，所以，他们眼里容不得半点瑕疵与不足，因此很容易成为悲观主义者。

A型血的人深沉含蓄，总是将感情深藏心中，时刻压抑着自己。殊不知，他们的内心潜藏着巨大的爆发力，压抑得越厉害，爆发起来也许就越可怕。

A型血的人待人真挚、处事严谨，特别重视别人对自己的看法与评价。他们希望与人和睦相处，具有为社会、为他人奉献的使命感和责任感。

B型血的人具有欢乐型人格

B型血的人总能从生活中寻找乐趣，他们宁可缺乏物质也绝不缺乏精神。

B型血的人喜欢独立处理问题，很少顾虑他人的反应与舆论的压力。他们言行随便，不拘小节，讨厌被束缚的感觉，因此，他们有可能会出现脱离集体的状况。

B型血的人头脑灵活，拥有较强的独立处理问题能力。他们喜欢就事论事，不受个人情感影响，深思熟虑后果断解决问题，如果是轻率下的结论，是可以变通的。

B型血的人兴趣广泛，思路开阔。他们常有新奇的想法，有较强的联想思维、创新思维、发散思维能力，因此，常常博学多才，聪慧过人。

AB型血的人具有思考型人格

AB型血的人善于思考，逻辑思维能力强，考虑问题全面但缺少深度。

AB型血的人常常抱有超越现实的空想，他们厌倦人世纷争，喜欢站在"第三者"的立场来看待人和事，因此，性情多比较淡泊，常给人以"冷酷"的印象。

AB型血的人具有强烈的归属感，无论在哪里，他们渴望与很多人一起生活、工作、学习、逛街、喝酒，彼此间关系亲密，俨然一家人。因此，他们是具有强烈的集体观念的一类人。

O型血的人具有成就型人格

O型血的人目的性强,一旦树立目标,便集中注意力,全力以赴,不达目的绝不甘休。因此,O型血的人最易在岗位上做出一番事业。

O型血的人比较注重现实,对于切身的利害关系,他们能够沉稳冷静、迅速果断地加以分析和判断。

O型血的人重视人际关系,容易相处。当他们自身弱小时,他们多显得温顺;但他们内心渴望强大,到那时,他们会显得很强硬,总是积极表现自己并时常发表个人的见解。

第五章
魅力搜捕：评估你的人格魅力价值

同最优秀的教育或最伟大的成就相比，一个人和蔼亲切的风度、令人着迷的人格，以及优雅迷人的举止会给人留下更深刻、更美好的印象。即使没有出色的才能，卓尔不群的个人魅力通常也可以令一个人得到提升，而天才和特殊的培训却做不到。

第五章　魅力搜捕：评估你的人格魅力价值

起决定作用的是第一瞬间

有的人，与之相交久了才能感受到他的魅力，而有的人刚刚与之接触就会被他的魅力吸引，例如实干者和享乐主义者。前者穿着得体，以"形象"取人；后者多才多艺，以"实力"俘获人心。如果你希望在第一时间内散发自己的魅力，不妨向实干者和享乐主义者取经。

实干者：注重"形象工程"

很多人以为形象不重要，只要周围人认可自己的能力，了解自己的为人，打扮与否无所谓。真是这样吗？下面让我们来看个故事。

大学时小美是同学眼中的花仙子，是男生魂牵梦萦的"梦中情人"。

时光飞逝，一转眼毕业5年了。当小美出现在大学同学的面前时，大家都毫无准备地大跌眼镜，当年的花仙子，今日却……唉！

原来，大学毕业不久，小美就嫁人了。她每天起早贪黑，劳累之中便失去了打扮的雅兴。长长的头发随意用皮筋扎在后边，皮肤整天蒙着烟尘也顾不得擦一把，早上匆匆洗把脸就出门，晚上懒洋洋地擦一擦就算了，日久天长，再美的容颜也就这样被"摧残"了。

人们否认"以貌取人"，但无时无刻不根据对方的形象来作出评价。所以，人要想在社会上立足，"面子"是头等大事，而且越是上流社会越重视形象。一个仪容不整、形象邋遢的人，得不到任何人的重视和信任。

就形象修饰来说，实干者做得很好。他们的衣橱中挂满了各种各样的衣服，无论去哪种场合总能找到合适的衣服。他们会把自己改造成任何文化标准所看重的形象。如果他们是冲浪运动员，他们一定要有漂亮的冲浪板和古铜色的肌肤；如果他们是经理，他们就会西装笔挺，表现出迷人的领导风范。

实干者认为，若要对方了解自己的内在美，尚需一段时间，而体现自我个性的着装却散发独特魅力，给人留下一个美好的印象。

怎样保持个人形象呢？可参考以下两点。

1. 留意你的穿着

留意你的穿着，并不是叫你穿上最流行、最时髦的衣服，而是希望你穿得干干净净、整整齐齐，至于衣服是新是旧，质料是好是坏，并不是主要问题。

美国有许多家大公司对所属雇员的装扮都有"规格"，这规格不是指要穿得怎么好看，而是人们观感的水准。

2. 注意细节

鞋擦过了没有？裤管有没有痕？衬衣的扣子扣好了没有？胡须刮了没有？梳好头没有？衣服的皱褶是否注意到？……

乍一听似乎可笑。事实上，做好这些细节会给人留下良好的印象，整洁的着装总是给人一种信赖感。

一个衣衫不整、邋邋遢遢的人，是对自己不尊重，也是对他人不尊重。这样的人，是不可能赢得他人的好感与尊重的。因此，朋友们，为提高自己的形象魅力，为给他人留下良好的印象，请开始投资自己的"形象工程"吧。

浪漫主义者：以艺术气质吸引他人

尽管浪漫主义者可能不是位高权重的高官或家财万贯的商人，但是他们与生俱来的艺术气质往往使他们具有非凡的魅力。对此，英国纽卡斯尔大学心理学家丹尼尔解释说，有艺术气质的人大都有不同于

第五章 魅力搜捕：评估你的人格魅力价值

常人的想法，对外界也有自己独特的感觉，因而更有创造力，而创造力会有获得别人注意的精神力量，因而更容易获得对方的赏识与青睐。

1779 年，德国哲学家康德计划到一个名叫珀芬的小镇去拜访老朋友威廉·彼特斯。康德动身前曾写信给彼特斯，说自己将于 3 月 2 日上午 11 点之前到达。

康德 3 月 1 日就赶到了珀芬小镇，第二天早上租了一辆马车前往彼特斯的家。老朋友的家住在离小镇 12 英里远的一个农场里，小镇和农场中间隔了一条河。当马车来到河边时，细心的车夫说："先生，实在对不起，不能再往前走了，因为桥坏了，很危险。"

康德下了马车，看了看桥，中间的确已经断裂了。河面虽然不宽，但水很深，而且结了冰。"附近还有别的桥吗？"康德焦急地问。

车夫回答说："有，先生。在上游 6 英里远的地方还有一座桥。"

康德看了一眼怀表，已经 10 点钟了。

"如果赶到那座桥，我们以平常速度什么时候可以到达农场？"

"我想大概得 12 点半。"

康德又问："如果我们经过面前这座桥，以最快速度什么时间能到达？"

车夫回答说："最快也得用 40 分钟。"

康德跑到河边的一座很破旧的农舍里，客气地向主人打听道："请问你的这间房子要多少钱才肯出售？"

农妇大吃一惊："您想买如此简陋的破房子，这究竟是为什么？"

"不要问为什么，您愿意还是不愿意？"

"那就给 200 法郎吧！"

康德付了钱，说："如果您能马上从破房上拆下几根长木头，在 20 分钟内把桥修好，我将把房子还给您。"

农妇把两个儿子叫来，让他们按时修好了桥。

马车平安地过了桥，飞奔在乡间的路上，10 点 50 分，康德赶到了老朋友的家。在门口迎候的彼特斯高兴地说:"亲爱的朋友,您可真守时啊!"

康德在与老朋友相会的日子里,根本没有对其提起为了守时而买房子、拆木头过河的经过。后来,彼特斯无意中听那个农妇讲了此事,他不仅被康德准时赴约的行为感动,更惊叹康德的神奇妙想,不由得敬佩起来。

由此观之,你想获得他人的青睐,最可行的办法就是不断提高你的创造力。有了各种各样奇思妙想和不同于常人的感觉,就有了吸引他人的特质。一句话,有了艺术气质,你就会得到很多人的赏识。

私家秘语

瞬间释放魅力的要诀是将魅力形象化,即增添视觉美感。除了上文提到的形象工程、艺术气质两方面,还可以从行为举止、礼仪、爱好、才华等方面入手,只要让对方在第一时间感受到你美丽动人(或风度翩翩)、才华横溢、与众不同即可,不必拘泥于形式。

永恒的魅力,源于内在美

一个人的魅力不仅与外在形象有关,更与他的思想修养、道德品质和文明程度有关。换言之,一个人的魅力既是一个人的"门面",又是一个人内心世界和内在修养的显露。若希望自己长久地散发迷人魅力,需要提高个人修养。

有容忍批评的雅量

一个人的胸怀有多大,往往他的成绩也有多大,这个道理几乎没有人怀疑过。在9种个性各异的人中,调停者以其大度的胸襟名列榜首。

第五章 魅力搜捕：评估你的人格魅力价值

调停者通常不会和别人发生毫无意义的争论，他们尽力避免争吵，同时他们会将争执的各方都聚集一起，能够用求同存异的原则将大家聚拢在自己周围。他们不会要求别人一定要赞同自己的观点，相反，他们认为每个人的建议都有独到之处，即使自己遭到批评与谴责。

哈莉·贝瑞是美国好莱坞当前最红的女明星之一，曾获得第74届奥斯卡最佳女主角奖。这位"黑珍珠美人"得到了大量的赞扬和恭维，但这并没有让她迷失，她特别认真地倾听各种批评和指责的声音。

2005年2月26日晚，贝瑞参加了第25届金酸莓电影奖颁奖仪式，成为第一位亲手接过金酸莓"最差女主角"奖杯的好莱坞女明星。

金酸莓电影奖设立于1981年，跟奥斯卡奖评选最佳相反，是专门评选"最差"影片、"最差"导演和"最差"演员等的奖项。对于这个带有恶作剧意味的颁奖，好莱坞的明星大腕们从不正眼相看，过去不仅没有一个当红女明星参加过金酸莓颁奖仪式，更没有一个女明星有勇气亲手接过授予自己的"最差女主角"奖杯。

哈莉·贝瑞主演的《猫女》获得了第25届金酸莓"最差影片""最差女主角"等7项大奖的提名。得知这个消息后，她表示要参加金酸莓奖的颁奖仪式，她说："我认为，作为一个演员，不能只听他人的溢美之词，而拒绝接受别人对你的批评和指责。既然我能参加奥斯卡颁奖典礼并接过小金人，那么我就该有勇气去拿金酸莓的奖杯。"

颁奖当晚，哈莉·贝瑞走上领奖台，接过了金酸莓"最差女主角"奖杯。她发表获奖感言时说："我这辈子从来没有想过我会来到这里，赢得'最差'奖，这不是我曾经立志要实现的理想。但我仍然要感谢你们，我会把你们给我的批评当做一笔最珍贵的财富。"

听到这话，人们给了她一阵又一阵热烈的掌声。

颁奖过后，记者围住了哈莉·贝瑞，问她为什么不怕丢脸而前来领奖。她说这不是丢脸，接受批评不丢脸，不接受批评反而会出更大的丑。她举了举手中的"最差女主角"奖杯说："我要将它放在我的厨房里，我每天都会面对它。就是全世界的赞扬像飓风一样袭来的时候，只要看它一眼，我就不会被吹到云彩上面去。在许多人都赞扬和恭维你的时候，批评的声音是最珍贵的，因为它使你清醒，让你不会头脑发热，自己找不到自己。"

哈莉·贝瑞是聪明的，她没有因为被批评而沮丧泄气，也没有因为被批评而激愤拒绝，而是诚恳地、高兴地接受，并将其当成珍贵的财富，当成激励自己的动力。这正是调停者个性中最有魅力的地方，他们不会为了意见不同而容不下他人的话，也不会因为自己不喜欢某种建议而否决他人，更不会因为受到批评与指责就郁郁寡欢甚至心生怨恨，所以9号多半是宽厚仁慈的，也是豁达大度的。

生活中，当我们面对朋友、同事或者领导的批评时，是否能够像哈莉·贝瑞那样虚心接受呢？其实，对于自己身上的一些不足和缺点，很多时候我们不一定都能意识到，而我们身边的人对此会更加了解。只要能够对这些不足和缺点加以改进，我们同样也会赢得他人的尊重与赞美，成为有魅力的人。

亲切随和是骨子里的魅力

当你出席宴会或参加某种活动时，你可能会被一个才华横溢的人所折服，你可能会被一个妙语连珠的人所折服，但你更可能对一个性情温和、充满宽容与友爱之心的人留下深刻印象。所以，构成一个人魅力的最核心因素往往不仅是天赋与才华，更重要的是一个人的性格、个性。

那么，什么样的人富有魅力呢？什么样的性格造就魅力呢？有关人士认为，如果你拥有给予者的性格，往往会使自己的魅力大增。给予者渴望别人的爱或良好关系，很在意别人的感情和需要，甘愿迁就他人，愿意付出，所以，他们待人温和友善、随和，也总能得到对方的好感。

第五章　魅力搜捕：评估你的人格魅力价值

在一次会议上，吉姆看到朗士宁坐在桌边，于是走上前去做了自我介绍。他伸出手，说道："你好，我叫吉姆，很高兴见到你。"朗士宁回答道："噢，我也是。"朗士宁仍然坐着，吉姆只好倾着身子同他握手，这让他们的关系从一开始就显得有点不平衡。

接下来，吉姆走向安尼，坐到她的旁边。当吉姆介绍自己的时候，安尼站了起来，面带微笑，看着吉姆的眼睛说道："我也很高兴认识你。"这是一个非常好的开始。

生活中，我们经常听到这样的对话："你为什么喜欢与他在一起？""与他在一起让我感到很轻松，他很随和。"亲切随和的最大好处是对人平等，给人以尊重感。如果你不尊重别人，又想与别人建立良好的关系，这几乎是不可能的。尊重他人是人际关系的第一条原则。给予者往往更能广结人缘，获得他人的好感与认同，所以，如果你希望自己魅力无穷，就要培养给予者亲切随和的个性。

但是，有很多人做不到亲切随和，究其原因，主要有以下几点。

1. 过分娇宠的家庭教育

小时候，父母宠爱、夸赞、表扬，会使他们觉得自己"相当了不起"，与人交往时，常摆出一副盛气凌人的架势。

2. 片面的自我认识

当一个人只看到自己的优点，看不到自己的缺点时，往往会产生自负的个性。这种人往往好大喜功，取得一点成绩就认为自己了不起，成功时完全归因于自己的主观努力，失败时则完全归咎于客观条件的不合作，过分自恋和自我中心，把自己的举手投足都看得与众不同，更不必说亲切地对待别人。

3. 情感上的原因

一些人的自尊心特别强烈，为了保护自尊心，在交往挫折面前，常常会产生两种既相反又相通的自我保护心理。一种是自卑心理，通过自我隔绝，避免自尊心进一步受损；另一种就是自傲心理，通过自我放大来掩饰自卑。例如，一些工作能力较弱的人，生怕被能力较强的同事看不起，便装清高，表面上摆出看不起这些同事的样子。这种自傲心理是自尊心过分敏感的表现。

成功者有一颗充满信心的头脑，但他们一般也有一颗谦恭的心。在一切场合，都要做到性情温和、彬彬有礼，这会为你奠定成功的基础。在具有魅力者中，我们绝对找不到傲慢、自大和唯我独尊的影子。骄傲没有任何价值，也不会给你任何助益，所以在任何时候都不要骄傲。

自信，才可能魅力四射

年轻时，缺乏自信的美只能称作漂亮，会随着时间的流逝而一点一点地消失在无情的岁月里。而充满自信的美，就是一种魅力、一种气质，它会随着时光的流逝越来越耀眼夺目。美貌可使年轻的你骄傲一时，自信可使人魅力一生。

自信的人拥有一种"光环效应"，身上散发着独特的吸引力。自信使他看上去神采奕奕，他总是扬着自信的头颅，嘴角常挂着微笑，炯炯有神的双目流动着光芒。他的举手投足是那样干练而有风度，他没有令人惊艳的姿容，却能在人群中卓然挺立，第一个吸引到别人欣赏的目光。

然而，习惯怀疑的怀疑论者极其缺乏自信，他们开始做某件事前，常常先怀疑自己能否成功，认为自己"做不到"。其实，这只是一种错觉，是一种消极的心理暗示。一旦他们正视困难，就会发现事情并非他们想象的那样难。

那么，怀疑论者该如何培养出自信呢？

1. 最重要的是正确地认识自己

著名学者爱默生说的好："自信是成功的第一秘诀。"而怀疑论者的实质就是自己不能正确认识自己，看不起自己，不相信自己，总有

第五章 魅力搜捕：评估你的人格魅力价值

一种无力感，做什么事情总是怀疑，犹豫，结果什么事情都做不好。要消除怀疑心理，必须树立"我能行"这种想法。凡事总要有信心，老想着"行"这个字，以此来鼓励自己，而且付诸实践。时间一长，尤其在做了几件成功的事之后，就会产生"天生我材必有用"的想法，改变自我怀疑的心理。

2. 从小目标做起，改变怀疑的心理状态

很大一部分怀疑论者的自卑是在多次碰壁、屡遭挫折后产生的，所以，要克服这种心理，就不要好高骛远，要确立合适的目标，从小事做起，一步一步地去干那些自己能干的事，即采用"小步子"的方式来改变自己的心理状态。一个人不能没有大目标，不能没有长远的打算，但是，当这些长远的目标制订出来以后，更重要的是多设一点中间目标，一步一步地完成，经常用能完成的"中间成就值"来鼓励自己。另外，还要善于扬长避短，善于在你的强项中获得成功，而成功经验的积累可以不断地消除你的自卑感，增强你的信心。

3. 正确对待过去所发生的一切

不要总是责备自己，要学会这样的思想方法：当自己一想到过去不愉快的事时，就迅速转移目标，经常用愉快的事情来调节自己。学会改变自己内心的忧愁，是消除自卑产生的基础。

美国前总统罗斯福说："没有你的同意，没有人可以让你觉得你低人一等。"如果你觉得低人一等，那是你自己决定的，你本来并非如此。我们常常会把自己看得太过渺小与卑微，这或许是为什么我们至今还没有到达一个更高水平的原因。现在，该到了怀疑论者换个角度思考问题的时候了，你觉得自己还可以做得更好，你就可以做得更好。

一个人，可以没有美貌、学历，但万万不可缺乏自信：自信可使你内心饱满丰盈，外表亦变得光彩照人；自信可使你神采飞扬，气度一样可以不凡；自信可使不漂亮的你变得美丽，增添无穷魅力。

> **私家秘语**

一个人如果没有道德、情操、智慧、志向、气度等内在美作为基础，那么，再好的先天条件、再精心的打扮，也只能是肤浅的美、流俗的美。

缺少丰富深刻内涵的美，不可能产生真正打动人的魅力。因此，一个人的魅力实际上是其外在美与内在美和谐统一的自然展现。

不同血型的女人魅力各在哪里

女人好攀比，她们常常在心里嘀咕着："为什么她就拥有那么强的吸引力？难道仅仅是美丽动人的外表吗？要不就是她在待人接物方面有着天生的圆通？或者是她在设计引人注目的形象方面有着秘诀，是这些秘诀使得别人围着她团团转？"

其实，每个女人都有魅力，当你在羡慕别人的美貌时，别人正在羡慕你的温柔。

品味不同血型女人的魅力

1. A血型女

（1）A血型女性大多很含蓄，就像她们讨厌过分显眼的服饰一样，她们也不喜欢张扬自己的感情。遇上心仪的人，她们更愿意暗暗地传递自己的情谊。

（2）A血型女性处事谨慎、稳重，绝对不会冒险，因而她们的恋爱平凡的居多。所以，爱慕她的男士，可不必大费周章地思虑怎样去打动她的芳心，只管依常规去追求就是了。

（3）和A血型女性交往，通常会感觉很亲切，也很轻松，这是因为她们生性温柔，懂得体贴和照料他人。有这样的女性在身边，通常会让人压力大减。

（4）A血型女性比较执著、多情，所以，一旦有了心爱的人，她们通常会全身心地去体贴和照顾他，并且乐在其中。

2. B血型女

（1）B血型女性属于爽朗、开放一类，但在与恋人相处时，她们通常会很依赖对方，让对方觉得自己很重要，所以，她们通常会给爱人以充分的信任。而且，她们还很清楚自己所爱的人喜欢什么，所以多能及时赢得爱人的欢心。

（2）B血型女性多不在乎别人对自己的看法，也不喜欢自我反省，但是好在她们多比较谦和，不至于主动攻击人、讥讽人，让人下不来台。

（3）B血型女性风趣幽默、生性乐观，而且还很健谈，和她们相处，你会感觉非常轻松，生活也仿佛一下子变得有趣多了。

3. AB血型女

（1）AB血型女性如少女般天真烂漫，有着自然的情趣，有时又给人以狂野的感觉，迸发出令人难以抵挡的激情。所以，AB型女性尽管温柔、可人，但是也时常会有一些令人意想不到的举动。

（2）AB血型女性的内心多比较渴望浪漫，但是常常缺乏制造浪漫的能力。所以，她们虽然比一般女人多一分理智，但也常常爱幻想。

（3）AB血型女性对经过努力取得的东西，会加倍珍惜，因为她们懂得获得后的价值。AB血型女性一般不会轻易爱上别人，一旦爱上了，她们会特别珍惜这份情感。

4. O血型女

（1）O血型女性的可爱之处在于单纯，她们从不懂得耍手段、玩心计，即使是对自己心爱的人，O血型女人也很少表现出羞怯，但是这仍然掩饰不住她的魅力。因为O血型女性一般都表情非常丰富，是娇媚的天才！

（2）O血型女性从不掩饰自己热情、丰富的情感，在她的眼里，她率真的行为本身就有种独特的魅力。倘若与她们坦诚相待，你会发现更多别样的风情。

（3）O血型女性的奉献精神令人赞叹，为了自己所爱的人，她愿意倾其所有。这些都被她所爱的人看在眼里，深深地感动在心里，并在以后的日子里加倍小心地呵护她，回报她。

修炼女人味：你属于哪一味

所谓女人味，指的是一种人格、一种文化修养、一种品位、一种美好情趣的外在表现，当然更是一种内在的气质。简而言之，女人味就是女人的神韵和风采。有味道的女人，三分漂亮可增加到七分；没味道的女人，七分漂亮可降低到三分。没味道的女人，即使她有着如花的脸蛋、傲人的身材，但只要她一开口，便足以暴露出她贫瘠的内心和空洞的精神。

因此，漂亮并不代表女人味。

生活中受人喜爱的"味道"女人大致有以下四种：若水，若火，若茶，若酒。

若水的女人，其轻盈举止、似水柔情早已将所有男人的心抓住，其宁静内敛的智慧，更是带给男人一次次惊喜。她们可让男人心如止水，只爱她一人，拥有了她，便拥有了全世界。她们身上有取之不尽、用之不竭的令人陶醉的温柔，她们的可爱使她们的美丽更加充满深意。若水的女人，永远在心底燃烧着爱的火焰，在温柔中将爱情演绎得绚烂夺目，因此，男人能够为她们爱到天长地久。

若火的女人，是属于勇敢奔放的女人。她们对男人和对生活充满着热情和执著，她们从来不会作秀，她们敢于对任何一个自己喜欢的男人说："我爱你，哪怕你一无所有！我只在乎你！"她们用她们的热烈、真诚，来烘烤她们认为值得爱的男人，哪怕你是铁石男人，也禁

第五章 魅力搜捕：评估你的人格魅力价值

不住她们如火的放纵与猛烈。融化了的，是流淌在眼里的真情。男人心甘情愿地纵身赴火，在火的提炼下，使自己更醇。若火的女人，将她们的爱之火燃烧得轰轰烈烈，男人和她们在一起死而无憾！

若茶的女人，也是最有味道的女人。其丰富而深刻的内涵和很高的品位有如中国的茶道一样源远流长，牢牢地吸引着男人，从啜入口中的那一刻起，你就会饮出这种女人的独特味道来。若茶的女人与中国茶道的相通之处在于，无论是煮、泡、闻、品，都是很有讲究的。里面的学问很多，当然，越是学问多越是显示其味道的深刻和独特。如茶的女人自身的味道也有很多种，如中国茶里的毛尖之可口怡人，还有如剑毫之豪爽馥郁，亦有如功夫茶之慢斟慢饮，味却浸入肺腑，更有香飘万里的桂花、茉莉之类的普遍却形味高雅的茶。虽然有这么多的种类，但这类女人只有共同的一个特点，就是"上得厅堂，下得厨房"。同时，若茶的女人，其味是愈品愈香，最后甚至让人忘情，沉溺其中，而且时间长了，男人会上瘾的。

若酒的女人，如一种历史久远，百里飘香，先苦后甜，令人一饮即醉的老窖，她们可以麻痹你的痛苦神经，可以温暖你心中的寒潮，但她们也可令你翻肠倒胃，吐尽胆汁和苦水，娇羞荡漾，以女性柔弱妩媚的全部魅力，让男人无时无刻不感受一种强烈引力的存在。她们永远不忘用眼神和身体的语言去调动男性的知觉，与她们产生一种微妙的呼应。若酒的女人善于用自己的内涵和魅力来征服男人。男人往往是还未开战，只闻酒香就弃戈投降，臣服于她那美丽的石榴裙下。

台湾地区著名散文家林清玄说过："三流的化妆是脸上的化妆，二流的化妆是精神的化妆，一流的化妆是生命的化妆。"

这就告诉每一位女性朋友，对美的追求一定不能流于表面，把美融入生命里，把生活融入浩瀚的历史长河里，才能让岁月的烟云在内心里荡涤出经久不化的浓浓女人味。

书香是女人最好的化妆品

书是改变一个人最有效的力量之一,书是带着人类从蛮荒到启蒙的捷径,书还是女人修炼魅力之路上最值得信赖的伙伴。一本好书往往能够给予一个人最初的人生启蒙甚至终生的影响,尤其是那些经典名著,比如《红楼梦》《围城》《简·爱》《飘》《第二性》等,对女性的影响都比较大。

1.《红楼梦》

有人说,一个女人若没读过《红楼梦》,那简直是罪不可恕。大观园中的女子或冰清玉洁,或兰心蕙质,或仪态万方,或柔弱动人……什么才是真正的女人?曹雪芹用一部呕心沥血之作给我们答案,多少年过去,仍可作为女人最好的生活教材。女人应像黛玉一样高洁,富有才情,却不可学她的悲观小性;应像宝钗一样志存高远,却又不要沾染她的阴险;应像熙凤一样精明干练,却千万不能势利歹毒;应像尤三姐一样刚烈坚强,却绝对不能将希望完全寄托在一个男人身上,为他放弃珍贵的生命……

2.《围城》

在这部作品中,钱钟书用诙谐幽默的语言描绘了中国男人的劣根性。在今天品读,更可以使女人清楚地认识男性社会,打破对男人种种不切实际的幻想。方鸿渐是最具代表性的"劣质"男人,他优柔寡断、不思进取,骨子里又不乏虚荣和可恶的大男子主义,不过,这或许是所有男人的通病,只是被钱先生刻画得特别鲜明生动而已。其他诸如赵辛楣、李梅亭、高校长之流,只能评为"恶劣"级别,女性只有敬而远之了。女人读《围城》,能增加些许生活的智慧,避免在今后走入命运的"围城"。

3.《简·爱》

夏洛蒂·勃朗特塑造了一个生活在社会底层,受尽磨难却不甘忍受压迫,勇于追求个人幸福的女性形象——简·爱。简·爱认为爱情

第五章 魅力搜捕：评估你的人格魅力价值

应当建立在精神平等的基础上，而不应取决于社会地位的高低、容貌的美丑和财富的多寡。这种爱情观是积极的，简·爱以无畏的勇气为现代女性树立了良好的榜样。女人都应做爱情的强者，敢于追求属于自己的幸福。

4.《飘》

在这部传世佳作中，玛格丽特·米歇尔教我们怎样成为成功的女人。书中两个女人——郝思嘉和玫兰妮是两个截然不同的女性典范。郝思嘉像一团烈火，坚强、独立，永远积极进取，永远不会被挫折打倒，她有着男子般的抱负和责任感，敢于把一家人的命运担上自己柔弱的肩头；而玫兰妮则正像一潭静水，深沉、冷静，她温柔善良而博爱，永远怀着慈悲之心待人，即使对自己的情敌，也只有宽容之情。这两种女人都很伟大，都值得现代女性学习。

5.《第二性》

这部作品成为西蒙娜·德·波伏娃最成功的著作，被称为"有史以来讨论女人的最健全、最理智、最有智慧的一本书"。它是一本女性的哲学书，揭示了当代妇女面临的各种问题，比如，两性的平等。读《第二性》，我们可以看清自己的命运，把握自己的未来。

这些优秀的书就像是最好的朋友、最好的老师。在浮华的世界中，打开它们，投入多彩的书中世界，你的心灵将得到最好的滋养。

书香是女人最好的化妆品，是有品位的女人生命之外的生命，是她的精神寄托。书就像一把金钥匙，帮助女人开阔视野、净化心灵、充实头脑。书让女人变得聪慧，变得坚忍，变得成熟，使女人懂得包装外表固然重要，但更重要的是心灵的滋润。读好书，会让女人保持永恒的美丽，散发迷人的魅力。

私家秘语

人们往往对举止粗鲁、不文明的女人嗤之以鼻，即使这种女人腰缠万贯，也没有人愿意把她们当上宾看待。优雅的女人则不同，即使她们没有钱,即使她们没有什么名声、地位,就凭她们的优雅举止,便足以赢得人们的尊重,这就是优雅气质的魅力所在。所以,女人需要优雅。

女性眼中的魅力男人

男人和女人用不同的眼光看世界,就像是戴着不同的眼镜。例如有些男性以为自己帅气、潇洒、稳重,既有气质又有魅力,可偏偏不受女性欢迎。相反,他们认为无风度、无气质的人,却备受女性青睐。如果你想知道在女人眼中什么样的男人有魅力,请看下面的内容。

四大血型男的独具魅力

1. A血型男

A型血的男性通常都是站在时代浪尖上的风云人物。他们待人温和,对人特别照顾,在他们的嘴角时常浮现着浅浅的笑。这一丝淡淡的笑意,足以散发出让人沉醉入迷的魅惑气息!

A型血的男性心思缜密,非常注重着装细节。他们有着很强的好奇心,他们对新鲜事物有天生的敏感和兴趣。他们是典型的具有双重性格的人,一方面,他们极力压抑自己,不伤害别人,但另一方面又无法信任别人,虽然他们自己特别讲信用。

2. B血型男

B型血的男性很有人情味,他们待人非常诚恳。B型血的男性淡泊、乐观,比较粗枝大叶,外表上看起来比较冷漠,甚至有些不太礼貌。所以,在他漫不经心地与你打声招呼,你会惊异地发现,原来他们很有魅力。

B型血的男性,个性爽朗,非常喜欢热闹,但不太注重交际手腕。对于自己的观念和意见，他们总是非常肯定，因此时常去推翻别人的意见，但这并不代表他们心存恶意，只不过是他们比较固执罢了。

3. AB 血型男

AB 型血的男性，待人圆滑周到，因此，在各种应酬中往往能游刃有余。他们非常喜欢交际，很少有自己的闲暇时光，所以，当他们若有所思的时候，你会发现判若两人的他们更具别样的风采！

AB 型血的男性，好恶感很强，但是却很少会表现出来。因此，他们看待事情多比较客观，处理事物的方法也比较公平、合理。只是，他们兼具 A、B 两种血型的气质，性格中也往往充满矛盾，因此，总缺少些一贯性。

4. O 血型男

O 型血的男性，浑身洋溢着一股越挫越勇的韧劲，他们的头脑里充满了冒险和开拓精神。当他们满怀信心地微笑着开赴属于自己的战场时，那带着野性的浪漫和粗犷的雄性魅力也就爆发开来。

O 型血的男性颇富人情味。他们好恶分明、敢作敢当，对自己很有信心，这种"英雄式"的性格，对于推动世界历史发展进程有着一定的作用。但他们的我行我素、刚愎自用，也常让人感到难以应付。

男人魅力的八个方面

什么样的男人会被女性认为有魅力？有人做了调查，并把最受女性喜欢的男人魅力概括为 8 个方面。

1. 提前到达约定地点

约会时必须遵守约定的时间，这是常识。如果约会是你主动提出的，最好提前到达约定场所，这一点相当重要。因为诚实和可信是从守时和不让对方等待中产生的。

2. 坦率回答问题

不想暴露自己的弱点，以免降低自己在对方心目中的形象是人之常情。因此有不少人在人前绝不肯承认自己对某个问题不知道，反而装出一副很了解的样子。实际上，对自己不知道的事情坦率地说不知道，可以强烈地给人以正直、诚实的印象。

3. 失误后不辩解

有了失误千万不要为自己辩解，而应诚恳地道歉，然后采取弥补过错的方法。即使无法挽回的事情，也要尽量减少损失。这样可以表现你强烈的责任感和诚意，令人刮目相看。与这样的男人相爱，女人会有无上的荣誉感，这是一笔巨大的精神财富。

4. 自主独立

独立是男人走向成熟的标志，是男人在社会上的立身之本。男人不仅要物质独立，更要精神独立，树立独立人格。男人有了独立人格，才能安身立命，才能发展自我，也才能保护心爱的人，让她放心地追随你，对你不离不弃。

5. 遵守诺言

不遵守诺言会使人感到你不诚实。如果你许下了诺言，或者像开玩笑似的作过承诺，对方并不抱有希望，而你一旦忠实地做到了，必定使对方感到意外，也可以使你的诚实更加突出、醒目。

6. 做"女人"的忠实听众

女人在陷入逆境、心中烦闷、焦躁不安的时候，往往借说话来调解心情。此时，你千万不要去劝说、安慰她，搞不好会使她更加烦闷，陷入恶性循环之中。事实上，对陷入逆境的女人，忠实的听众远比任何安慰都来得有效。她可以漫无目的地说话，发泄内心的情绪，倾诉够了，脱离困境的日子也就不远了。你好好扮演一个忠实听众的角色，一定可以增加对方对你的信赖。

第五章 魅力搜捕：评估你的人格魅力价值

7. 强烈的事业心

有事业心的男人以事业为重，追求发展前途，把爱情和家庭摆在从属地位，但不能说他不重视，他反而更加需要舒适温暖的家，令他放松，令他栖息。他相信人们所说的一句话：一个成功的男人背后，必定有个好女人。

8. 温柔体贴

细心的男人很会照顾人，给人安全感。他是生活型的男人，与他在一起，女人会得到悉心爱护，他令女人备感幸福。这样的男人最有女人缘。

私家秘语

常言道"女人爱漂亮，男人爱潇洒"。假设把男人的魅力归结为漂亮的外表，或许不为女性所接受，她们会轻而易举地从身边或屏幕上的男人中找出许多名字，这些人都很英俊，却无魅力可言。并且，她们也很容易说出一些男人，尽管这些人其貌不扬，甚至有些笨拙，可是他们深深地吸引了许多女性。

潇洒的外表不等于魅力，它仅仅是男人展示魅力的一个有利条件。一个富有魅力的男人，需要有涵养、有学识、有胸襟、有气魄……韩信点兵，多多益善，但限于精力、时间，男人只要修炼其中一点，就可增强自身的魅力。

测试：你的魅力指数有多少

个人魅力是一种神奇的资源，它能让一个才能平平的男子得到令人垂涎的职位，能让一个外表平凡的女子焕发动人的光彩。那么，你的魅力指数有多少？

1. 当有人顽固不肯认错时，你不会很急躁。
   A. 非常同意
   B. 比较同意
   C. 很不同意
2. 如果关系一般的人请你去玩或在聚会上唱歌，你往往：
   A. 饶有趣味地欣然应邀
   B. 找个借口推辞掉
   C. 断然回绝
3. 在匆忙行走的路上，别人向你打招呼："你好啊！"你会停下脚步，认真回答他们吗？
   A. 是　　　　　B. 有时会　　　　　C. 否
4. 在工作中，你喜欢扮演的角色是：
   A. 积极参与筹划
   B. 独立筹划而不愿受人干涉
   C. 等着分配任务
5. 你知道这位可能成为你客户的人是个蝴蝶标本收集者，你带着业务目的拜访他。你拿出一个标本说："听说你是蝴蝶标本专家，这是我孩子捕到的一只蝴蝶，我把它带来是想请教你它是什么蝴蝶。"你预计可能发生哪种情形？
   A. 他会对你产生好感
   B. 他会毫不介意
   C. 他会觉得你有些冒昧、不合时宜
6. 最好听取自己所尊敬的人的意见，但最终作判断和决定要自己拿主意。
   A. 非常同意
   B. 稍许同意
   C. 很不同意

第五章　魅力搜捕：评估你的人格魅力价值

7. 假设你是一家商店的经理，一位顾客闯入你办公室怒气冲冲地发泄不满，你意识到完全是她的错，应如何走第一步棋？
   A. 先对她表示同情，再心平气和地向她指出其不满是误会造成的，不是商店的责任
   B. 告诉她去找顾客意见簿或专司此职的管理人员，如果要求是正当的，问题会得到解决，而找你是没用的
   C. 对她发火，并进行严肃批评

8. 一位朋友邀请你参加他（她）的生日晚会，可是，很可能其他来宾你都不认识。在这种情况下，你会：
   A. 你愿意早去一会儿帮助他（她）筹备生日晚会
   B. 你非常乐意借此机会去认识更多的朋友
   C. 借故拒绝，告诉他（她）说："那天我真的早有安排。"

9. 受到别人批评时，你通常的反应是：
   A. 分析别人为什么批评，自己在哪些地方有错
   B. 保持沉默，对他记恨在心
   C. 也对他进行批评

10. 对于他人对你的依赖，你会：
    A. 感到高兴，喜欢被人依赖
    B. 并不介意，但希望朋友们能有一定的独立性
    C. 避而远之，不喜欢结交依赖性强的朋友

11. 你是否觉得正直的人往往会吃亏？
    A. 否
    B. 不知道
    C. 是

> **评分标准**
>
> 每个问题选择 A 得 2 分，选择 B 得 1 分，选择 C 得 0 分。

测试结果

0~12 分：说明你不算是一个有魅力的人，有必要加强这方面的能力培养。

13~17 分：说明你是比较有魅力的人，但仍需继续学习和锻炼，不断提高自己。

18 分以上：说明你是一个很有魅力的人。

这个评价并不是对你个人魅力的一个准确衡量，而是一种定性的评估。

你的得分表明你目前的魅力，而不表明你潜在的个人魅力。只要仔细阅读本书的内容，并在实践中灵活运用，你一定能够改变自己在别人心目中的形象。

第六章
心绪拾遗：走出不良情绪的沼泽地

随着社会节奏加快、竞争日益激烈，很多人在为生活奔波劳碌时，都不经意地陷入了坏情绪的沼泽地，承受了坏情绪长期的折磨，以致痛苦不堪。我们要清扫坏情绪的垃圾，减轻自己精神的负担，这样才能从疲惫不堪中拯救自己，拥有健康和轻松的情绪，开心过好每一天。

细说两种人的"古怪"情绪

世上本无事,庸人自扰之。有些时候,并不是烦恼在追着你跑,而是你追着它不放,就像下文提到的两种人格一样。大凡终日烦恼的人,实际上并不是遭到了多大的不幸,而是自己的内心对生活的认识存在片面性。

浪漫主义者,以"抑郁"为伴

有一名中年男子在他患抑郁症期间说了一段撼人心扉的话:

"现在我成了世界上最可怜的人。如果我个人的感受能平均分配到世界上每个家庭中,那么,这个世上将不再会有一张笑脸。我不知道自己能否好起来,我现在这样真是很无奈。对我来说,或者死去,或者好起来,别无他路。"

这名中年男子就是亚伯拉罕·林肯,作为美国第16任总统,林肯也未能避免抑郁症的折磨。

每个人都会有不快乐和心情不好的时候。抑郁是人们常见的情绪困扰,是感到无力应付外界压力而产生的消极情绪,常常伴有厌恶、痛苦、羞愧、自卑等情绪。它不分性别年龄,是大部分人都有的经验。

对大多数人来说,抑郁只是偶尔出现,历时很短,时过境迁,很快就会消失。但对浪漫主义者来说,则会经常地、迅速地陷入抑郁的状态而不能自拔。当生活环境发生重大变化而呈现出巨大反差时,当人生之旅中出现一些变故、遇到一些挫折时,或者仅仅是环境不如意时，浪漫主义者便精神不振、心神不定、百无聊赖而焦躁不安，不思茶饭，更无心工作，甚至不想生活，整个儿跌入消极颓丧中。对他们而言，每件事物都显得晦暗，时间也变得特别难熬。

抑郁是一种很常见的情绪障碍，长期抑郁会使人的身心受到损害，使人无法正常地工作、学习和生活。但不需要过分担心，经过妥当的调适后，大多数浪漫主义者都可以恢复正常、快乐的生活。正如林肯，他最终走出了抑郁的状态，否则我们也不会看到后来名垂青史的伟大总统了。

消除抑郁，浪漫主义者可以参考下面方法。

1. 自己调节情绪，逐步改善心境，从而使生活重归欢乐

浪漫主义者要想消除抑郁情绪，首先应该停止对自身及周围世界的埋怨，明确自己的认知错误源于以感觉为依据思考问题。感觉不是事实。每当你焦虑、抑郁时，切记以下两个关键步骤。第一步，记录。瞄准那些消极的想法，并把它们记下来，别让它们占据你的大脑。第二步，改变思维方式，调整心态。用更为客观的想法取代消极的认知，彻底驳斥那些让你自己瞧不起自己、自寻烦恼的谬论。

2. 扩大人际交往

悲观的人周遭多都是悲观者，而乐观的人身边亦多为乐观者，因此要想改变命运，你必须要向乐观者学习。不要拘泥于自我这个小天地，应该置身于集体之中，多与人沟通，多交朋友，尤其多和精力充沛、充满活力的人相处。这些洋溢着生命活力的人会使你更多地感受到事物的光明和美好。

3. 学会宣泄

要善于向知心朋友、家人诉说自己的不愉快。当处于极其悲哀的痛苦中时，要学会哭泣。另外，多参加文体活动、写日记、写不寄出的信等，都可以帮助消除心理紧张，避免过度抑郁。

4. 培养良好的生活习惯

尽可能地使生活有规律，规律与安定的生活是浪漫主义者最需要的。早睡早起、按时起床、按时就寝、按时学习、按时锻炼等有规律的活动会简化你的生活，使你有更多的精力去做别的事情，保持身心愉快。而多完成一件事，就会使人多一份成就感和价值感。

5. 阳光及运动

多接受阳光与运动对于浪漫主义者有有利的作用，多活动活动身体，可使心情得到意想不到的放松，阳光中的紫外线可或多或少改善一个人的心情。

吹毛求疵的完美主义者

如果你是完美主义者，那么，就极易在精神上感到痛苦。完美主义者永远是高标准的执行者，也是监督者。他们就像一个质量审查员，始终以批判的眼睛看自己、看别人以及周围的世界。

看自己：他们竭尽全力达到自己设定的高标准，当无法达到这些标准时，往往会过度自责，变得抑郁。

看别人：他们总希望别人把事情做得尽善尽美，如你的观点应该更精确些、你的声音有鼻音，不要跑题，因此，常把人际关系搞得很糟。他们之所以不顾一切追求完美，是因为深信其他人对他们寄予厚望，如果达不到这种期望，容易产生自杀念头或出现饮食失调问题。

看周围世界：他们认为"没有规矩，不成方圆"，按常规办事才是硬道理，如果有人破坏规则，他们可能非常愤怒。有位完美型司机曾这样描述开车的心情：交通对于我来说十分烦心，如果每个人都能遵守交通规则，我也能够接受。但令我气愤的是，有的司机想占便宜，总是在道路出口的地方加塞、不排队、横插进来。每当这时，我就会开车冲过去，把这样的违规车挤到路边。

完美主义者就是这样，如果事情进行得不完美，就会惶恐不安或勃然大怒。但事实上，世界上根本就没有真正的完美，人们要学会不对自己、他人苛求完美，对自己宽容一些，否则会浪费掉许多的时间和精力，最终只能在光阴蹉跎中悔恨。

如何克服完美主义呢？不妨试试下面的几个方法。

1. 放松对自己的要求

为自己确定一个短期的合理目标。目标定得太高，形同虚设，反而欲速则不达；目标定得太低，轻松过关，自身的潜能受到抑制，不利于自己水平的提高。目标定位的原则是"跳一跳，够得着"。因为目标合理，每次总能接近或超过目标，这样就能培养成就感和自信心，在以后的学习和工作中就会取得优异的成绩。

2. 宽以待人

完美主义者是仔细周到的人，但是你要小心，不要总是指出别人的错误，让别人反感和紧张；也不要因为做事不合你的要求就牢骚满腹，尤其是对你的孩子。

3. 学会接受不完美的现实

没有十全十美的人，没有十全十美的事物，这是客观事实，不要逃避，也不要苛求。

4. 对失败要重新认识

谁都会遇到失败，不同的只是失败次数的多少而已。失败并不可怕，可怕的是对待失败的消极态度。"不经历风雨，怎么见彩虹？"应把失败看做自己前进道路上宝贵的经验，相信这一次失败之后一定就是成功。

私家秘语

快乐是自找的，烦恼也是自找的。如果你不给自己寻烦恼，别人永远也不可能给你烦恼。所以，每当你忧心忡忡的时候，每当你唉声叹气的时候，不妨把你的烦恼写下来，看看它是否值得我们忧虑。如果值,我们就寻找解决问题的办法,如果不值,又何必费神呢?人生在世就只有短暂的几十年,不必对自己苦苦相逼。尝试对自己微笑一下,和自己握手言和吧。

最易激动的人格和最冷静的人格

英国哲学家培根说:"冲动,就像地雷,碰到任何东西都一同毁灭。"如果你不注意培养自己冷静理智、心平气和的性情,培养交往中必需的沉着,一旦碰到"导火线"就暴跳如雷、情绪失控,便会给自己乃至周围的人带来麻烦,与成功擦肩而过。

把报复看做"执行正义"的领导者

"有仇不报非君子""君子报仇,十年不晚",在领导者看来,受到不公正的对待、被他人欺侮,不能"大事化小,小事化了",一定要给对方点颜色瞧瞧。他们认为自己是正义的执行者,一旦他们或周围的人受到伤害,而且觉得是不公平的伤害,为了让正义的天平恢复平衡,领导者决定以报复的形式加以还击。

有位领导者回忆道:一天早上,我和朋友在餐馆吃饭。那家餐厅的老板十分无礼,口气生硬,态度傲慢……整个早餐的过程中,我都无法忘记这件事,甚至边吃边想:我走的时候是不是该把桌子掀翻?我是不是该和这个家伙大吵一架?我该做些什么,让我不至于觉得受到了羞辱,让自己感觉好点呢?可以说,我无法停止思考自己该怎么对付这个家伙,但我还是控制情绪,什么都没做就走了。尽管如此,这件事还是让我耿耿于怀。每次当我路过那家餐馆时,我会不由自主地想着:我要是把窗户砸了会怎样?好像自己不做点什么,就永远摆脱不掉这份怨气。

九型人格与血型密码

其实，生活中我们难免与别人产生误会、摩擦，如有的伤了自己的自尊心，有的让自己下不了台，有的当众给自己难堪，有的对自己有成见，等等。如果不注意，仇恨在心底悄悄滋长，你的心灵就会背上报复的重负而无法获得自由。

打击敌人，并非只有报复这一条路可走。美国政治家林肯曾说："我们难道不是在消灭政敌吗？当我们成为朋友时，政敌就不存在了。"这就是林肯消灭政敌的方法，宽容敌人，将敌人变成朋友。

1944年冬天，苏军已经把德军赶出了国门，上百万的德国兵被俘虏。一天，一队德国战俘从莫斯科大街上穿过，所有的马路上都挤满了人。她们每一个人，都和德国人有着一笔血债。

妇女们怀着满腔仇恨，当俘虏出现时，她们把手攥成了拳头。士兵和警察们竭尽全力阻挡着她们，生怕她们控制不住自己。

这时，最令人意想不到的事情发生了：一位上了年纪的犹太妇女，从怀里掏出一个用印花布方巾包裹的东西，里面是一块黑面包。她不好意思地把它塞到一个疲惫不堪的、几乎站不住的俘虏的衣袋里。她转过身对那些充满仇恨的同胞们说："当这些人手持武器出现在战场上时，他们是敌人。可当他们解除了武装出现在街道上时，他们是跟所有别的人跟'我们'和'自己'一样的人。"

于是，整个气氛改变了。妇女们从四面八方一齐拥向俘虏，把面包、香烟等各种东西塞给这些战俘。

仇恨是带有毁灭性的情感，只会激化矛盾，酿成大祸。宽容的心却能轻易将恨意化解，让紧张的气氛化成脉脉温情。能将宽容之心给予敌人，已经可以称得上圣洁了，即使一个贫苦的犹太老妇人，也完全担得起"伟大"两个字。

人生在世，如果领导者只为打击报复别人而生存，那么仇恨会毁掉你的心智、迷惑你的眼睛、吞噬你的心灵。报复是一把双刃剑，它

第六章　心绪拾遗：走出不良情绪的沼泽地

不但会伤害到别人，还会使你自己落入恨的陷阱，满腹怨气，甚至连觉都睡不好，时间长了就会生病。

宽容别人，是领导者对待自己最好的方式。因为释放了自己，让你不再纠缠于心灵毒蛇的咬噬中，从而获得自由。

观察者用理性指导自己的言行

观察者之所以叫"观察者"，是因为他们喜欢从一个旁观者的角度来关注自己和自己的生活。他们喜欢当"第三者"，喜欢将自己的情感与生活中的事件隔离，于是，感情极少外露，总表现沉稳、冷静。而这点，正是现代人最需要的。

沉稳冷静是一个人思想修养、精神状态良好的标志。在生活节奏非常快的今天，一个人只有保持冷静的心态才能思考问题，才能在纷繁复杂的大千世界中站得高、看得远。诸葛亮所言"非宁静无以致远"，说的就是这个道理。心情浮躁的人如若能把"宁静以致远"作为自己的座右铭，并凡事遵循，就一定有助于克服浮躁的缺点。

清代名督刘铭传，是建设台湾的大功臣，台湾的第一条铁路便是他督促修建的。刘铭传的成功，与他的沉稳冷静不无关系。

当李鸿章将刘铭传推荐给曾国藩时，还一起推荐了另外两个书生。曾国藩为了测验他们三人中谁的品格最好，便故意约他们在某个时间到曾府面谈。可是到了约定的时刻，曾国藩却故意不出面，让他们在客厅中等候，暗中观察他们的态度。只见其他两位都显得很不耐烦，不停地抱怨，只有刘铭传一个人安安静静、心平气和地欣赏墙上的字画。后来曾国藩考问他们客厅中的字画，只有刘铭传一人答得出来。结果，刘铭传被推荐为台湾总督。

沉稳冷静，是事业成功的一个重要条件。据《左传》记载，鲁庄公十年，弱小的鲁国在长勺打败了强大的齐国。两军对阵时，齐军战鼓刚响，鲁庄公就要迎战，被曹刿阻止。直到齐军擂响第三通战鼓，曹刿才同意出击，鲁军一举击败齐军。事后，曹刿对鲁庄公说："夫战，勇气也。一鼓作气，再而衰，三而竭。彼竭我盈，故克之。夫大国，难测也，惧有伏焉。吾视其辙乱，望其旗靡，故逐之。"由于曹刿稳重冷静、善于思考，鲁军才能在齐军士气丧失而自己士气正旺的情况下发起攻击，才能在齐军确是溃逃而没有埋伏的情况下乘胜追击，从而创造了历史上以弱胜强的一个典型战例。

在这个瞬息万变的世界中，其实人人都可能有过浮躁的心理，这在一定程度上是正常的，但当浮躁使人失去对自我的准确定位，使人随波逐流、盲目行动或急功近利、丧失理性时，就会给自己、家人、朋友甚至社会带来一定的危害。所以，我们要向观察者学习，告别浮躁，凡事稳重冷静，才能迎接每一轮太阳的升起。

私家秘语

冷静是智慧的珍宝，它来自长期耐心的自我控制；冷静是一种成熟的经历，来自对事物规律不同寻常的了解。一个冷静的人不会在任何事情面前大惊小怪，而会在大风大浪中如岩石般屹立于海岸，岿然不动。保持冷静，就能拥有处变不惊、泰然自若的人生。

A、B、AB、O血型的"闹情绪"

每个人都是有情绪的，不同血型的人情绪表现是不一样的，处理的方式也不尽相同。A型血人闹情绪的时候，只有立刻去安抚他，才能平息他的怒火。B型血人、O型血人和AB型血人则不一样，他们闹情绪的时候，都需要给他们点时间。有了这点时间，B血型人可以让自己冷静下来；O血型人可以进行自我检讨；AB血型人则可以淡化自己的情绪。

那么，当各血型的人爆发情绪时，其他血型的人是怎样看待的呢？

A血型的人：走出自己的世界

A血型人之间多数时候意见是比较一致的，所以，当A血型人爆发情绪的时候，同为A血型的人是很能理解他的。若他们之间不能相互理解，多半是出于私人利益或是情感的原因。

B血型人的情绪反应很轻快，在A血型人看来，似乎总是不太顾及自己的情绪，所以，令A血型人很难理解。

AB血型人兼具A血型人和B血型人的特质，他们像A血型人一样，情绪释放很慢，这一点，A血型人是很能理解的。但AB血型人也有像B血型人的那一半，情绪变化快且轻巧，这是A血型人所不能理解的。

O血型人的情绪比较激烈。他们的情绪通常是来得快，去得也快，除了这一点令A血型人比较费解外，对于O血型人的情绪，A血型的人还是比较好理解的。但是随着社会经验的积累，O血型人会试着控制自己的情绪，不让别人看清自己的内心。在A血型人看来，此时的O血型人就显得比较木讷、呆板。

不同血型的人是有差异的，他们都有各自的独特之处。A血型人，不要太自我，要走出自己的世界，学会控制好自己的情绪，这样才有可能去真正理解其他三种血型的人。

B血型的人：积累社会经验

A血型的人擅长精细的工作，在工作中，他们可能会有比较严苛的要求，但好在B血型人反应灵活，动作轻巧，所以，在任何场合下，B血型的人和A血型的人都能顺利合作。

B血型人之间，由于没有很强的情感联系，所以，容易出现自顾自的局面，但这种情况一般不多见。多数时候，他们能相互理解，能看透对方的心思，相当默契。

对于AB血型人身上灵活的部分，B血型的人很能理解，但是那部分来自 A 血型的固执与坚持，是 B 血型人比较难以理解的。

由于 O 血型人的情绪爆发比较猛烈，所以，B 血型人会觉得 O 血型人很嚣张。别的血型的人可能会觉得 O 血型人执著，但 B 血型人可不这样认为，他们觉得那是顽固，不知道变通。但好在 O 血型人稳重，这一点令 B 血型人颇为欣赏，所以，与 O 血型人配合，B 血型人还是会感觉很默契。

B 血型的人只有多投身社会实践，增长见识，积累充足的社会经验，才能更好地去理解其他三种血型的人。

AB 血型的人：善于理解他人

AB 血型的人兼具部分 A 血型和部分 B 血型人的特征，他们看问题的方式多具有两面性，他们既能看到对方的优点，也能看出对方的缺点。鉴于此，他们通常都会选择一种极佳的方式去和周围的人沟通，因此，AB 血型人可能是四种血型里，最容易理解其他几种血型人的人。

在他们眼里，A 血型人很细致，逻辑性比较强，但有时显得很固执；

B 血型人虽然反应灵活，但是做事缺乏条理，显得杂乱无章；

AB 血型的人虽然比较情投意合，但是总感觉有些若即若离；

O 血型人虽大气、稳重，但是有些粗心大意。

尽管 AB 血型的人很能理解别人，但是要想让他们把自己融入其他血型的人之中，似乎还很困难。他们总是以自己的方式去理解其他人，结果发现没有几个人和他们是相似的。因此，在人群之中，他们时常会感到深入骨髓的孤独，这种孤独让他们很难走出自己的世界。

O 血型的人：勇敢的斗士

O 血型人似乎与生俱来就是群体动物，为了融入集体，他们甚至可以放弃一部分自己，但这并不代表他们很随意。在相处中，O 血型人比较能

第六章　心绪拾遗：走出不良情绪的沼泽地

顾及别人的感受，如果有的时候没能顾及到，多半只是因为没法顾及。

O血型人的可塑性最强，他们通常是在重压之下壮大起来的。越是在艰苦的环境下，他们越能锻炼自己。困难与挫折仿佛是催化剂，它们从不会让他们退缩，反而令他们越挫越勇，奋斗到底。因此，在O血型的人里面，勇敢的斗士居多，懦夫很少见。

O血型人的自我中心意识比较严重，因此，要尽力求同存异，避免强求他人和自己一样。要想将自己的优点发挥到极致，O血型人需要多读点书，充实自己的内心，同时，也要尽力控制好自己的情感，避免给别人带来不必要的麻烦。

私家秘语

成功学大师奥格·曼狄诺写过下面一段文字，这对于我们学会如何管理情绪，也许大有裨益。

今天我要学会控制情绪。我怎样才能控制情绪，让每天充满幸福和欢乐？我要学会这个千古秘诀：弱者任思绪控制行为，强者让行为控制思绪。

每天醒来，当我被悲伤、自怜、失败的情绪包围时，我就这样与之对抗。

沮丧时，我引吭高歌；悲伤时，我开怀大笑；病痛时，我加倍工作。

恐惧时，我勇往直前；自卑时，我换上新装；不安时，我提高嗓音。

穷困潦倒时，我想象未来的富有；力不从心时，我回想过去的成功。

自轻自贱时，我想想自己的目标；纵情得意时，我要记得挨饿的日子。

洋洋得意时，我要想想竞争对手；沾沾自喜时，不要忘了那忍辱的时刻。

自以为是时，看看自己能否让风驻步；腰缠万贯时，想想那些食不果腹的人。

骄傲自满时，要想到自己怯懦的时候；不可一世时，让我抬头，仰望群星。

总之，今天我要学会控制自己的情绪。

重压之下，各血型人的古怪动作

稀奇古怪的行为，表示你的心理正处于极大的压力之下，这时你就需要仔细应对了。那么，不同血型人在重压下有哪些古怪行为？怎么做才能减轻压力？

四种血型人之古怪行为

1. A型血人

（1）A型血人做事缺少计划性，分不清事情的轻重缓急，当情况变化时，他们常常手忙脚乱，心生忧虑。随着压力增加，情绪波动不定，出现忽喜忽怒的表现。

（2）当压力超过A型血人的承受范围时，他们倍感轻松，有种"既来之则安之"的顿悟。情绪较为平缓，凡事也能泰然处之了。

（3）A型血人的压力如果得不到释放，他们很可能会出现狂躁型忧郁症。好在A型血人虽然较容易积蓄压力，但是他们大多没有耐性，脾气急躁，反而很容易在当时或稍后就把压力释放出去，鲜有自杀的念头。

2. B型血人

（1）B型血人的情绪好像孩儿脸，说变就变。刚才还说说笑笑，转眼间就大发脾气。好在他们很少受周围环境的影响，只要自己控制

第六章　心绪拾遗：走出不良情绪的沼泽地

情绪，可以说他们是四种血型中情绪变化最小的一型人。

（2）B型血人一旦遭受过大的压力，情绪很容易失去控制，产生一了百了的想法。然而B型血人多能随遇而安，且能很好地与人沟通、交流，所以，通常情况下，他们不太容易聚积压力。

3. AB型血人

（1）AB型血人既有A型血人情绪波动大、易受周围事物影响的性情，也有B型血人自我控制情绪的约束能力。这双重性格往往导致他们既有喜怒无常、随心所欲的一面，也有冷静沉思的一面。

（2）AB型血人不喜欢暴露自己的内心情感，所以很容易蓄积压力。尽管他们的抗压能力比一般人强，可是因为他们的情绪比较难以释放，一旦压力出现，往往做出让人吃惊的事情来。

4. O型血人

（1）O型血的人进取心强，即使身体感到不适也不愿放弃手中的学习或工作。因此，积聚在身体中的压力无法释放，很容易得胃溃疡。

（2）通常情况下，如果O型血人稍微有一些压力或遭受一些困苦，他们喜欢以唠叨的方式转嫁到周围人身上，所以不容易积聚压力。

（3）当O型血人所承受的压力超出他们的极限时，他们的情绪、情感会发生急剧变化，产生极大的波动，通常会表现出沉默寡言、不知所措的状态。这与平时的他们判若两人。

缓解压力的方法

生活中，我们可能会产生程度不同的压力。如果压力长期积在心中，就会影响脑的功能或引起身心疾病，因而，我们要及时排解。很多时候，只要我们找到有效的途径缓解压力，心情就会感到舒畅。当你感到有压力的时候，不妨试试。

第一，要建立自己的"支持网络"。不论任何时候，家人和朋友都是帮你缓解压力的最坚强的后盾和最牢靠的庇护伞。朋友们发自内心的关心和问候会让你觉得在这个世界上，不管发生了什么事，你都不孤独。平时建立一个自己的"支持网络"很重要，当你面临压力的时候，你就不必独自烦恼了。

第二，多运动。如果你喜欢运动，可以在压力巨大时拼命跑步，使劲打球，或者打沙袋——把给你施加压力的事物想象成沙袋。

第三，听音乐。感到压力时，可以听听让人愉快的音乐，音乐会把你带入另一个时空，然后，你会发现让你不快的事情可能已经没有那么严重了。你也可以到歌厅里去吼几嗓子，不管你有多大的压力，它都会随着你的歌声冲上云霄。

第四，疯狂书写。把不满情绪尽情地写出来，想怎么说就怎么说，怎么解气怎么骂，可是写完后，要一把火烧掉。你会发现你的气也化做云烟了。

第五，哭泣也是一种释放压力的方式，当过度痛苦和悲伤时，放声痛哭比强忍眼泪要好。

第六，不要拿自己的错误来处罚别人。有些人当自己受到冤枉或不公正待遇后，也冤枉别人或不公正地对待别人。事实上，当你伤害别人时，自己会再次受到伤害。

第七，不要拿自己的错误来惩罚自己。何谓好人？如果交给他10件事，他能做对七八件，他就是好人。显然，这句话潜藏着另外一层含义，就是好人也会做错事，好人也会犯错误。所以，好人做错了事，一点都不要紧，犯了再大的错误也不要紧，只要认真地找出原因，认真地吸取教训，改了就好。

第八，多吃一些抗压食物。研究发现，含较多B族维生素的食物可以使人精神亢奋，如糙米、燕麦、全麦、瘦猪肉、牛奶、蔬菜等。含硒较多的食物可以增强抗压能力，如大蒜、洋葱、海鲜类、全谷类食物等。

第九,每天补充一粒维生素C。维生素C能够有效消除压力,现代人绝不可忽视这个减压的好方法。

私家秘语

情绪应该宣泄,但宣泄应该合理。当有怒气的时候,一不要把怒气压在心里,生闷气;二不要把怒气发泄在别人身上,迁怒于人,找替罪羊;三不要把怒气发泄在自己身上,如自己打自己耳光、自己咒骂自己,甚至选择自杀的方法当做自我惩罚;四不要大叫、大闹、摔东西,以很强烈的方式把怒气发泄出去。上述做法不但于事无补,反而会使问题进一步恶化,给自己带来更大的伤害。

测试:你的情绪是否稳定

有的人情绪稳定,从不大喜或大悲,而有的人则喜怒无常,情绪时好时坏。喜怒无常的人容易失去健康。可见,情绪的稳定对健康的影响很大。那么,你的情绪是否具有稳定性呢?下面这份自我测验就能帮你弄清答案,请如实作答。

1. 看到自己最近拍摄的照片时,你有何想法?
    A. 觉得不称心   B. 觉得很好   C. 觉得可以
2. 你是否想到若干年后会有什么使自己极为不安的事?
    A. 经常想到   B. 从来没想过   C. 偶尔想到过
3. 你是否被朋友、同事、同学起过绰号、挖苦过?
    A. 常有的事   B. 从来没有   C. 偶尔如此
4. 你上床以后,是否经常再起来一次,看看门窗、炉灶等是否关好?
    A. 经常如此   B. 从不如此   C. 偶尔如此
5. 你对与你关系最密切的人是否满意?
    A. 不满意   B. 非常满意   C. 基本满意

6. 你在半夜的时候,是否经常觉得有什么害怕的事?
   A. 经常　　　　　B. 没有　　　　　C. 极少
7. 你是否经常因梦见什么可怕的事而惊醒?
   A. 经常　　　　　B. 没有　　　　　C. 极少
8. 你是否曾经有多次做同一个梦的体验?
   A. 有　　　　　　B. 没有　　　　　C. 记不清
9. 有没有一种食物使你吃后呕吐?
   A. 有　　　　　　B. 没有　　　　　C. 记不清
10. 除去看见的世界外,你心里还有另外一种世界吗?
    A. 有　　　　　　B. 没有　　　　　C. 不清楚
11. 你心里是否时常觉得你不是现在的父母所生?
    A. 时常　　　　　B. 没有　　　　　C. 偶尔如此
12. 你是否曾经觉得有一个人正在爱你或尊重你?
    A. 是　　　　　　B. 否　　　　　　C. 说不清
13. 你是否常常觉得你的家人对你不好,但是你又确知他们的确对你好?
    A. 是　　　　　　B. 否　　　　　　C. 说不清
14. 你是否觉得没有人十分了解你?
    A. 是　　　　　　B. 否　　　　　　C. 偶尔
15. 你在早晨起来的时候最经常出现的感觉是什么?
    A. 忧郁　　　　　B. 快乐　　　　　C. 讲不清楚
16. 每到秋天,你经常的感觉是什么?
    A. 秋雨霏霏或枯叶遍地
    B. 秋高气爽或艳阳天
    C. 不清楚
17. 你在高处的时候,是否觉得站不稳?
    A. 是　　　　　　B. 否　　　　　　C. 有时如此

第六章 心绪拾遗：走出不良情绪的沼泽地

18. 你平时是否觉得自己很健康？
    A. 否　　　　　B. 是　　　　　C. 不清楚
19. 你回到家后是否立刻把房门关上？
    A. 是　　　　　B. 否　　　　　C. 偶尔
20. 你坐在小房间把门关上后是否觉得心里不安？
    A. 是　　　　　B. 否　　　　　C. 不清楚
21. 当一件事需要你作决定时，你是否觉得很难？
    A. 是　　　　　B. 否　　　　　C. 偶尔如此
22. 你是否常常用抛硬币、玩纸牌、抽签之类的游戏卜测凶吉？
    A. 是　　　　　B. 否　　　　　C. 偶尔
23. 你是否常常因为碰到东西而跌倒？
    A. 是　　　　　B. 否　　　　　C. 偶尔
24. 你是否需用一个多小时才能入睡，或醒得早？
    A. 经常如此　　B. 从不这样　　C. 偶尔如此
25. 你是否曾看到、听到或感觉到别人觉察不到的东西？
    A. 经常如此　　B. 从不这样　　C. 偶尔这样
26. 你是否觉得自己有超出常人的能力？
    A. 是　　　　　B. 否　　　　　C. 不清楚
27. 你是否曾经觉得因有人跟踪你而心里不安？
    A. 是　　　　　B. 否　　　　　C. 不清楚
28. 你是否觉得有人在注意你的言行？
    A. 是　　　　　B. 否　　　　　C. 不清楚
29. 你一个人走夜路时是否觉得前面潜藏着危险？
    A. 是　　　　　B. 否　　　　　C. 偶尔
30. 你对别人自杀有何想法？
    A. 可以理解　　　　　　　　B. 不可思议
    C. 不清楚

九型人格与血型密码

评分标准

以上各题的答案，选 A 得 2 分，选 B 得 0 分，选 C 得 1 分，然后相加算出总分。

测试结果

得分越少，说明你情绪越佳，反之越差。

总分 0～20 分：说明你情绪稳定，自信心强，具有较强的美感、道德感和理智。你有一定的社会活动能力，能理解周围人的心情，顾全大局。你是个性情爽朗、受人欢迎的人。

总分 21～40 分：说明你情绪基本稳定，但不深沉，对事物的考虑过于冷静，处事淡漠消极，不善于发挥自己的个性。你的自我受到压抑，办事热情忽高忽低，瞻前顾后，踌躇不前。

总分 41～49 分：说明你情绪极不稳定，日常烦恼太多，自己的心情时常处于紧张和矛盾之中。

总分在 50 分以上：这是危险信号，你应该去看看心理医生了。

第七章
健康资讯:养成爱惜身体的良好习惯

健康是生命之源,失去了健康,生命会变得黑暗与悲惨,会使你对一切都失去兴趣与热诚。能够有一个健康的身体,这就是人生最大的幸福!但健康不是别人的施舍,健康是你对自己身体的珍爱。

第七章　健康资讯：养成爱惜身体的良好习惯

易处于亚健康状态的三种人格

现代人把一个"忙"字作为三句不离的口头禅。朝九晚五的白领们，四季恒温，一个格子间，一个显示器，一大堆文件，总有做不完的事情。由于工作紧张，人际关系淡漠等因素的影响，导致人们的身心压力越来越大，经常处于亚健康状态。

领袖型人格最缺少睡眠

8号领导者（即领袖型人格）希望能够预测和控制自己的生活，但是一旦遇到挫折，自身的能力与智慧无用武之地，他们就会感到厌烦和枯燥。

有些人感到厌倦时，或约三五好友聚聚，或独自一人看场电影，或者出去旅行。然而，如果领导者感到厌烦，就会采用"夜生活"的方式打发无聊。例如，疯狂工作，直到疲劳过度；彻夜狂欢，直到曲终人散，依然不愿离去。

也许"精疲力竭"使他的生活充实，心中感到满足，但一个人的精力有限，大量的"透支"势必影响健康。真正关心自己的人，懂得"养精蓄锐"的道理。

德国哲学家康德活了80岁，在19世纪初算是长寿老人了。医生对康德作了极好的评述："他的全部生活都按照最精确的天文钟作了估量、计算和比拟。他晚上10点上床睡觉，早上5点起床。接连30年，他一次也没有错过点。他7点整外出散步，哥尼斯堡的居民都按他来对钟表。"据说，康德生下来时身体虚弱，青少年时经常得病。后来他坚持有规律的生活，按时起床、就餐、锻炼、写作、午睡、喝水、大便，形成了"动力定式"，身体从弱变强。生理学家也认为，每天按时起居、作业，能使人精力充沛；每天定时进餐，届时消化腺会自动分泌消化液；每天定时大便，能防治便秘；甚至每天定时洗漱、洗澡等都可形成"动力定式"，从而使生物钟"准时"。谁若违背了这个生物钟，谁就要受到惩罚。

养生专家认为：人体的一切生理活动都是波动的，有高潮也有低潮。人体内有一个"预定时刻表"在支配着这些波动，养生专家称之为"生物钟"。人体血压、体温、脉搏、心跳、神经的兴奋抑制激素的分泌等100多种生理活动，是生物钟的指针，反映了生物钟的活动状态。人体各器官的机能是按"生物钟"来运转的，"生物钟"准点是健康的根本保证，若"错点"则是柔弱、疾病、早衰、夭折的祸根。

良好的作息规律，意味着要顺应人体的生物钟。按时作息，有劳有逸；按时就餐，不暴饮暴食；适应四季，顺应自然；戒除不良嗜好，不伤人体功能；尤其要保证足够的睡眠，保证每天有一定的体育锻炼时间。

有句话说得好："从一点一滴的小事可以看见一个人未来的发展。"一个人要做点事，成就一番事业，没有好的习惯是不行的。严格遵守作息时间，可以使我们在学习时集中精力，因而可以提高效率。因此，生活有规律对学习、工作和保护神经系统以及整个身心健康都很有益处。

谁都不可能真正地回到过去

"如果我能采取另一种方式……"

"如果我能再有一次机会，那就好了。"

浪漫主义者的脑袋里反复出现一个词："如果，如果……"。他们总是在哀悼生活中失去的东西，他们的整个思想都被这种悲伤情绪笼罩，以至于很难去关注眼前更重要的事情。

第七章　健康资讯：养成爱惜身体的良好习惯

淑娟是某名牌大学的毕业生。她曾经沉浸在成为都市白领的喜悦中，但好景不长，刚开始工作两个月，她发现理想与现实相差很大。连续两次与同事闹别扭，工作业绩也不令人满意，她对自己失望透顶。

淑娟自认为自己是一个坚强的女孩，很少有被吓倒的时候，但她没想到工作才两个月，自己就对职场生活失去了信心。她曾经安慰自己，也无数次地试着让自己抱以希望，但换来的却只是一次又一次的失望，于是她开始怀念以前在大学的日子。

大学期间，几乎所有老师都很喜欢她，她的学习很好，各门功课都不错，身边还有一群朋友，那时她感觉自己像个明星似的。但是工作后，一切都变了，人与人的隔阂是那样的明显，领导和同事之间的关系也没有上大学时那样亲密。在休息时，同事们也很少交流，再加上身边也没有亲密的朋友，淑娟已经对职场生活彻底地失望了，她很想回到过去，回到大学的时候。

应该说，一个人适当怀旧是正常的，也是必要的，但是一味地沉湎于过去而否定现在和将来，就会陷入病态。

患了这种"怀旧病"的人，会丧失追寻新生活的自信。我们常听到人们哀叹：要是如何如何就好了！这是一种明显的怀旧情绪，而且我们每个人都会不时地发出这种哀叹。实际上，这种沉重的情绪是徒劳无益的，它不但不能改变你有过的过去，反而会影响你现在所做的一切。

那么，怎样做才能让自己避免患上"怀旧病"呢？最主要的一种方法就是转变重点：用振奋的词句取代那些令人退缩的泄气话。例如，不要再用"如果，只要"，而用"下次"来代替。

因为"如果，只要"的态度只能使人迟钝而不能使人振奋，而"下次"却表示对时间积极的、勇敢的出击态度。排除"如果，只要"的观念，采取"下次"的看法，你就会有把事情做到最好的能力，而且不论什么挫折都不能够阻碍你的前进。

九型人格与血型密码

做完每一天的事，就让这一天过去吧！你已经尽了力。当然你会有一些错误的、荒诞的事，但是不要总是去想它们，要尽快地把这些事忘掉。明天又是新的一天，好好地、安详地，并且以不为过去无聊的事所阻碍的极高的精神来开始这一天，这新的一天才是最美好的一天。这一天带着希望和新的事物，真是太宝贵了，因此你连一刻都不可以浪费。

以前的事情或许是美好的，或许是悲哀的，但无论如何你都不能把它们放在心灵的主祭台上，因为你不可能走进历史。

放慢脚步，享受过程比结果更重要

3号实干者像一台永动机，不知疲倦，不知停歇，始终以高昂的情绪工作，所以工作狂的实干者最容易出现亚健康状态。

其实，人生就像是一趟没有回程的旅行，如果你的脚步太过匆忙，会错过很多美丽的风景。对于实用主义者来说，放慢脚步，学会享受生活是他们最需要学习的人生哲学。

一位得知自己不久于人世的老先生，在日记簿上记下了这样一段文字：

"如果一切可以重新开始，我会什么也不准备就上街，甚至连纸巾也不带一块，放纵地享受每一分、每一秒。如果可以重来，我会赤足走出户外，甚至彻夜不眠，用这个身体好好地感觉世界的美丽与和谐。还有，我会去游乐场多玩几圈木马，多看几次日出，和公园里的小朋友玩耍。

"可以的话，我会多去旅行，翻山涉水，再危险的地方也要去一去。以前不敢吃冰激凌，是怕健康有问题，此刻我是多么后悔！过去的日子，我实在活得太小心，每一分每一秒都不容有失，太过清醒明白，太过合情合理。

"我情愿多休息，随遇而安，处事糊涂一点，不对将要发生的事处心积虑地计算。其实，人世间有什么事情需要斤斤计较呢？

第七章　健康资讯：养成爱惜身体的良好习惯

"如果我可以从头活一次，我要尝试更多的错误，我不会再事事追求完美。

"只要人生可以从头开始，但我知道，不可能了。"

美国诗人惠特曼说："人生的目的除了享受人生外，还有什么呢？"

林语堂也持同样的看法，他说："我总以为生活的目的即是生活的真享受……是一种人生的自然态度。"

生活本是丰富多彩的，除了工作、学习、赚钱、求名外，还有许多美好的东西值得我们去享受：可口的饭菜，温馨的家庭生活，蓝天白云，花红草绿，飞溅的瀑布，浩瀚的大海，雪山与草原，大自然的形形色色，包括遥远的星系，久远的化石……此外，还有诗歌，音乐，沉思，友情，谈天，读书，体育运动，喜庆的节日……

我们说享受生活，不是说要去花天酒地，也不是要去过懒汉的生活，吃了睡，睡了吃。如果这样"享受生活"，那叫糟蹋生活。享受生活，是要努力去丰富生活的内容，努力去提升生活的质量。愉快地工作，也愉快地休闲。散步，登山，滑雪，垂钓，或是坐在草地或海滩上晒太阳。在做这一切时，使杂务中断，使烦忧消散，使灵性回归，使亲伦重现。用乔治·吉辛的话说，是过一种"灵魂修养的生活"。

我们会工作，会学习，但还不会真正享受生活，这是人生的一大遗憾。学会享受生活吧，真正去领会生活的诗意、生活的无穷乐趣，这样，我们工作起来，学习起来，也就会感到更有意义。不要太多计较生活的得失，也不要总是让自己那么辛苦和劳累，人的生命只有一次，除了应该努力创造以外，还要学会休息与享受。这一点，3号确实应该向7号物质享受主义者取经，互补优势，不要让自己的神经绷得太紧，放轻松体会生命的美妙与生活的悠闲。

私家秘语

什么样的身体才是健康的身体？这里有几条健康的标准。

1. 拥有充沛的精力，能从容不迫地应付日常生活以及工作的压力,而不感到过分紧张。

2. 处世乐观,态度积极,乐于承担责任。

3. 善于休息,睡眠良好。

4. 应变能力强,能适应外界环境的各种变化。

5. 能抵抗一般性感冒和传染病。

6. 体重适当,身材匀称;站立时,头、肩、臀位置协调。

7. 眼睛明亮,反应敏锐,眼睑不易发炎。

8. 牙齿清洁,无空洞,无痛感,齿根颜色正常,无出血症状。

9. 头发有光泽,无头屑。

10. 肌肉、皮肤有弹性,走路轻松。

以上10条,体现了健康所包含的躯体、心理的完好状态和社会适应能力三方面的内容。

在这些标准中,前4条包含了精神健康,后6条包含了身体健康,在身体健康方面,也包含有形体美的要求。看了上面的几条标准,你是不是意识到自己的健康问题?其实,很多人因为刚刚进入社会,工作有压力,多半处于亚健康状态。

揭秘两种人格减压秘诀

在生活和学习中,自己觉得不堪重负的时候,应当学会做一下"减法",减去一些自己不需要的东西。有时候简单一点,人生反而会更踏实、更快乐一些。

享受独处乐趣的观察者

"一个人静静地待着,少一些浮躁,多一些理智和逍遥,让疲劳的身体暂且安歇,得到片刻小憩,更是让疲惫的心灵得到片刻的宁静。

第七章　健康资讯：养成爱惜身体的良好习惯

此时，轻放一曲柔和的音乐，独饮一杯香茗，周围的宁静让心里没有那些所谓的烦琐之事，有的只是轻柔美妙的音乐和淡淡的茶香。"

这就是5号观察者的减压秘诀：独处。

观察者认为，生活在这纷扰喧嚣的世界，人人都需要有自己独处的空间。随时放飞自己的心灵，什么都可以想，什么都可以不想。独处时，可以回忆过去、憧憬未来；可以构思一篇作品，品读一本书；或躺在高背椅上，闭上眼睛，置身自己的世界里；或听着优美的音乐，吃着喜欢的零食；或一杯淡淡的清茶，任舒缓轻柔的旋律漫过心田……全身心地放松，才能使自己充满活力。

然而，独处往往会被人们视为孤独内向。其实不然，独处本身也是一种美，它不同于孤独寂寞，忧郁哀怨，它是一种轻松，一种淡淡的、静静的美。

学会独处，并非要求某人待在一个地方做沉思状，追求形式上的"独处"，而是懂得与心灵展开对话。这样，即使身处闹市，亲朋围坐，一样会享受到独处的乐趣。

哲学家马卡斯·奥里欧斯说："人们为自己寻找退避之所：乡间、海边、山上的房子，你们也一定非常希望得到这些房子。殊不知，这是一种平凡人的做法，因为无论何时你想退避独处时，力量都在你自己手里。一个人想退到更安静、更能免于困扰的地方，莫过于退入自己的灵魂里面，特别是沉潜在平静无比的思绪里。我敢肯定地说，除了宁静是心里的最好状态外，别无他物。那么，马上退避，重整你自己吧！"

第二次世界大战结束的前几天，有人说杜鲁门总统比以前任何一位总统更能负荷总统职务的压力与紧张。认为职务并没有使他"衰老"或吞噬他的活力，认为这是很不简单的事，特别是身为战时总统必须遭遇许多难题。杜鲁门的回答是："我的心里有个掩蔽的散兵坑。"他又说，像一位战士退进散兵坑以求掩蔽、休息、静养一样，他也定时地退入自己的心理散兵坑，不让任何事情打扰他。

我们每一个人心里都需要有一间恬静的房子，像是海洋深处不受侵扰的安静中心，无视海面兴起的惊涛骇浪。

内心的恬静房子，是用想象力建造而成的，它的功用就像消除心理压力的一间厢房一样。它消除你的张力、忧虑、压力、迫力与拉力，使你清新焕发，并回到你平常日子的世界里，而能准备充分地应付第二天。

相信每一个人的内心都有一处恬静的中心，从不受外扰移动，像轮轴的数学中心一般，永远保持固定不动。我们所要做的，就是去发掘这个内心安静的中心，并且定期地退到里面去休息、静养、重整活力。

用好人生的加减法

3号实干者非常认可美国主流文化的价值观念。他们表现出来的形象总是乐观向上、幸福安康的，好像从来不会遭受痛苦。事实上，每个人的生活总会遇到挫折，只是实干者更加关注事物积极的方面，不理会消极负面的信息。也许，这种态度就是他们生活中幸福中的秘籍。

拥有三十多亿美元资产的美国莱斯勒石油公司有了新的继承人，他就是40岁的吉姆·特纳。人们都以为新上任的吉姆·特纳会大干一番，然而他却组建起一个评估团，对公司资产以50年为基数做了全面盘点后，在资产总和中先减去自己和全家所需、社会应酬的费用，再减去应付的银行利息、公司硬性支出、生产投资等，最终还剩8千万美元。于是，他毫不犹豫地从这笔钱中拿出3千万，为家乡建了一所大学，余下的全部捐给了美国社会福利基金会。人们对他的举动大感不解，他说："这笔钱对我已没有实质意义，减去它就是减去了我生命中的负担。"

在莱斯勒石油公司员工的印象中，永远看不到吉姆·特纳愁眉苦脸的样子。即使发生加勒比海海啸，给公司的油井造成一亿多美元的损失，吉姆·特纳在董事会上依然谈笑风生。他说："纵然减去一亿美元，我还是比你们富有十倍，我就有多于你们十倍的快乐。"乐观开朗

第七章 健康资讯：养成爱惜身体的良好习惯

的吉姆·特纳活到85岁时，悄然谢世，他在自己的墓碑上给自己留下这样一行字："我最欣慰的是用好了人生的减法！"

在生活和学习中，自己觉得不堪重负的时候，应当学会做一下"减法"，减去一些自己不需要的东西。有时候简单一点，人生反而会更踏实、更快乐一些。

在社会上，人们不论对物质还是精神，历来提倡不懈地追求，去得到、去积累，只有用加法积累起来的人生才会富有。对照起来，我们不妨学学吉姆·特纳的生存智慧：用好人生的减法！

如何使用减法，我们不妨做到以下几点。

（1）学会简单思考。不要把事情看得那么难，那样只会使人处于自我束缚中。许多问题解决起来，既不需要太复杂的过程，也不必要有太多的顾虑，绝妙常常是存在于简单之中的。

（2）学会放弃。特别推荐汉语中一个非常好的词，这就是"舍得"。记住，是"舍"在先，"得"在后。世界上的事情总是有"舍"才有"得"，或者说是"舍"了才会"得"，而"一点都不肯舍"或"样样都想得到"，必将事与愿违，一事无成。

（3）学会说"算了"。对于一个无法改变的事实，最好就是接受这个事实。

（4）学会说"不要紧"。不管发生什么事情，哪怕是天大的事情，也要对自己说："不要紧！"记住，积极乐观的态度是解决任何问题和战胜任何困难的第一步。

（5）学会说"会过去的"。不管雨下得多么大，连续下了多少天也不停，你都要对天会放晴充满信心，因为天不会总是阴的。自然界是这样，生活也是这样。

（6）不要拿别人的错误来惩罚自己。现实生活中有许多人一不怕苦，二不怕死，再重的担子也压不垮他，再大的困难也吓不倒他，但是他受不起委屈、冤枉。其实，委屈、冤枉，就是别人犯错误，你没犯错误；而受不起委屈和冤枉就是拿别人的错误来惩罚自己。懂得了这个道理，再遇到这种情况，对付它的最好办法就是一笑了之，不把它当一回事。

介绍六种解压方法

1. 户外运动

如果你实在感到压力无处不在，令你喘不过气来，那么选择周末去郊外活动活动吧！一方面可以约上三两知己（有异性搭配为佳）一起行动，一边互谈人生，大吐工作中的苦水；另一方面尽情地享受户外清新的空气和美丽的田园景色，让该死的压力滚到一边去吧！

2. 养宠物

回家后，让一只可爱的宠物帮助你忘却压力，再没有比这更好的方法了。科学家认为，养一只小狗或是小猫确实有好处。抚摸宠物会帮助你降低血压和减缓压力——对于人和动物都一样。房里有一只狗会使人放松。当然，对某些人来说，养小猫、小狗本身就是一种压力。如果你不喜欢宠物，也可以试着养一对金鱼。研究表明，仅仅是看着鱼在水草中游动，也能使人放松和减轻压力。除此之外，鱼不会呕吐，不会拖着垃圾满屋子跑，更不会惹得邻居生气。

3. 沐浴

很多人通过热水淋浴、盆浴、桑拿来蒸发自己的压力。如果你的房子很小，又很吵，那么浴室将是能给你 20 分钟私人时间的最佳地点。热量同样可以使紧张的肌肉放松。如果你带着紧张的头痛感回家，洗个热水澡将会使你放松不少。一些专家认为，热蒸汽会促使体内产生压力的化学物质释放，从而降低压力激素。最后，睡前洗个热水澡会使人进入深层次的放松状态，这是另一种消除压力的好方法。为了有益身心，可以在洗澡水中加入紫苏、香柏木、甘菊、天竺葵、香草、玫瑰、鼠尾草或檀香木等。

4. 大笑

大笑会使人心脏、血压和肌肉的紧张感得到舒缓，从而分散压力。科学家已经发现，大笑具有与有氧健身法相同的功效。当人们笑的时候，其心跳、血压和肌肉的紧张度都会明显上升，接着会降至原先的水平之下。不要犹豫，笑会使人更加放松。这种情况在医院和看护院里也存在，这些地方都为病人提供幽默的杂志和喜剧。你也可以找一些幽默的磁带、喜剧影碟或幽默书籍，当你处于压力之中时，可以拿出一些来看看或听听。大笑20秒相当于3分钟剧烈的划船运动，而且皮肤不会出皱纹。

5. 听音乐

音乐具有安定情绪和抚慰的功效。想尽情地发泄一番，那就听一听摇滚乐吧！想理清一下情绪，那就听听古典音乐吧！在日本，有一种音乐减压馆，每天晚上都会播放一些轻松或者另类的音乐，人们听着音乐闭目养神。据说，持之以恒地做下去能够使人修炼到人和音乐合二为一的最高境界，从而达到减压的目的。其实不去这些地方，买上一两张新碟（心情不好的时候建议听摇滚乐），把自己关在房间里戴上耳机，你就可以尽情地沉浸在音乐的王国里了。

6. 看影视剧

看电影也是一个很不错的减压方法。有空去电影院看悲剧片和喜剧片都是很好的选择。如果觉得有一肚子的委屈没有地方可以发泄，选一部悲剧片来看看吧，或者在心情烦躁时去看一些喜剧片，"笑一笑，十年少"，压力，早笑没了！

私家秘语

压力有时可以化为成功的动力，但首先你要学会正确看待它。压力，既可以使你崩溃，也可以使你奋进取得成功，关键要看你是如何处理的。现实生活中，每个人都有压力，来自生活、事业、婚姻的压力如影相随。但是在自己的周围你依旧会发现一些活得很轻松的人，他们不但成功了,而且在快乐地享受生活。那是因为他们懂得怎样减压,更懂得如何把外在的压力化为自己的动力。

长时间的紧张焦虑统治着你、折磨着你的时候,我们不妨学学那些成功的人,释放压力,或把压力变为自己前进的动力。

血型不同,易患疾病也不同

众所周知,血型与输血有着密切的关系。血型除了可提供输血和受血的依据之外,大量临床实践证明,不同血型的人,各种疾病的发生率也不一样。下面是A、B、AB、O型血的人与一些常见疾病的关系。

A型血人群

A型血的人,身体较灵巧,忍耐力较强,平时不常生病,一旦生起病来,很可能会病得很严重。

1. A型血的人很容易患高血压,这与A型血人群的特异性格有关

A型血的人常自寻烦恼,情绪波动大而造成血压不经意间升高。精神因素是影响这一血型人群自身健康的主要因素,它们初步表现可能为愤怒、焦躁、恐惧。时间长了,有可能引起植物神经紊乱,血管收缩外周阻力增加、心搏出量增加、血压升高。如果长期处于激烈紧张状态,这种改变就固定下来,成为不可逆的病理现象。

2. A型血的人与脑血管疾病较有缘,尤其是脑梗死病,为各血型之首

这是因为A型血对血液黏稠度升高有较大的易感染性,而血液黏稠度升高则是脑梗死的重要发病因素。偏头痛病患者中A型血的血小板黏附率也明显高于正常对照组。

3. A型血的人还较易患中风、癌症等多种致命性疾病

据临床资料统计,1/3的癌症病人是A血型。A血型的人常易患

肉瘤、胃癌、舌癌、食道癌等。特别是胃癌，A血型者明显居多，因此A血型的人，如有上腹痛、饱胀不适、消瘦、食欲减退、呕吐、便血等症状，尤其是萎缩性胃炎者，应及早就医诊治。

对于A血型的人群来说，愉悦的心情是治愈疾病的免费良方。你可以按照以下方法来缓解压力。

（1）在日常生活中，多想想怎么令自己精神舒畅，情绪稳定。凡事想得开点，自己的心情也会舒坦点。

（2）听音乐是一种很好的调剂人情绪的方法。偶尔听听音乐，像轻音乐、钢琴曲、蓝调音乐等较舒缓的乐曲都是很好的情绪调味品，还能体现出一种生活的情调，不至于其单调乏味。

B型血人群

B型血的人群适应性较强，情绪比较稳定，健康程度相对较高。在疾病方面，有"完美"饮食计划的B型血人群应该关注下面几项。

1.B型血的人易患食管癌

作为食管癌的高发人群，需注意以下几点。

（1）不要吃过烫的食物，不要进食过快，以减轻对食管黏膜的刺激。

（2）不吃霉变食物，少吃或不吃酸菜。因为发霉的粮食可产生毒素，酸菜中大量的亚硝胺类物质也有较强的致癌作用。

（3）用漂白粉处理饮水，减低水中亚硝酸盐含量。常服维生素C，减少胃内亚硝胺的形成。

2.B型血的人较易患免疫系统方面的疾病

从外界感染上来说，首先，B型血的人易患流行性感冒。在流行性感冒发生的季节，B型血人需特别注意：

（1）远离人群聚集的地方，注意个人卫生，减少被感染机会；

（2）每天喝适量的接骨木果汁来预防。

其次，B型血的人易受病毒侵害，导致神经系统病毒感染而引发关节炎。为避免罹患此病，需在饮食上注意：

（1）严格遵循B型血的饮食宜忌，特别要避免用小麦做的食物；

（2）多吃蘑菇等能增强抗病毒能力的食物；

（3）适当补充一些维生素B，促进神经系统健康；

（4）多吃苹果，防止病毒和细菌的附着。

再次，慢性疲劳综合征也爱找B型血人群。要预防此病，需做到以下两点：

（1）尽快排除压力的影响和调整自己的心理状态；

（2）在医生的指导下，适当补充各种所需的营养物质，如各种维生素B、维生素C、镁元素和锌元素等。

最后，从自身来说，B型血的人还易患风湿性关节炎和红斑狼疮等免疫系统疾病。可服用甘草根汁，或者补充矿物质镁等，来增强免疫系统功能。

此外，B型血人群患龋齿、结核病、口腔癌、乳腺癌和白血病的比例高于其他血型的人。因此，B型血的人要格外注意平日饮食和保健。

AB型血人群

AB型血的人比较敏感，因为身体血液中包含着两种相对的抗原，所以在易患病症的危险上，表现出复杂性。

1. AB型血的人极易感染急、慢性呼吸道疾病

要想降低感染率，在饮食上最好注意以下几点。

（1）宜多食高热量、高蛋白和维生素含量丰富的食物，如牛奶、海鱼、某些新鲜水果等。

（2）最好忌烟酒，因为烟酒对呼吸道刺激非常大。

（3）尽量少吃辛辣刺激性食物，如辣椒、生姜、洋葱、韭菜等。

（4）如果有哮喘迹象，应避免进食生冷、咸寒、油腻食物，如梨、荸荠、生菜及海味等。

第七章 健康资讯：养成爱惜身体的良好习惯

（5）感染过敏性哮喘后，应忌食鱼、虾、牛肉、牛奶、鸡蛋、公鸡肉、蜂蜜、巧克力、羊肉等食物，以免诱发疾病。

2. AB型血人群患高血压的概率明显高于其他血型

为预防高血压发生，AB型血人应注意下面各项。

（1）控制食盐的摄入量，每天最好少于6克，以降低血液黏稠度。

（2）减少膳食脂肪的摄入量。脂肪是造成血液流变慢的重要原因。

（3）多进食蛋白质、纤维素食物，多吃蔬菜和水果，摄入足量钾、镁、钙。

（4）应戒酒或严格限制饮酒。

（5）要控制体重，通常体重越重，患高血压的概率越高。

（6）保持健康的心理状态，减少精神压力和抑郁。

3. 有人类"第一杀手"之称的冠心病也极易光顾AB型血的人

AB型血的人血液中胆固醇含量高，所以一旦心脏受损，症状多较重，发生心肌梗死、心脏性猝死的比例也明显较高。因此，饮食对于AB型血的人来说就显得格外重要。好在AB血型的饮食中，有很多食物，如柠檬汁、大豆及大豆制品、鱼油、亚麻籽油和核桃等，对稀释血液、降低胆固醇有非常好的效果。

此外，由于AB型血人群个性比较冷静沉着，神经反应较敏捷，因此患精神分裂症的概率比其他血型高出3倍多。在缺血性心脏病病人中，也以AB型血者居多。AB型血的女性较易患宫颈癌。

O型血人群

O型血人群大多具有较佳体质，虽然平常较易生病，但平均寿命较长。相较于其他血型的人群，O型血人群患癌症、心脑血管疾病的概率比较低。

O型血这一最古老的血型，具有原始的开放性和包容性。因此，在健康上，很容易出现原始的消化系统疾病特征。

九型人格与血型密码

1. O型血人群最易患胃肠类疾病,如肠炎以及消化道溃疡等

这是由于O型血的人胃酸分泌本来就多,加上他们的性格又大大咧咧,不注意饮食调养,所以很容易刺激胃肠,引发胃肠类病。因此,在日常饮食上,O型血人群可适当注意下面两点:

(1) 多食用生姜、亚麻籽、海藻等,对预防胃肠炎有较好效果;

(2) 可食用富含维生素B、C的食物(如新鲜蔬菜水果)和黄连素等,防止细菌感染引起消化道溃疡。

2. O型血的人易罹患甲状腺功能失调和炎症

O型血的人甲状腺最容易出现机能亢进或减退的情况,这给O血型的人带来了很多健康问题,包括脱发、恐慌紧张、浑身乏力等。而且,O型血的人可能发生炎症的范围和概率都比其他血型的人更大一些。所以,这类人在饮食上应坚持O型血的饮食计划,避免食用过多的谷类食物,尤其要避免全麦食物和奶制品。

3. O型血易在手术中大出血,所以需格外注意

(1) 如需做手术,手术前千万不要吃大蒜、银杏等,这些食物会使血液变稀;

(2) 平时补充一些维生素A、维生素C、维生素K等,有助于血液凝固。

此外,在B型肝炎患者中,O型血的人最多,且病情较重。发生妊娠中毒的患者也以O型血最多,且与新生儿溶血病关系密切。O型血的男性易患前列腺癌、膀胱癌等。

当然,以上所述并非绝对,易患疾病也只是相对而言。影响人体疾病发生和发展的因素众多,只有养成良好的心理与生理习惯,并注意保健,才是真正的健康养生之道。

私家秘语

预防疾病的5种方法。

（1）增加运动。加强自我运动，可以提高人体对疾病的抵抗能力，还是放松心情的良药。可以制订一个锻炼计划，通过慢跑、骑车、打球等，释放情绪，减少自由基的侵害。

（2）少烟少酒。吸烟时人体血管容易发生痉挛，局部器官血液供应减少，营养素和氧气供给减少，尤其是呼吸道黏膜得不到氧气和养料供给，抗病能力也就随之下降。少酒有益健康，醉酒、酗酒会削减人体免疫功能，必须严格限制。

（3）保证睡眠。睡眠应占人类生活的 1/3 时间，它是帮你和"亚健康"说再见的重要途径。

（4）把心放宽。人在社会上生存，难免有烦恼，必须应付各种挑战，重要的是通过心理调节，维持心理平衡。

（5）劳逸结合，张弛有度。不能让身心一直处于高强度、快节奏的生活中，每周远离喧嚣的都市一次。在郊外空气中，离子浓度较高，能调节神经系统。适度劳逸是健康之母，人体生物钟正常运转是健康的保证，而生物钟"错点"就是亚健康的开始。

从饮食、血型谈血型保健法

世界卫生组织曾经宣布说：每个人健康的 60% 取决于自己，15% 取决于遗传因素，10% 取决于社会因素，8% 取决于医疗条件，7% 取决于气候的影响。也就是说，健康的主动权掌握在每个人自己的手中。保持健康，关键在于饮食和睡眠。

血型与食谱的科学搭配

你是不是经常会很诧异，为什么有的人怎么吃都不会胖，而有的人喝白开水也会胖起来？为什么有些人为了减肥，小心谨慎地少吃，甚至不吃，结果体重照样增加？其实，这与人的血型有关。美国著名的"自然疗法"专家彼德·达达姆医生曾提出"人的血型决定他们身体所需要的食物类型"。换句话说就是，人的血型决定了身体如何利用不同的食物。

A 型血人

A 型血的人的祖先是最先从事农耕的。相较于 O 型血的人，A 型血的人消化器官要弱得多。因此，A 型血的人在饮食上应遵循下列原则。

（1）植物性蛋白质如大豆蛋白质，是 A 型血的人最佳的健康食品，常吃可预防心血管疾病和癌症。所以，A 型血的人更适宜以素食为主，在日常食谱中应加强对大豆、谷物、鸡蛋等的摄取。

（2）A 型血的人务必每天喝一杯木瓜汁，它能分解各式肉类中的脂肪及有害物质。

（3）A 型血的人应尽量少吃肉类食物，即使嗜肉，也应慎食牛肉、羊肉等肉类，最好以鲜鱼（鲈鱼、鲤鱼为佳）和鸡肉代之，否则将会有肥胖之忧。

（4）A 型血的人应对进食奶油及各种奶酪、冰淇淋、全脂牛奶等以纯乳为原料制作的食品有所限制。

下面是介绍 A 血型人减肥方法，仅供参考。

（1）橄榄油、大豆、绿叶蔬菜、菠萝，是有瘦身追求的 A 型血人的上选。

（2）肉类、奶制品、菜豆、小麦等食品，是瘦身的绊脚石，A 型血的人要远离这些。

（3）A 型血的人适合做瑜伽，它不仅能安神定绪，减轻精神压力，而且还有助于瘦身。

B 型血的人

B 型血是人类学上较晚出现的血型，是最早习惯于气候和其他变迁的游牧民族。B 型血的人身体较为强壮，对心脏病及癌症等众多现代病具有抵抗力。所以，在吃的方面可谓得天独厚，几乎不受限制。因此，他们可说是最幸福的人了。

（1）B型血的人能消化各种美味食物，如各种肉类，海鲜；新鲜奶酪、奶油；橄榄油和鱼肝油；大米、谷物等；洋白菜、胡萝卜、花椰菜等；香蕉、苹果等。但肉类以瘦肉为佳，海鲜以鳕鱼、鲑鱼等为好，油类则以橄榄油为优。

（2）B血型的人可少量食用肥猪肉、鸡肉、火腿；龙虾、章鱼、虾；奶酪、冰激凌；各类坚果、黄瓜；非稻谷类面包；玉米、萝卜、椰子等。

（3）虾、蟹、面条和鸡肉等含有对B型血人有害的外源凝集素，会阻碍B型血人的新陈代谢，故还是尽量避免为妙。玉米、西红柿以及大部分坚果和种子也不适合B型血的人食用。

下面介绍B型血人的几项减肥方法，仅供大家参考。

（1）有瘦身要求的B型血人可在晚餐喝粥减肥，此外，绿叶蔬菜、肉类、鸡蛋、奶酪、酸奶也是上好的瘦身食品。

（2）土豆、荞麦、花生、胡麻、小麦、玉米馅饼、扁豆、花生、芝麻、面包、饼干等有碍瘦身。

（3）爱交际的B型血人的最为理想的瘦身运动是网球、健身舞、拉丁舞、旅游等能与他人同乐的运动。

AB型血的人

AB型血为最晚出现、最少的血型，这类人拥有部分A型血和部分B型血的特征。他们既适应动物蛋白，也适应植物蛋白，对于饮食及环境的变化能够随机应变。但其消化系统较为敏感，每次宜少吃，可多餐。豆腐、奶制品和很多农产品是很好的选择。

（1）AB型血的人胃酸少，不易消化肉类。鸡肉、牛肉、猪肉等不适合他们，最宜为AB型血人的肉类蛋白质是鱼贝类。

（2）AB型血人的健康食品有海产品、鸡蛋、豆腐、绿叶蔬菜、奶制品和很多农产品，尤其是豆腐，但食无妨。

下面介绍给 AB 型血人的几项减肥方法，供大家参考。

（1）AB 型血的人要减肥，最适合吃的水果非西柚莫属，它能帮助消化，分解体内脂肪，削下来的果皮更可放入水中浸浴，真正达到由外而内的瘦身目的。

（2）适合 A 型血人的太极拳、瑜伽、气功等舒缓定神之类的运动也适合 AB 型血的人。

O 血型人

O 型血的人消化器官能力强，他们对含有动物性蛋白质的肉类、鱼类，以及蔬菜的消化能力都很强。

（1）动物性蛋白质是 O 型血人主要的能量来源，建议多食用牛肉、羊肉、新鲜奶酪，以及鳕鱼、鲱鱼和青花鱼等北方海域中所产的含脂肪较多的鱼类。

（2）O 型血人应少食乳制品、豆类和谷物食品，少吃肥猪肉、火腿、鱼子酱、章鱼等，但每天要服用适量的钙片以补充体内钙量的不足。此外，瓜菜做的沙拉也能补充钙质。

（3）O 血型人平时应注意均衡摄取蔬菜水果等食物，以保持体内酸碱平衡。适宜的水果有苹果、柚子、葡萄、梨、西瓜、桃子等。

（4）O 血型的人的晚餐最好避免米饭，临睡前吃几个奇异果，它们能在有效补充维生素的同时帮助消化蛋白质。

O 型血人的几项减肥方法，仅供大家参考。

（1）海生贝壳动物、卷心菜、菠菜等食品有助于 O 血型的人减肥。

（2）O 型血的人还可以靠瘦肉、动物肝脏、海鲜和绿叶蔬菜来控制体重。

（3）O 血型的人若要靠谷物、豆类、土豆等食品来减肥，那将是徒劳的，它们只会使你不知不觉地胖起来。

(4）O血型的人应经常进行大运动量的健身运动，如快走、跑步、游泳、篮球、沙滩排球、登山等，使肌肉组织保持酸性，从而有效消耗卡路里。

不同血型人的睡眠状况

睡眠占人生的1/3时间，因此是值得重视的课题。那么，各血型的人有怎样的睡眠特性呢？

1. A型血人：压力大，失眠

如果A型血人心情放松，他们很容易入睡，且有良好的睡眠。可是，一旦遇到挫折，产生巨大压力时，加上A型血人本身喜欢多虑，他们就会失眠，直到解除眼前危机为止。因此，和其他血型人相比，A型血人睡眠质量比较差。

此外，A型血人对睡眠不足的承受能力逊色于B型血人和O型血的人。缺少睡眠，不仅会摧垮他们的身体，更会让他们意志消沉。所以，无论何时，A型血人都应保证充足的睡眠，有规律地生活、作息。

2. B型血人：睡觉，雷打不动

B型血人睡眠深沉，不受环境、地点影响，即使电闪雷鸣、道路颠簸，他们也会睡得很香。例如，一个B型血人乘船旅行，一进船舱，便会呼呼大睡，待第二天醒来，发现船舱内一片狼藉，桌椅歪倒，衣物洒落一地，他人面露恐慌之色，经询问得之，原来昨夜遇到海上风暴，而B型血人竟毫无察觉，睡得很熟。

但B型血人也有睡眠不好的时候，大多是思考问题或因某事而处于极度兴奋中。综合考虑平时的睡眠情况和有心事或兴奋时的情况，B型血人的睡眠要比其他血型人相对好一些。

3. AB型血人：经常犯困

在四种血型的人中，AB型血的人对睡眠不足的承受能力是最差的，这可能与AB型血的人体制差，易感到疲劳有关。因此，AB型血人以及 AB 型血人周围的人都应了解 AB 型血这一特点，以减少不必要的误会。

AB 型血人缺少睡眠，常因为他们学习或者工作到很晚，白天不及时补充睡眠而导致的。AB 型血人若要有良好的睡眠，首先不要熬夜做事；其次安排好作息时间，有规律地把握生活节奏。

4.O 型血人：自己决定睡觉时间

O 型血人拥有强大的自制力。如果他们想过有规律的生活，晚上绝不熬夜，早上也不会赖床，每天都按照生物钟饮食起居。如果他们要完成某项任务，即使三天三夜不休不眠，也照旧精神抖擞。所以，O 型血人对睡眠不足的承受能力是四种血型中最强的。

然而，O 型血人对睡眠环境的适应能力不及 B 型血人，在他们身上不可能发生 B 型血人倒头便睡的情况。

私家秘语

有一位小有名气的作家，20 年前身体结实，精力充沛，身上无任何遗传疾病。他自恃体"壮"，而忽视了对坏习惯的抗拒。对吸烟、喝酒不加约束，放纵自己；生活常常"错点"，白天睡觉，晚上工作；性格孤僻，与周围的人关系冷漠。20 年后，他与胃癌、肺癌、心脏病交上朋友，不到 50 岁就被病魔夺去了生命。由此可见，后天生活方式及习惯对人的健康是多么重要。

测试：你的抗压能力如何

生活中，总会发生始料不及的事情，正如"欲渡黄河冰塞川，将登太行雪满山"所说，我们有时会身陷艰难的处境，压力会不时向自己袭来，在此情况下，我们要学会承受压力。要学会承受压力，就要先了解自己承受压力的指数。下面我们来做一下测试吧！

第七章　健康资讯：养成爱惜身体的良好习惯

测试试题

请问"奇异果"给你什么感觉？
A. 在阳光照耀下，好像黄金水果般可爱
B. 小巧可爱
C. 青涩香甜
D. 害怕外皮刺到舌头
E. 毛茸茸的外皮很可爱
F. 想把它当成球，可以丢，可以玩
G. 喜欢它是因为它是营养丰富的水果
H. 点缀甜点时非常漂亮
I. 毛茸茸的外皮不太好看
J. 奇怪的水果，不像是真的

测试结果分析

选 A： 承受压力指数为10分。你不在乎生活压力时，什么都可以看得很开，你的人生永远在追求完美和理想，只要能帮助你成功，或顺利达到目标，你的苦干精神无人可比。你的快乐是单纯而自然的，能时时知足，又懂得不断去追求。

选 B： 承受压力指数为9分。诚恳地对待他人，使你能透视这个世界，找到纯真善良的一面，充满自信又肯上进。你的特长是能找到许多机会，创造健康快乐的人生，能与人和平共处，人缘极佳。

选 C： 承受压力指数为8分。你生命力旺盛，能快速了解别人的需要，善于理解复杂的人际关系，容易成为富贵中人。品位高，条件好，重视个人成长，是一个极有智慧的人。

选 D： 承受压力指数为1分。你有很神经质的外表，如同非常神经质的内心。常有深藏不露的心事，不能与任何人分享，而忘记了自己为什么有烦恼。你知道自己需要别人的谅解和可以信赖的爱情，但是当爱来临的时候，你又猜疑它。

选 E： 承受压力指数为 7 分。你有帅气十足的性格，活泼、浪漫、天真，像未失童心的人，永远能陶醉在欢笑声中，快乐时会欢呼或手舞足蹈，你不会让痛苦或枯燥的生活打扰你欢愉的心情，是典型的适者生存者。

选 F： 承受压力指数为 5 分。你的个性孤独又不能被他人肯定，使你不喜欢了解自己的缺点，像被丢掉的石头，不知道它的价值何在。别人欠你的钱，你也懒得追讨，以不变应万变的心态应付许多生活难题。

选 G： 承受压力指数为 4 分。容易为生活琐事担心，不在乎物质生活，只强调生活品位的重要，能理性分析事情，但又因缺乏感性生活而十分无奈。你需要同时兼具理性和感性的人生，才能感到满足。

选 H： 承受压力指数为 3 分。你喜欢简单朴实的人生。诚恳的生活态度，使围绕在你，有自信和安全感。你会全力以赴地去照顾和体贴心爱的人和所有好友。多愁善感是你的致命伤。

选 I： 承受压力指数为 6 分。个性细致，敏感度很高，适合从事有创意的工作。工作能力很强，能主动关心许多事物，即使相貌平凡也能露出纯朴实在的气质。你永远都会把感情和事业放在非常重要的位置。

选 J： 承受压力指数为 2 分。你将创造一个适合自己的可爱人生，使别人不了解你真正需要的是什么。其实，你是会编织梦的人，不喜欢制造麻烦和引来烦恼的人，而喜欢能帮助你编织梦想的朋友。

第八章
生活写照:从生活中采撷情趣

情调是没有固定的含义的,仁者见仁、智者见智,但有一点是共同的:情调并不是建立在物质条件之上的,它是摈弃了一切世俗之后,获得的一种心理上的满足;它是在平淡的生活中滋养的那一缕芳香,即使人生平凡无奇,也可以过得绘声绘色。

第八章 生活写照:从生活中采撷情趣

培养健康的生活情趣

生活可以很平淡、很简单,但是不可以缺少情趣。一个热爱生活的人,必定懂得从生活的点滴琐细中,采撷出五彩缤纷的情趣。

收藏的是物品,更是快乐

给忙碌的生活增添情趣,缓解身心压力,人们有些嗜好不足为怪。但是,嗜好有好坏之分、雅俗之别。鄙劣庸俗的嗜好会使人"玩物丧志",甚至堕落,而健康高尚的嗜好则有益于开发智慧潜能、修身养性。

生活中,有的人喜好作诗绘画,有的人喜好品茶,有的人喜好爬山、养宠物、游泳……与他们不同,9号调停者喜爱收藏,从书报到昆虫、贝壳、石头以及邮票……你能想到的和想不到的,他们都有收集。著名演员古天乐就是一位收藏家。

作为玩具发烧友,古天乐收藏的玩具琳琅满目,甚至1比1真人大小的奥特曼、蝙蝠侠,市面上难觅的限量版玩具公仔,在古天乐的玩具王国中都可能见到他们的身影。

童心未泯的古天乐不仅热衷收藏玩具,就连做慈善都离不开这一兴趣爱好。身为联合国儿童基金会香港委员,他出席活动时不仅呼吁大家多关心儿童问题,还亲手设计玩具讨小朋友欢心。他更把自己收藏玩具的心得写在《玩具大战》一书中,并在其中展示其大量的私人藏品。

古天乐认为,收藏玩具不是用价钱能衡量的,有钱亦未必求到心头好,而且看到一些玩具,会想起许多童年回忆,非常有纪念价值。

9号调停者一旦被某种物品吸引,他们就会全面研究,不会放过任何一个收藏对象。

然而,收藏是门学问,尤其是收藏贵重的、有历史和文化价值的物品时,需要细细斟酌,谨慎决定。

一般说来,收藏以下物品时需要格外注意。

1. 书画作品

(1) 辨别真伪。主要看作品的时代、风格、题款、印章和纸绢几个方面,只要一方面有问题,而其他几方面都没有问题,就可在短时间内决定取舍。

(2) 挑选精品。字画作品由于每个书画家的个性和风格不同,作品也不同。就一个书画家而言,其一生的作品也是数量可观的,但其中不少是应酬之作,称得上是精品的并不多。收藏时应"取其精华"。

(3) 完整性。收藏字画,如八屏条或四屏条的字画缺少某个条幅,这种不全极影响其收藏价值。对于单件字画作品而言,或有虫蛀孔,或有破损,虽经修补还是露出破绽,或有污渍,画面不干净,都称为不全。

(4) 物以稀为贵。在艺术史上那些独树一帜的字画作品,更是字画收藏的稀罕品。那些具有创新意义、首开先河的字画作品也极有收藏价值。如达·芬奇的《蒙娜丽莎》乃稀世珍品,根本无法计值,仅是在1962年到美国展出的作品,估价即达到1亿美元。珍稀作品极有收藏价值。

2. 玉石翡翠收藏

由于玉石翡翠具有十分繁多的种类和形式,且有大量的伪作,所以,投资者一定要多读有关资料,掌握相关的知识,仔细鉴定藏品的真伪。

通常收藏者仅用肉眼和凭个人经验来鉴别玉石翡翠的真伪。这种方法的可靠性非常有限,单凭经验有可能会看走眼,造成收藏损失。

第八章 生活写照：从生活中采撷情趣

因此，在决定买较大件玉石翡翠作为收藏的对象之前，一定要尽可能地通过专业鉴别机构或专家，使用专门仪器对玉质进行科学鉴别，从而得出颜色、透明度、光泽强度、比重、硬度等玉石品质方面的分析指标，为玉石翡翠的收藏提供科学可靠的依据。

3. 青铜器的收藏

收藏青铜器，应该先学会识别真伪青铜器的窍门：

（1）眼看，即看器物造型、纹饰和铭文有无破绽，锈色是否晶莹自然；

（2）手摸，凡是浮锈用手一摸便知，赝品器体较重，用手一掂就知真假；

（3）鼻闻，出土的新坑青铜器，有一种略有潮气的土香味，赝品则经常有刺鼻的腥味，舌舔时有咸味；

（4）耳听，用手弹击，有细微清脆声，凡是声音混浊者，多是赝品或残器。

人们需要嗜好，因为它可以使你增长知识，开阔视野，培养对生活的热情，有时甚至还是一种经济收入，可谓一举多得。

把酒临风乃人生一大快事

享乐主义者是美酒的热衷者，他们认为酒可助兴，可解忧，可治病，可去乏。现代休闲时代，喝酒会给人带来一种非常的感觉。

对于酒，享乐主义者颇有研究，有独到体会。饮酒要饮出酒中的深味，往往意不在酒而在酒外。三两知己把盏小酌，论时事，谈旧闻，说古今，道天地，叙友情，赏字画，听音乐，醉翁之意不在酒，徐品人间真味，漫数历代风骚，把酒临风，怡性忘情，实乃休闲生活中的一大快事、乐事！

美食配美酒，怎样喝酒，每人都有自己的习惯。但美食家告诉我们一条不成文的规定：吃中国菜时尽可能选用中国酒，吃西餐时尽可能选用洋酒。

如果是比较正式的宴会，那么在正餐前，餐前酒是必不可少的，也就是所谓的开胃酒。在我国，最普遍的开胃洋酒是产于意大利的金巴利酒，它迷人的红色象征着意大利人的浪漫与激情，人们喜欢用它配以橙汁或加冰块，那美妙的余味能使人胃口大开。转入正餐后，通常是根据宴会食谱的安排及档次来提供酒水，其中最不能缺少的便是红、白葡萄酒。想必它的加盟，更能创造出温馨的气氛，营造和谐的环境。一般说来，葡萄酒都是跟晚宴的佳肴相配合的。如果晚宴以海鲜为主，多数人喜欢喝一些白葡萄酒，以增加海鲜的鲜美味道；如果晚宴以肉食为主，那么配以红葡萄酒更为美妙，一来可以暖胃，二来可以提高肉类的鲜嫩程度，并可去除肉中的腥味。

菜肴不同，配酒也略有区别。如吃中餐，则一般喝国酒。在我国南方，人们比较讲究"酒对"——状元红酒专对鸡鸭菜点；竹叶青专对鱼虾菜点；加饭酒专对冷菜；吃蟹时要饮黄酒……具体而言，就是色、香、味淡雅的酒类应与色调冷、香气雅、口味纯的菜点配合；色、香、味浓郁的酒类应与色调暖、香气馥、口味杂的菜点相配。咸食一般选用干、酸型酒类，甜食选用香甜型酒类，辣食选用浓香型的酒来配套。如是西餐，则讲究更大。正宗西餐的用酒习惯是：吃羹汤时喝雪利酒；吃鱼和海鲜时喝无甜味的白葡萄酒；吃肥腻或浓味的牛羊肉和野味时，喝高度红葡萄酒，最常见的是白兰地酒；吃奶酪时可用红葡萄甜酒；甜味的香槟则和布丁一起上桌。具体到每种酒的饮用，又有讲究。如在品尝苏格兰威士忌前应先吃一点香脆的饼干，让味觉恢复正常，如能喝一点清水清除口腔内的异味，饮用时味觉更佳。威士忌酒可以净饮，也可以加冰、加水或苏打水，一般作为餐后酒饮用。

外国人认为香槟酒可令饮者胃口大开，宜作为餐前酒，如配以鱼子酱、冻肉、蜜饯，则美味可口。一瓶真正的香槟，具有葡萄的细腻和清新的气息，在口感上有着花香味和水果芳香，酸涩中带有甜甜的滋味。由于香槟酒本身带有一点点绿色，根据色彩对比学的原理，利用香槟来搭配一点红色的食物，绝对会让宾主尽兴。最理想的状况是用原味的香槟来搭配肉类菜肴，而以甜味香槟来搭配餐后甜点。

现代人不一定能喝，但一定要会品，品酒的味道，品酒的文化，做个对酒熟悉的人。

私家秘语

人们可以通过摄影、钓鱼、学画、跳舞、登山、耕田、击剑、出海、骑马、驾驶飞机、打高尔夫球等培养生活情趣。卡耐基说过，生活的艺术可以用许多方法表现出来。没有任何东西可以不屑一顾，没有任何一件小事可以被忽略。一次家庭聚会，一件普通得不能再普通的家务，都可以为我们的生活带来无穷的乐趣与活力。

生活的方式由个人选择

生活原本就是自己给自己安排。你选择怎样的生活姿态，就会拥有怎样的生活体验。但生活姿态有好坏之分，对照下面的两种人格，看看自己是否也以这种姿态生活？

喜欢自恋的享乐主义者

安妮宝贝说，不自恋的人不可爱。因为只有自恋的人才会疼爱自己，发现自身独有的价值和特征，把最完美的自己呈现和发掘出来。

每个人都需要一点点健康的自恋。但是如果我们过于沉迷于自身的独特性中，而对一些反映客观真相的建议视而不见，很容易变成自大狂。享乐主义者就是这样的人，他们坚信自己卓尔不群，只寻找那些支持他们观点的环境和人。

九型人格与血型密码

伟军是一名22岁的青年,大学刚毕业,像很多来北京淘金的青年一样,带着梦想来到了首都,也找到了一份不错的工作。可是,刚工作不久,他的同事就发现他酷爱与人辩论,无论你说什么,他一定会提出相反的观点。在工作中,他很难与同事合作,即使是老板批评他,他也会据理力争,毫不谦让。老板觉得很可惜,这么有才华的青年,却无法与人相处,只得辞退他。此后,同样的故事不断地重演,每次他工作不到三个月,就会被辞退。伟军觉得非常委屈,认为自己这匹千里马怎么就没有遇到伯乐呢?于是,他走进了心理诊室。

医生了解到,伟军出生在一个高干家庭,上面有三个姐姐,他是家中最小的也是唯一的男孩。伟军从小就觉得自己是上天赋予了某种特殊使命的人,绝非平庸之辈。从他记事起,周围就充满了赞扬之声,说他聪明好学,能言善辩,家人称他是"常有理",老师和同学称他是"辩论家"。大学毕业后,他根本不屑在当地工作,认为只有到北京自己才能成为一个大人物。

很显然,伟军有严重的自恋倾向,而且已经严重地影响到了他的生活。

过于自恋的享乐主义者总是对自己信心十足,经常在别人面前夸耀自己,并认为自己是整个宇宙的中心,才华出众,什么事都能办成。他们不合理地要求赞扬、特殊的优待,要求别人顺从他,却从不设身处地为别人着想。别人比他优秀时,他妒忌;别人不赞同他时,他就认为别人在妒忌自己,认为自己只能被同样特殊的人理解。这样的人,怎能和他人合作与相处呢?

有自恋心理的人不妨试着从以下四个方面调整自己的心态。

首先,接受批评是根治自恋的最佳办法。自恋者的致命弱点是不愿意改变自己的态度或接受别人的观点,接受批评即是针对这一特点提出的方法。它并不是让自恋者完全服从他人,只是要求他们能够接受别人的正确观点。通过接受别人的批评,改变过去固执己见、唯我独尊的形象。

其次，与人平等相处。自恋者视自己为上帝，无论在观念上还是行动上都无理地要求别人服从自己。平等相处就是要求自恋者以一个普通社会成员的身份与别人平等交往。

再次，提高自我认识。要全面地认识自我，既要看到自己的优点和长处，又要看到自己的缺点和不足，不可一叶障目，不见泰山，抓住一点不放，未免失之偏颇。认识自我不能孤立地去评价，应该放在社会中去考察。每个人生活在世上都有自己的独到之处，都有他人所不及的地方，同时又有不如人的地方。与人比较不能总拿自己的长处去与别人的不足比，把别人看得一无是处。

最后，要以发展的眼光看待自恋，既要看到自己的过去，又要看到自己的现在和将来。辉煌的过去可能标志着你过去是个英雄，但它并不代表着你的现在，更不能预示着你的将来。

习惯依赖他人的给予者

给予者对别人的意见从不反驳，对长辈和上级驯如绵羊，对配偶也是百依百顺。生活中的大事，例如，选择职业、找对象等，总是希望别人替自己抉择。许多表面上非常独立的给予者，实际上是空有坚强的外表，他们的情感还是依赖于他人。

给予者为得到别人的关注与欢迎，会压制自己的需求，甚至强迫自己改变习惯，以迎合对方。所以，他们往往会对自己的伴侣，或者强势的人产生强烈依赖感。

生活中，许多人像给予者一样有依赖心理，其主要表现是缺乏自立、自信、自主，过分地依赖他人，经常需要他人的帮助和指导，往往犹豫不决，很难单独进行自己的计划或完成自己的事情，总是依赖他人为自己做出决策或指明方向。依赖心理是消极的心理，影响个人独立人格的完善，制约人的自主性、积极性和创造力。而要克服自己的依赖心理,也并非一朝一夕能够解决的,要多角度、长时间地去攻克它。

到底怎样做才能帮助自己摆脱依赖呢?以下是专家介绍的五个步骤。

(1) 承认依赖。有依赖心理的人,往往很难把握自己,不知道正常状态应该是怎样的。这时候可以对照以下几条标准,看看自己有没有类似的情况出现?无法自己独立完成一项工作,哪怕它很简单;遇事总是想着先征求别人的意见;自己明知某件事的影响很坏,可就是没法放弃,总是重蹈覆辙。以上这些,哪怕只有一条符合,你就已经在依赖心理的边缘了。如果你认识到这一点,并承认自己有依赖的倾向,就可以找到对症下药的解决办法。

(2) 不自责。有依赖心理的人,有时对待自己会非常苛刻,希望自己能在拒绝依赖的过程中变得更坚强些,但这种过度的自我控制有时反而会产生适得其反的效果,有时甚至越陷越深。如果有什么事情是自己想去做的,但是实践过程中却没能办到,这也没什么关系,不要责怪自己,更不要强迫自己,要学会经常自我表扬。

(3) 多向独立性强的人学习。多与独立性较强的人交往,观察他们是如何独立处理问题的,向他们学习。同伴良好的榜样作用可以激发我们的独立意识,改掉依赖这一不良性格。

(4) 培养忍受孤独的能力。一个人待着,并不等于被别人孤立。产生依赖心理的人要学会享受一个人的时光,不依赖别人,也不依赖某种东西或行为。独处的时间能够帮助你客观正确地认识自己,也是形成自己独立个性所必需的,这是改善依赖的关键一步。

(5) 转移注意力。要摆脱依赖就是要学会扩大自己的社交圈子,例如,认识一些新朋友,学习一些新技能,培养一些新爱好等,不要将自己的兴趣长久地固定在某一事物上,要帮助自己想出更多排解烦恼、获得安全感的方法。

第八章　生活写照：从生活中采撷情趣

> **私家秘语**

美国学者道格拉斯·玛拉赫用一首诗表达了他对"生活姿态"的看法：

"如果你不能成为山顶上的高松，那就当一棵山乡里的小树——但要当棵溪边最好的小树。如果你不能成为一棵大树，那就当一丛小灌木。如果你不能当一丛小灌木，那就当一片小草地。如果你不能是一只麋鹿，那就当尾小鲈鱼——但要当湖里最活泼的小鲈鱼。我们不能全是船长，必须有人当水手。

"这里有许多事让我们去做，有大事，有小事，但最重要的是我们身旁的事。如果你不能成为大道，那就当一条小路。如果你不能成为太阳，那就当一颗星儿。决定成败的不是你尺寸的大小——而在于做一个最好的你。"

四大血型人在生活中的表现

对大多数人来说，工作和上下班占据了整天的时间。现代生活又充满了各种诱惑，那么多信息要筛选，那么多产品在吸引着你。"我们试图占有一切，而这往往把我们弄得精疲力竭。"因此，简单生活，学会生活，对大多数人来说难能可贵。

精于"算计"的A型血人

A型血人在生活中常有下列表现。

同意把一分钱再分成几份花；认为银行应当和你分利才算公平；梦想别人的钱变成你的；出门在外常想搭个不花钱的顺路车；经常后悔你买来的东西根本不值；常觉得自己在生活中总是在上当受骗；因

为给别人花了钱而变得闷闷不乐；买东西的时候，为了节省一块钱而付出了极大的代价，甚至自己都认为，跑的冤枉路太长了……

A型血人的"算计"在吃穿住行等方面体现得淋漓尽致。他们认真思索每个细节时，要把自己当做事件的中心参照物，主要是对自己有利还是有害，有多少利和有多少害，想清楚之后再进行操作。

但是生活实践告诉我们，凡是对金钱利益太过于算计的人，都是活得相当辛苦的人，又总是感到不快的人。在这些方面，我们可以做出如下总结。

（1）一个太能算计的人，通常也是一个事事计较的人。无论他表面上多么大方，他的内心深处都不会坦然。算计本身已经使人失掉了平静，掉在一事一物的纠缠里。而一个经常失去平静的人，一般都会引起较严重的焦虑症。一个常处在焦虑状态中的人，不但谈不上快乐，甚至是痛苦的。

（2）爱算计的人在生活中，很难得到平衡和满足，会由于过多的算计引起对人对事的不满和愤恨，常与别人闹意见，内心充满了冲突。

（3）爱算计的人，心胸常被堵塞，每天只能生活在具体的事物中，不能自拔，习惯看眼前而不顾长远。更严重的是，世上千千万万事，爱算计者并不是只对某一件事情算计，而是对所有事都算计。太多的算计埋在心里，如此积累便是忧患。忧患中的人怎么会有好日子过？

（4）太能算计的人，也是太想得到的人。而太想得到的人，很难轻松地生活。

（5）太能算计的人，必然是一个经常注重阴暗面的人。他总在发现问题，发现错误，处处担心，事事设防，内心总是灰色的。

如果能够"糊涂"一些、"傻"一些，人就会远离很多烦恼，活得更加快乐，不会被生活的琐碎吹皱脸上的皮肤。

郑板桥的一句名言是"难得糊涂"。洞明世事，聪明易做，糊涂难为，被世事纠缠不清的人难有大智慧、大作为。

第八章　生活写照：从生活中采撷情趣

生活永远是没有固定逻辑的，付出不一定会得到，失去的也无法再讨回来。与其纠缠已经过去、无法挽回的，不如把目光转向未来，转向好的方面。

生活经验告诉我们如下。

(1)"傻傻"的人惹人爱。"傻"人在为人处世上，能以豁达的心胸包容每一个人，甚至对曾经伤害过自己的"敌人"，他们都能以仁慈之心去微笑面对，这样的"傻"人怎么能不可爱呢？

(2)"傻"人朋友多。因为他们懂得，人与人之间只要掺一点"虚假"，一切美好的感觉就会烟消云散。所以，他们会用真情来赢得友情，虽然不是每一份真情都能赢得友情，但他们知道宽容似水、宽容似火、宽容似诗，退一步海阔天空。

不要太过计较，糊涂一些又何妨呢？只有想得开、放得下、朝前看，才有可能从琐事的纠缠中超脱出来。假如对生活中发生的每件事都寻根究底，去问一个为什么，那实在既无好处，又无必要，而且破坏了生活的诗意。

B型血人崇尚"简单"的生活方式

在B型血人的眼里，快乐其实很简单。

异性一个特别的眼神。

在一条漂亮的路上开车。

听收音机里播放自己最喜欢的歌曲。

躺在床上静静地聆听窗外的雨声。

发现自己最想买的衣服正在半价出售。

在浴缸的泡沫堆里舒舒服服地洗个澡。

有人体贴地为自己盖上被子。

在沙滩上晒太阳。

在去年冬天穿过的衣服里发现20美元。

午夜时和心上人煲电话粥。

在细雨中奔跑。

没有任何理由地开怀大笑。

刚听了一个绝妙的幽默。

有很多好朋友。

无意中听到别人正在称赞自己。

半夜醒来发现还有几个小时可以睡觉。

初吻。

是团队的一分子。

交新朋友或和老朋友在一起。

与室友彻夜长谈。

爱人轻轻抚弄自己的头发。

甜美的梦。

和心爱的人蜷在沙发上看一部好电影。

在圣诞树下一边吃着甜饼喝着酒,一边为家人和朋友包装圣诞礼物。

见到心上人时鹿撞心头的感觉。

赢得一场精彩的棒球或篮球比赛。

朋友送来家里自制的甜饼和苹果派。

看到朋友的微笑,听到他们的笑声。

第一次登台表演,又紧张又快乐的感觉。

偶尔遇见多年不曾谋面的老友,发现彼此都没有改变。

……

享受生活的每一天,让每一天都阳光灿烂,其实就是你的内心感悟简单的体现。因为只有单纯的心灵,才能在纷繁的世界中体会并抓住最有价值的东西。

若要学会简单生活,可参考以下内容。

第八章 生活写照：从生活中采撷情趣

（1）不去理会，让一切顺其自然。此法在于减轻和放松精神压力。任何事情听其自然，该怎么办就怎么办，做完就不再想它，不再评价它了。如好像有东西忘了带就别带它好了，担心门没锁好就没锁好了。经过一段时间的努力，克服由此带来的焦虑情绪，症状是会慢慢减轻的。

（2）遇事沉着冷静。当你在工作中遇到难题或必须完成紧急任务时，不要烦恼和焦急，也不要急于求成，否则会方寸大乱。首先应该沉着，并做些放松的自我暗示，"焦急是无济于事的""欲速则不达"，这样你就会放松下来去排除难题或完成任务。而一旦成功，将会形成良性刺激，使你得到进一步放松。

（3）"心安理得"地生活。简单是一种心境。即使日子过得清平，但只要诚实、勤劳，吃的都是自己拥有的东西，吃起来有滋有味；拥有一颗善良的心，对不劳而获、偷偷摸摸地享有别人的东西感到不安；为人正直，不做亏心事，不必担惊受怕；没有贪念，可以经得起物质的诱惑，放弃不劳而获的物质生活的享受，品尝心灵的自由与安宁，因而舒心，生活有乐趣。

总之，简单生活不能与各种美德分开，具备勤劳、善良、美好的心灵，才能真正地、更好地品味生活、享受生活。

以依赖方式获得生存的 AB 型血人

AB 型血人大多具有严重的依赖心理。

从小到大，AB 型血人总是寻求"靠山"。小时候依赖父母，上学时依赖知心好友或同学，谈恋爱时依赖对方，工作时依赖同事或领导。从他们身上，AB 型血人能得到莫大的好处，不管是经济上，还是情感上，抑或能力上。AB 型血人的这种"求助"方式很可行，总比个人奋斗来得容易。

但是，对他人而言，一直被依赖会成为一种负担。

九型人格与血型密码

苏珊是一位 AB 型血的年轻女士,她愿意让一位朋友摆布她的生活。与黛博拉不同的是,苏珊却是主动要求受控制。当她的垃圾处理装置出毛病后,她给好朋友玛莎打电话,问她怎么办。订阅的杂志满后,她也去问玛莎是否再继续订。有时她不知晚饭该吃什么时,也给玛莎挂电话问她的意见。玛莎一直像个称职的母亲一样,直到有一天出了乱子。那天,玛莎的一个儿子摔了一跤,手臂划了个口子,需要缝针。苏珊又打电话问问题了。由于非常疲倦,玛莎严厉地说道:"天哪!看在上帝的分上,苏珊,你就不能自己想想办法吗?就这一次!"说完就挂了电话。

苏珊对玛莎的拒绝感到迷惑不解。她说:"我还以为玛莎是我的朋友呢。"

依靠他人施舍得来的幸福是最不可靠的,因为他人会随时取回这样的"恩赐"。为人一世,应当及早明白做人要靠自己,将依赖踢走,同时也减轻被依赖者的负担。

摆脱对别人的依赖心理,靠自己创造自己的幸福,建议你从以下几个方面着手。

(1) 制订一份"自我独立宣言",树立独立的人格,培养自主的行为习惯。用坚强的意志约束自己,摆脱对同事和领导的依赖,自己要开动脑筋,把要做的事的得失利弊考虑清楚。这样,心里就有了处理事情的主心骨,也就敢于独立处理事情了。

(2) 树立人生的使命感和责任感。一些没有使命感和责任感的人,生活懒散,消极被动,常常跌入依赖的泥坑。而具有使命感和责任感的人,都有实现抱负的雄心壮志。他们对自己要求严格,做事认真,不敷衍了事、马虎草率,具有主人翁精神。这种精神是与依赖心理相悖的。选择了这种精神,你就选择了自我的主体意识,就会因依赖他人而感到羞耻。

(3) 当你充满信心去实践自己的主张时,不要太依赖外界的帮助。

当你遇到困难时,不要立即向别人求援或接受他人的帮助,要设法靠自己的力量和智慧克服困难。

(4)消除身上的惰性。依赖心理产生的源泉,在于人的惰性。要消除依赖心理,首先要消除身上的惰性。要消除惰性,就得锻炼自己的意志。处理事情的时候,要果敢向前,说做就做,该出手时就出手;还得有灵活的头脑,要善于思考,勤于思考。

O型血人:"斗"的竞争意识

O型血人具有强烈的竞争意识,无论是爱情还是事业,他们期望在一个公平的环境下,大家可以展开竞争,看看到底鹿死谁手。

一个在事业上颇有建树的O型血人曾说:"我决心获胜,决心使我们公司的业绩更上一层楼并击败竞争对手。"血型说的研究证实,O型血人的竞争意识一般比较强,无论是在工作中还是在游戏里,他们都热衷于竞争。

汤姆是一位勇于竞争的O型血创新者,他用竞争描述他的童年生活。他说:"我玩拼图玩具最出色,打乒乓球最出色,扔石头弹子最出色。在每一项集体运动中,我都是出类拔萃的。"一些有识之士认为,O型血人在工作中和游戏时的行为没有什么两样。

汤姆喜欢竞争,但必须是公平的竞争。他说:"生活和工作的真正意旨是参与超越他人的长期战斗……可在我看来,除非你严格地按照规则行事,否则,即使在企业经营上获得成就也毫无意义。"

竞争有利于提高工作效率和学习成绩,增强智力和操作能力。在竞争的过程中也能培养良好的人格品质。列宁在谈到竞赛对人格品质形成的作用时说,竞赛"在相当广阔的范围内培植进取心、毅力、大胆和首创精神"。

然而,在形成良好人格品质时,我们需要克服人性的弱点:忌妒。忌妒心每个人都有,甚至某些时候成为前进的动力,但过于忌妒,就会在竞争失利时心理不平衡,采取非常手段打击、报复对方。

消除忌妒心理,可采用下面方法。

(1) 自我宣泄。有时面对生活和事业上的巨大落差,或社会的种种不公正现象,人们都难免会出现一时的心理失衡和忌妒。这时,要是实在无法化解,可以适当宣泄一下。例如,找一个较知心的亲友,痛痛快快地说个够,出气解恨,求得心理上暂时的平衡,然后由亲友适时地进行一番开导。发泄以后你可能会觉得好受许多。当然,这种方式并不能最终解决忌妒心理,还需要其他方面的调整。

(2) 正确评价竞争。如今社会上竞争无处不在。当看到别人在某些方面超过自己的时候,不要盯着别人的成绩怨恨,更不要企图把别人拉下马,而应采取正当的策略和手段,在"干"字上狠下工夫。

(3) 正确评价成功。有了关于成功的正确价值观,就能在别人有成绩时给予肯定,并且虚心向对方学习,迎头赶上,以靠自己努力得来成功为荣。采取正确的比较方法,将人之长比己之短,发现不足,及时改正,迎头赶上。

(4) 正确评价他人的成绩。忌妒心往往是由误解引起的,即人家取得了成就,便误以为是对自己的否定。其实,一个人的成功是付出了许多的艰辛和巨大的代价的,人们给予他赞美、荣誉,并没有损害你,也没有妨碍你去获取成功。

(5) 提高心理健康水平。心理健康的人,做人做事光明磊落,而心胸狭窄的人,容易产生忌妒。

忌妒心一经产生,就要立即打消它,以免它在你心中作祟。这就要靠积极进取,使生活充实起来,以期取得成功。

(6) 能客观评价自己。忌妒是一种突出自我的表现。无论做什么事,首先考虑的是自身的得失,因而引起一系列的不良后果。所以,当忌妒心萌发时,或是有一定表现时,要能够积极主动地调整自己的意识和行动,从而控制自己的动机和感情。这就需要冷静地分析自己的想法和行为，客观地评价自己，找出差距和问题。当认清了自己后，再重新认识别人，自然也就能够有所觉悟了。

生活中，竞争在所难免。若想自在生活，愉快工作，使自己的生活充满阳光，必须走出忌妒的泥潭，学会光明正大地竞争，克服忌妒心理。

私家秘语

风靡欧美的《简单生活》一书的作者丽莎指出："每天都给自己一段独处的时间，好好问问自己，到底想过什么样的生活？什么是可有可无的？什么是必须不懈追求的？这样的追问可以一直延续下去，还可以把每天的想法记录下来，这样你会看到，随着生活阅历的增加，思考的深入，你的回答也不断成熟。只要我们不再一味追求外界的认可，疲惫无奈地生活在他人的注视之下，我们就会真诚生活，成为自己命运的主宰。"这段话告诉我们：在我们的学习和生活中，只要我们坚持反问自己，是不是做事太过于执著和勉强了？然后，以一种顺其自然的生活态度来学习和生活，那么我们将不再疲惫。强扭的瓜是不会甜的，顺自然之性才能获得幸福。

A、B、AB、O型血女性的美容养颜经

每个女人都不想让岁月在自己的身体上留下痕迹。于是，所有的女人都加强了对"成妖"的信仰，希望自己能够留住时光的脚步，让岁月漫过自己的脸庞，却能留下美丽。

A、B、AB、O血型女生美容全攻略

1. A型血女生美容秘籍

A型血的女性大多清瘦，不易发胖，且A型血的中年女性脸上的皱纹比其他血型的同龄女性要少。尽管她们有得天独厚的条件，但在

平时她们还是应注意以下事项。

（1）A型血的女人比较挑食，这不好，要尽量加以改变。人体需要多种营养物质，如果缺少某一营养素，人体就会出现不良症状，例如疲惫、贫血等。

（2）A血型的女性喜欢熬夜，越在夜深人静时，她们的大脑越兴奋。但熬夜是美容的大敌。如果你想成为漂亮的女人，最好调整作息时间，早睡早起，久而久之，你便发现自己没有黑眼圈，皮肤红润有光泽。

（3）随着年龄的增长，肤质会有变化。要想始终保持光艳照人的肌肤，可以根据自己的年龄和肤质选择合适的化妆品，相信你的皮肤会越来越好！

2. B型血女性美容秘籍

睡眠是B型血女生最好的营养品。充足的睡眠可使她们的皮肤水润、富有弹性。但长时间睡眠会堆积脂肪，而受体重困扰。为减去多余赘肉，打造完美身材，可多运动，例如，晨跑，饭后散步，站着看电视，多做家务等。

此外，B型血女性需要买适合自己的美容用品。B型血女性毛孔细，皮肤腺分泌少，皮肤干而脆弱，冬季易干裂或生冻疮，宜用温水洗脸，搽适量的油脂或冷霜。

买护肤品时，B型血女性要进行多方比较，选择价钱适中、针对自己肤质的化妆品，千万不要受广告宣传和销售人员的影响。

3. AB型血女性美容秘籍

相较于其他血型的女生，AB型血女生的免疫系统要相对弱一些，所以在气候变化的时候，她们极容易得感冒之类的小病，流鼻涕、淌眼泪，喉咙疼痛，整个人憔悴起来，当然不美了。AB型血女生更需要花些心思在锻炼身体，增强体质，此外，还需要吃各种富含维生素的蔬菜水果，尤其富含维生素的橙子之类，对预防感冒很有效果。

AB血型的女性寻找适合自己的护肤品。AB型血的女性喜欢自然美，讨厌各种化妆品堆积在脸上，不会乱买、乱用。但是随着年龄的增长，还是需要护肤品呵护的。AB型血的女生不妨选择一些含有天然成分的化妆品，涂抹后清爽、自然，无堆积感。

AB型血的女性容易产生疲惫感，保证充足的睡眠才能拥有好肌肤。避免熬夜；否则，脸色会越来越差。

4. O型血女性美容秘籍

当O型血的女生发现皮肤出现状况时，例如干燥、起皱纹、长斑，不管什么化妆品，统统抹在脸上，希望立刻改善。这绝对不是明智的做法。在美容方面，O型血应注意以下两点。

（1）细心呵护自己的皮肤。O型血女生性子急，凡事急于求成。虽然速效化妆品能解决"燃眉之急"，但对皮肤有刺激。所以，细心呵护才是保养皮肤的有效方法。

（2）不要频繁更换化妆品。O型血女性皮肤表面的皮脂腺、汗腺较粗，乱用护肤品，容易造成皮肤过敏或拮抗作用。必要时，你可以请教美容师帮你分析肤质，挑选适合自己的化妆品，坚持用完一定的疗程。

谁都想抓住"青春"的尾巴

时间无情！随着岁月的流逝，每个女孩都会慢慢地衰老。失去青春是没有办法的事。纵然不能"返老还童"，但我们可以延缓衰老，赢取更多的时间开创、享受美好生活，从而让青春的色彩驻留得更久一些，这绝不是天方夜谭。

那么，怎样才能抓住"青春"的尾巴呢？

1. 不再与"大饼脸"为伍

一张脸是否漂亮对人的形象有着重大的影响。脸蛋儿的魅力会为我们的整体吸引力加分，但一旦我们不幸被称为"大脸猫""大脸妹"，那么美丽大概是要被打折的。

为了甩掉"大脸×"的外号,还是试试下面这些对我们有帮助的方法吧!

(1) 进食时细细咀嚼食物,以锻炼脸部肌肉。

(2) 用温水、冷水交替洗脸,来促进血液循环及新陈代谢。

(3) 适量喝咖啡,帮助排除多余水分。

(4) 改变高枕睡觉的习惯。

(5) 避免太夸张或面无表情的讲话方式。

(6) 定期保养肌肤,防止皮肤因为失去弹性而松弛。

为了增加自己的魅力指数,请坚持以上做法,从此不再与"大饼脸"为伍,使自己成为漂亮的小脸佳人。

2. 小"腹"婆变成小"腰"精

中国自古以来就推崇女性的细腰美,楚宫细腰成风,古代细腰美人走路时的婀娜多姿,确有一种阴柔的女性美。于是,如何拥有纤细腰身成为众多女性的日常功课之一。

(1) 细腰操

①平躺,双腿并拢向上伸直(运用腰腹部的力量)。

②背和臀部也同时向上挺直(离开接触面)。

③慢慢放落,速度一定要慢。

④重复进行5~10次,也可根据自己的体能多做几次。

(2) 消除小腹赘肉的运动操

①仰躺,臀部紧缩,两脚分开与腰同宽。

②两脚尖向内侧靠拢,双手枕在脑后。

③边吐气,双腿边往上抬至离地5厘米高,并伸展跟腱。两手支撑着头部往上抬,伸展颈部。充分伸展之后,吸气、憋住,直到憋不住时,恢复原来姿势。重复做10次。

3. 热辣翘臀很容易

我们总羡慕那些穿着合身牛仔裤，能包出翘翘臀部的女孩。光艳羡没用，快来看看做什么动作对塑臀有益吧。

锻炼臀中肌，即臀上部肌肉，能够塑造出漂亮的圆形臀部。而锻炼臀大肌则是针对臀部后侧的大部分肌肉，这样可以塑造出臀部侧面的圆窝。多做踢腿运动，可以把两部分肌肉都锻炼到，并且还能够帮助加强稳定性和协调性。每周做2～3次，加上4～5次有氧运动（45分钟1次），4周之后，你就可以拥有完美的臀线了。

除上述的美臀方法外，简单按摩也是快速美臀的捷径。持之以恒地按摩承扶穴、涌泉穴，臀部自然会浑圆优美。

4. 从此告别大象腿

对女性来讲，决定形体美的重要因素之一是腿。粗壮的大腿是脂肪过多，很是难减，怎么办？

不用着急，我们将为女性介绍专业人士建议的三种改变腿粗的方法。

（1）以双腿为主的锻炼。如果你把目标定在粗壮的大腿上，最好选择一种以锻炼双腿为主的运动。锻炼大腿和臀部肌肉的最佳运动是步行、骑自行车（包括在室内骑健身车）、越野滑雪、爬楼梯。

（2）步行与跑步方法。以步行为主，途中进行几次短距离跑步，每次跑一两百米，习惯后，逐渐将跑步的时间延长。

（3）游泳。水的阻力会使双腿活动比较费力，却不会像在地面上跑步那样承受较大的震荡，因此是减去腿部和臀部脂肪的好方法。

5. "太平公主"也要抬头挺胸

有句经典的广告词——做人"挺"好。所以，我们要及时地摘掉"太平公主"的大帽子，做个丰胸美人。

（1）体操法。伸直背部肌肉并且抬头挺胸，双手合十置于胸前，这时彻底撑开肘部，双肩不要摆动，要平心静气，始终让胸部保持用力的状态，同时在手心上用力，相互推压缓慢地向左右移动。当手到达中心位置时，吸气。左右交替动作10～20次。

（2）沐浴法。将水温调到40℃左右，不能太热，否则会使皮肤松弛。用喷头对乳房由下往上冲，水流可以强一些，左右交替各1分钟，或水开小些，以圆形运动方向按摩乳房周围。

（3）按摩胸部法。由下往上、由内往外将乳房往上提升，以双手的手温及适当的力度交替来回按摩双乳约2分钟。可以使用美胸的产品或是身体按摩油，滋润胸部的肌肤及增加弹性。强化"天然胸罩"部分，上下按摩约2分钟，让美胸产品完全被肌肤吸收。

私家秘语

青春是什么？怎样才能留住青春让气质魅力永留人间呢？下面，就让我们来欣赏德国作家塞缪尔·厄尔曼的作品《青春》，相信它会带给你很多的启示。

"青春不是年华，而是心境；青春不是桃面、丹唇、柔膝，而是深沉的意志、恢弘的想象、炽热的感情；青春是生命的深泉涌流。青春气贯长虹，勇锐盖过怯弱，进取压倒苟安。如此锐气，二十后生有之，六旬男子则更多见。年岁有加，并非垂老；理想丢弃，方堕暮年。岁月悠悠，衰微只及肌肤；热忱抛却，颓废必致灵魂。忧烦、惶恐、丧失自信，定使心灵扭曲，意志如灰。无论年届花甲，抑或二八芳龄，心中皆有生命之欢乐，奇迹之诱惑，孩童般天真久盛不衰。人的心灵应如浩渺瀚海，只有不断接纳美好、希望、欢乐、勇气和力量的百川，才能青春永驻、风华长存。一旦心海枯竭，锐气便被冰雪覆盖，玩世不恭、自暴自弃油然而生，即使年方二十，实已垂垂老矣；然则只要虚怀若谷，让喜悦、达观、仁爱充盈其间，你就有望在八十高龄告别尘寰时仍觉年轻。"

第八章 生活写照：从生活中采撷情趣

测试：你是否拥有一个健康的生活态度

你是个乐观主义者，还是个悲观主义者？你是透过亮丽的镜子，还是透过灰暗的镜子来看待人生？做完这套试题，你就明白了。不过编者要向明了自己性格的人们进一言：乐观者切勿过于冒险而多了祸事，悲观者切勿过于保守而少了进取。

测试试题

1. 如果半夜里听到有人敲门，你会认为那是坏消息，或是有麻烦发生了吗？
2. 你随身带着安全别针或一根绳子，以防衣服或别的东西裂开吗？
3. 你跟人打过赌吗？
4. 你曾梦想过赢了彩票或继承一大笔遗产吗？
5. 出门的时候，你经常带着一把伞吗？
6. 你会用收入的大部分买保险吗？
7. 度假时你曾经没预订宾馆就出门了吗？
8. 你觉得大部分的人都很诚实吗？
9. 度假时，把家门钥匙托朋友或邻居保管，你会把贵重物品事先锁起来吗？
10. 对于新的计划你总是非常热衷吗？
11. 当朋友表示一定会还时，你会答应借钱给他吗？
12. 大家计划去野餐或烤肉时，如果下雨你仍会按原计划行动吗？
13. 在一般情况下，你信任别人吗？
14. 如果有重要的约会，你会提早出门以防塞车或别的情况发生吗？

15. 每天早上起床时，你会期待美好一天的开始吗？
16. 如果医生叫你做一次身体检查，你会怀疑自己有病吗？
17. 收到意外寄来的包裹时，你会特别开心吗？
18. 你会随心所欲地花钱，等花完以后再发愁吗？
19. 上飞机前你会买保险吗？
20. 你对未来的生活充满希望吗？

计分方法

每道题答"是"得1分，答"否"得0分。

测试结果分析

0~7分：你是个标准的悲观主义者，看人生总是看到不好的那一面。身为悲观主义者，唯一的好处是你从来不往好处想，所以很少失望。然而，以悲观的态度面对人生，却又有太多的不利。你随时会担心失败，因此宁愿不去尝试新的事物，尤其遇到困难时你的悲观会使让你觉得人生更灰暗。解决这一问题的唯一办法，就是以积极的态度去面对每一件事和每一个人，即使偶尔会感到失望，你仍可以增加信心。

8~14分：你对人生的态度比较正常。不过你仍然可以再一进步，只要你学会以积极的态度来应付人生的起伏。

15~20分：你是个标准的乐观主义者。看人生总是看到好的一面，将失望和困难摆到一旁，不过，过分乐观也会使你对事情掉以轻心，反而误事。

第九章
恋爱时节:做个调配爱情的高手

两个陌生人,因为情投意合,走到了一起。但是因为性格的差异,受教育程度的不同,情侣之间总难免争吵和摩擦。懂得体谅,懂得感恩,懂得为对方着想,做调配自己爱情的高手,才能使爱情长久。

第九章 恋爱时节：做个调配爱情的高手

恋情不稳定的两种情况

爱情是人生中最美丽的事！但人生并不总如意，相爱的人并不都会有完满的结局，失恋的故事每天都在这个世界上上演。

没有面包，再伟大的爱情终归饥肠辘辘

没有面包，再伟大的爱情也会落得个饥肠辘辘的下场。这个道理很多人都懂，可惜4号浪漫主义者总会一厢情愿地认为没有面包，只要有伟大的爱情就可以开心一辈子。

爱，是我们人一生中重要的追求，也是最坚定的精神支柱，但不是唯一。可在4号人格者心中她是永恒、唯一，他们为爱而生，为爱而死。爱让他们快乐和幸福，也能摧毁他们的精神世界。对于他们来说，爱就是他们最重要的养分，没有了爱，生命将会枯萎。

4号浪漫主义者有精神恋爱的倾向，他们在茫茫人海中找寻的是知音般的人生伴侣，他们对爱情和婚姻不能持将就的态度。这种柏拉图式的精神恋爱常常让他们太过在意精神而忽略了物质对于两性关系的影响。

"将来，面包会有的，房子会有的，车子会有的，一切都会有的。"女孩说。

"那万一给不了你呢？"男孩说。

"亲爱的，虽然我们相距很远，但是爱情的力量是伟大的，它穿越了时间和空间，把两颗心紧紧地连在一起。"

这样的对白你一定不陌生，因为我们都年轻过。

年轻的时候，爱情就是氧气、就是水，是我们生活的唯一中心。女孩子说："只要我们能够在一起，哪怕再贫穷我也觉得开心。你放心去追逐你的梦想吧。"男孩子信以为真，真的去做了很多"不赚钱"的工作。渐渐地，女孩子眼看着周围的同学和同事买房、买车、结婚、生子，她的心痒了。于是，她对男人（此时已可以称为男人了）说："我想要个房子，它是承载我们爱情的容器。我也想要个孩子，他是我们爱情的结晶。"

男人开始痛苦，他不明白为什么他爱着的女孩不再像从前那样体贴、善解人意了。男人说："是不是没有钱买房子你就要离开我啊？"女孩子沉默。男人忍不住说："没有钱我们可以租一辈子的房子啊！反正在哪里都一样，只要有你陪伴在我身边。"此时换做男人说这样的话，但女孩子没有感动，她甚至带有埋怨和愤怒的口吻说："我不会嫁给一个连房子都没有的男人的。我要的是踏实、安稳的生活，不是一个不切实际的男人！"

一段坚持了几年的爱情就这样结束了。女孩子伤心，男人也一样伤心。他觉得她变了，变得庸俗和现实；她觉得他为什么那么多年过去了，还没有成熟呢？

其实，没有面包，再伟大的爱情都会饥肠辘辘。经济是保障爱情的重要基础，没有足够的物质，随着年岁的增长，再美好的精神恋爱都要受到重挫。这不是罪恶，而是现实，因为我们不可能脚踩在云端上恋爱一辈子。

女人，不必幻想爱情可以伟大到不吃不喝就能"有情饮水饱"，因为无数的事例都证明了元好问所说的"贫贱夫妻百事哀"是多么正确。再多的爱情，再多的激情，也要在柴米油盐中消耗，何况是无钱买油米的日子呢？

男人，更不能幻想让自己的女朋友（老婆）跟着自己过朝不保夕的日子。你的才华再大也要先吃饱饭再说，你的魅力再大也抵挡不了生活的艰辛！能够跟你过苦日子的女人固然可贵，需要你好好珍惜，但是抱怨你不现实，不好好努力的女人也未必不好。没有她的鞭策，你可能会一辈子生活在云端。

"脚踏实地"能谋生，也能谋爱。

怀疑论者的投射心理在作祟

谈恋爱最怕遇上自作多情的人，明明不是情侣，对他（她）没好感，可在对方眼中，你就是他的另一半，甚至你的一举一动都在表明你喜欢。碰见这种人，说不清楚也讲不明白，很难摆脱。如果你不想碰到这种麻烦，最好远离怀疑论者，因为他们就是喜欢自以为是的人。

与其说怀疑论者自作多情，倒不如说他们的投射心理在作怪更为准确。所谓投射心理，是指以己度人，把自己的情感、意志投射到他人身上并强加于人的一种认知障碍。某人喜欢游山玩水，就认为别人也是如此；某人爱占小便宜，就认为别人也这样；某人乐于助人，就认为别人也乐于助人；某人喜欢说谎，就认为别人也总是在骗自己；自己自我感觉良好，就认为别人也都认为自己很出色……

这就是怀疑论者，喜欢把自己的想法灌输于他人。

一天晚上，爱德华驾车在漆黑偏僻的公路上行驶，他急着赶回家，可不幸的是汽车抛锚——汽车轮胎爆了！

爱德华下来翻遍了工具箱，也没有找到千斤顶。怎么办？这条路半天都不会有车子经过。他远远望见一座亮灯的房子，决定去那个人家借千斤顶。在路上，爱德华不停地想：

"要是没有人来开门该怎么办？"

"要是没有千斤顶该怎么办？"

"要是那家伙有千斤顶，却不肯借给我，该怎么办？"

……

顺着这种思路想下去，他越想越生气，当他走到那间房子前，敲开门，主人刚出来，他冲着人家劈头就是句："他妈的，去你的千斤顶。"弄得主人丈二和尚摸不着头脑，以为来的是个精神病人，"嘭"的一声就把门给关上了。

爱德华自以为是地对未来进行猜测，并对对方可能的行为进行猜测，所以还没有借，就把自己气得够呛，更是让对方不知所以然。

爱情上，如果一位怀疑论者相信你喜欢他（她），那么你为他（她）搬家，你给他（她）打电话，你请他（她）吃饭……都是爱的表现，而实际上，你只是把他（她）当朋友，根本没有这种感觉。

其实，我们的想法不见得就是别人的想法，因为人与人之间的思维千差万别，你又怎能保证你的想法就一定是别人的想法呢？将自己的想法强加于人势必违背他人的愿望，也常常让自己陷入被动的地位。所以，生活中，我们不要妄加猜测他人的想法，只有进行真正的交流、实践，方可做出结论。

私家秘语

恋爱过程中，影响因素很多，恋爱发生变异是很正常的事情。不要害怕失恋，更不要因失恋而消沉委靡。经过爱情的折磨，一个人会焕发出别样的光彩，灵魂得到升华，走向更远大的成功。

做个会恋爱的聪明女人

幸福需要自己争取。聪明的女人不等爱情降临，她会主动出击，寻找自己生活中的白马王。但是，世俗的偏见让有些女人走了弯路，甚至错过良好姻缘。我们所要做的，就是避开弯路，学习她们的择偶经验，为自己找个亲密爱人。

第九章　恋爱时节：做个调配爱情的高手

恋爱中，女人要规避的三个错误

二十几岁是女人一生最幸福的时候，在这个时候她们大多会遇到适合自己的他，然后与他携手一起步入婚姻的殿堂。俗话说，"家和万事兴"，家庭和睦了，你才会有精力专心于你的事业。但是，当感情发展到要谈婚论嫁的时候，一定要谨慎地做出自己最后的决定，不要信奉什么择偶标准之类的话，要排除常见的选择偏见。

女人的认识容易受过去经验、社会传闻以及在此基础上形成的社会心理结构的影响和干扰。选择恋爱对象也是一样，社会评价、他人的选择标准、从传闻中获取的爱情知识和对方信息都会严重影响女人的择偶眼光。在不能正确对待并且不能排除干扰的情况下，许多女人就会产生一些选择偏见。

1. 社会刻板印象

在选择对象时，有很多女人凭刻板印象办事。有人曾给一位女孩介绍对象，她一听到对方是位中学教师，就表示不同意。她说，教师的生活单调、清苦，办事没有优越感。这纯粹是陈旧的社会刻板印象。随着社会爱科学、学科学、用科学和尊重知识、尊重人才风气的形成和发展，教师的角色内容发生了根本变化。那位被介绍的中学教师，恰恰是一位兴趣广泛、才华横溢、颇受学生尊敬的现代青年，并不是人们所想象的"考夫子"。那个女孩死抱陈腐的刻板印象不放，错过了好姻缘。

2. 第一印象

有些女人可能会根据同别人见面时第一眼看到对方的形象和风度，或第一次与对方谈话留下的印象的好坏来判断男人，而对男人的评价又决定着择偶的方向。如果对方给自己的第一印象不错，例如长相好、有气派、有风度等，那这个男人很可能成为"候选人"；相反，如果第一印象很差，那就会马上刹车。可是现在的很多年轻人都是不修边幅的，如果仅凭第一印象就给对方下定论，很可能会错过一段很好的姻缘。

3. 先入为主的印象

在选择对象时，往往受先入为主的印象的影响，尤其是通过"红娘"牵线的恋人。因为"红娘"会在两人见面之前吹嘘一番，激发两人相会。这样，两人各自都有了关于对方先入为主的印象。

有的女人因为对某些男人有了不好的先入印象，就不想同对方见面，或见面之后，只注意到对方弱点而失去兴趣；相反，有的女人则因为事先有比较好的先入印象，在两人的接触和交往中，戴着有色眼镜看人，只注意对方的优点和长处，而忽略了对方的弱点和缺陷。因此，先入印象的好坏直接影响女人对男人认知、交往的可能与效果。

没有主见的女人容易受先入印象的影响，因为她们容易接受、相信社会舆论和受他人左右。

有一个姑娘听到朋友们经常议论一位男青年。人们对他的赞赏使她对这个男子产生了爱慕之情，就贸然去求爱，并闪电式地结婚了。可是婚后她发现自己的丈夫只有在女孩面前才表现好，在其他场合则不然，而且他懒惰、粗暴和武断。此时，她才觉得自己上当了。

因此，女人在选择对象时，一定要睁大眼睛，仔细观察和了解。特别是要在与对方的直接交往中认识对方，而不能偏信人言，人云亦云。要把自己的实地考察和直接交往的体会与别人的意见相结合。

"男才女貌"是封建社会中"门当户对"婚姻标准的一个辅助条件。在当今社会中，二十几岁的女人应该选择志同道合、情意相投的男人为自己的终身伴侣，千万不要让"偏见"左右你的视线。

女人如何物色"好老公"

女人有权利为自己物色一个好丈夫。而什么样的男人会成为你人生增色的男人呢？在这个物质世界中，女人一定要有钱，所以找个能

第九章 恋爱时节：做个调配爱情的高手

为你的"钱途"加分的男人也十分必要。到底什么样的男人能为你的"钱途"加分呢？

1. 能够给你工作和事业提出有效建议的男人

女人也有自己的工作和事业。女人在工作中由于自身的感性因素容易受伤害。所以，找一个可以为你分担工作压力，为你排解工作中忧愁的男人会为你的工作增色不少。

2. 心中有家的男人

男人绝对不能没有事业心，但如果他的事业心太重，他花在家庭和你身上的心思就会很少。你要他陪你逛街，他说没意思；你要他陪你看电影，他说没时间。他事业取得了成功，你也跟着风光，但那是别人看到的，别人看不到的是你在漫漫时光里的寂寞。太醉心于事业的男人，大多有指挥他人（包括女人）的欲望。和太有事业心的男人相处，最大的伤害是精神方面的。另外，"有事业心"的男人大多因为过度劳累，身体既处于综合素质发展的巅峰状态，也面临最不稳定、最脆弱的状态，心脑血管等疾病正在一旁虎视眈眈，稍有机会就乘虚而入。

3. 和你人生道路一样的男人

每个人的人生观不同，所以走的道路也是不同的。假如你是一个一心想出人头地的人，为了事业的成功可以牺牲时间、精力、甚至友情、善良和正义；如果你的丈夫和你一样，抱着为了成功可以不择手段的想法，那么你们就会像一对优秀的合作伙伴，可以每晚都一起"密谋"。如果你生来淡泊人生，只想有三两知己、一本好书，那你也得有一个和你持同样人生哲学、可以欣赏你的人共度一生。所以，你是什么样的人都没关系，要紧的是得找一个和你在人生理念上一致的另一半。所谓萝卜青菜，各有所爱，相信这世上一定有一个欣赏你、和你性格相似的人。千万别找错了人，要知道，你在一个人眼中的优点也许就是另一个人不能接受的缺点。

4. 浪漫而不多情的男人

女人都追求浪漫的生活，找一个能够给自己的生活注入浪漫元素的丈夫，生活就算是再累再苦，都像是生活在童话世界里一样。可是，浪漫不等于多情。多情的男人虽然体贴入微，让你饱尝爱情的甜美，但他们天生多情，像金庸名著《天龙八部》里的段王爷，见一个爱一个，对谁都舍不得。到头来受伤的还是被他爱过的那些女人。

5. 让你感受到亲情的男人

理想爱人的一个要素就是，你能在他面前牙不刷，脸不洗；你能放声大哭……二十几岁的女人白天上班在外面扮演着一个个角色，晚上回家依偎在让自己表现真我的丈夫怀里，整个心都静下来了，就好像回到了童年那个高岗上，听妈妈讲那过去的故事……

总之，一切美好的和丑陋的、善良的和恶毒的，你都敢在对方面前不加掩饰，真实地表现出来，那么，这样的男人是值得你和他过一辈子的。你也许会想，嫁个理想男人真不容易，所以有的时候我们总是只能退而求其次。实在找不到更好的男人，就嫁你所爱的吧！只要有爱，就是幸福。

私家秘语

择偶，外表、长相、身高之类，纯粹是审美意义上的判断，好不好都无关紧要。至于他现在从事何种职业，居于什么位置，也仅仅是参考。重要的是才识、胆量、雄心之类，这些才是衡量一个人能否在未来某个时间有所作为的重要指标。

其实，在婚姻这门学问里，年轻的女孩大可不必抱着势利的态度去择偶。只选对的，不买"贵"的。本着务实的态度，真心真意恋爱，平平和和生活，日子才会过得更甜美，丈夫也才会更敬你、疼你、爱护你。

第九章 恋爱时节：做个调配爱情的高手

为什么 B 型血男友不招人疼爱

最近几年，韩国杂志、电视节目和网络聊天室一直拿血型大做文章，但目前人们关注的话题只是与 B 型血男人交往是何等困难。大部分女孩认为，B 型血男人自私、鲁莽、花心，所以约会前，她们会事先说明"我不会与 B 型血男约会"。然而，事实真是这样吗？

自私、自大的 B 血型男

曾几何时，少男少女疯狂迷恋《我的 B 型血男友》这部爱情喜剧电影。喜欢它，不仅因为男女主角由韩国人气偶像李东健和韩智慧扮演，更因为它为我们带来了一个新鲜有趣的血型爱情故事。

李东健扮演一个对爱随心所欲、玩世不恭的 B 型血男孩——永斌；韩智慧扮演一个温柔体贴却又胆小如鼠的 A 型血女孩——夏美。

夏美具有 A 型血的典型特征：对爱情专一而执著，一直期盼着美好的爱情出现。保守、内向、不爱说话的性格常常使她错过很多认识优秀男孩的机会，总让缘分从眼前溜走。

直到有一天，夏美在路上巧遇永斌，对他一见钟情，深深地迷上了潇洒、大胆的永斌。她相信这是命运的安排，是不可思议的奇迹。她开始勇敢地争取属于自己的幸福，于是"自私的 B 型血男友和小心谨慎的 A 型血女友的恋爱冒险记"上演了。

恋爱中，夏美对爱情的专一、执著表现得淋漓尽致。初次约会，表姐彩英为阻止她与 B 型血男人交往，把她所有衣服都洗掉，但是夏美一心想和永斌见面，竟把出席重大活动的朝鲜服装穿上。此外，她对永斌说的话相当认真，言听计从，如同一只温顺的绵羊。

而永斌的表现却让夏美又爱又恨，他只顾自己的喜好，按照自己的想法做事。例如，约夏美看电影，饮料自己先喝，爆米花自己先吃，更过分的是，自己感到电影无聊，遂拉着夏美离开，完全不顾对方的感受，毫无风度可言。

早在交往前，表姐彩英就提醒过夏美，说B型血男人是四种血型中最不值得交往的，他们利己主义严重，非绅士，卑鄙，小气，简直就是不该存在于世上的怪胎。

为什么彩英表姐如此厌恶B型血男人呢？恐怕与韩国的血型文化有关。韩国与日本一样，信奉血型说。人们认为，B型血男人的DNA里有集大男人、流氓、自私、无脑、鲁莽、花心等多种对女人不利的先天因素，他们不会像A型血男人那样关心别人，不会像O型血男人那样富有责任心，不会像AB型血男人那样给你充满幻想的未来。所以，不仅仅是彩英表姐厌恶B型血男人，在韩国，B型血男几乎成了女人们的公敌。据调查，韩国有40%的女人不会选择B型血男人作为结婚对象，而90%的女人不希望她们的男友是B血型。

B型血男人真的如此糟糕吗？

虽然B型血男人在按照自己的感受做事时，看起来对你不管不顾，但是你要相信一件事情——如果B型血男人跟你说"我爱你"，那他真的是在用自己全部的生命爱着你。B型血男人对你笑，那是发自内心的，是因为喜欢你才笑的。B型血男人的爱看起来很傻，也不会表达，很像是在开玩笑。但是，他一旦爱上了你，就不会后退，也不会后悔。因为他相信世界上只有你才是他的真爱。

这样，你还会讨厌B型血男人吗？

我们该如何与B型男友交往

B型男友喜欢无拘无束和自由自在的生活方式。大庭广众之下，他们无所顾忌地大声说话，想做什么就做什么，不在意其他人的眼光和想法，"为自己活"成了他们的口头禅。

第九章 恋爱时节：做个调配爱情的高手

如果我们的男友恰巧是Ｂ型血，那么相处时会产生哪些摩擦，怎么解决这些问题呢？不妨学学下面几招。

1. Ａ型血女人—Ｂ型血男人

这对恋人简直是性格完全不同的一对。正因为不同，恋爱初期，双方有说不完的话题，甚至别人认为无聊至极的内容，他们也能谈得津津有味。但是过犹不及，交谈过于热烈就会滋生口角，从辩论变为吵架的现象增多。

另外，双方对事物的看法大相径庭。Ａ型血女友希望生气时男友可以哄哄她，Ｂ型血男友则要讲道理，分清谁对谁错；Ａ型血女友把忍让作为美德，Ｂ型血男友无所顾忌；Ａ型血女友喜欢指出对方的缺点，并让其改正，而Ｂ型血男友则认为这种指责太啰唆，遂变得不耐烦。这样，Ａ型血女友就会认为Ｂ型血男友是个厚脸皮、脑子迟钝、不体贴的人。

对策：知己知彼，百战百胜

理解对方的性格。如果性格的差异能被看做"有趣"，那么，Ｂ型血男人的"傻样"对Ａ型血女人来说也就能成为最好的轻松剂了。以后两人就会成为充满乐趣的、共渡充实生活的好情侣，甚至好夫妻。

2. Ｂ型血女人—Ｂ型血男人

同为Ｂ型血，两人有着同样热情的性格。刚恋爱时，双方如胶似漆，难舍难分，恨不能时时刻刻在一起。但是，渴望自由是Ｂ型血人的本性，待热恋期一过，双方就会很自然地想过"单身生活"。于是，由原来的依依不舍到后来的我行我素，巨大的落差让彼此感到不满。

对策：距离产生美

Ｂ型血的人很爱自由，彼此保持适当的距离，会让你们相处起来更舒服，爱的保鲜期也会越长。

3. AB型血女人—B型血男人

AB型血女人喜欢考虑他人的感受，B血型男人能理解对方的想法，从这点来看，AB型血女人—B型血男人是很合拍的一对情侣。他们的爱情是轻松、愉快的。

但是，AB型血女人怀疑、依赖的个性，让爱无拘无束的B型血男人感到头疼，仿佛掉进痛苦的深渊。AB型血女人在B型血男人眼中，俨然成了"怨妇"。

对策：女人要独立

AB型血女人要学会独立，会让你与B型血男人的恋爱更甜蜜。

独立既包括物质上的独立，也包括精神上的独立。这种独立不是那种"女强人"的不可一世的特立独行，而是拥有自己的生活空间、内心感受和表达方式。例如，在事业上有主见，不受他人摆布；在生活中有自己的圈子，不会因脱离男人而孤独。

独立的女人虽然不一定有小鸟依人的可爱，楚楚动人、惹人怜爱的泪眸，但是风风火火的行事作风，敢作敢为的勇气，同样也有让人眼前一亮的风采。

4. O型血女人—B型血男人

O型血女人在B型血男人眼中很有魄力，能力强，有优秀的领导力和行动力。B型血男人的开朗、赞美能使处于竞争中的O型血女人得到暂且的休息，感到十分轻松自在和有点飘飘然。但是时间一长，B型血男人的漫无目的和随心所欲会令O型血女人十分不满。于是，O型血女人常常指责B型血男人。

对策：做个小鸟依人的女人

若要与B型血男人和睦相处，O型血女人需改变自己的强势态度，对男人多些温柔与体贴。

不要因为他对你的依赖与随和而变得妄自尊大，注意保护他的自尊心。没有谁一定比谁更聪明，只是各有特长而已。

要学会感谢他对你的这种尊重,即使对他有所帮助也不要表现出很骄傲的姿态,这样才会让他觉得更喜欢你和离不开你。

私家秘语

很多人通过血型来确定一个人的性格,其实,血型影响性格,但不能决定性格。如果你和你的 B 血型男友分手了,不要把分手的原因推到他身上,更不要说你们的血型不合。两个人在一起,最主要的是相互磨合与迁就。

你与其他血型恋人该如何相处

所谓相爱容易相处难,恋人之间也难免会有些小摩擦。虽然,并不是每一段爱情都需要开花结果,但是我们也不希望曾经的恩爱转眼就成云烟。其实,看看你的周围,你会发现很多爱情的持久保鲜,都是源自对爱情的苦心经营。对彼此多了解一点并不是什么坏事,毕竟其中的苦与乐,都是属于你们的私人珍藏。

如何与 A 型血人相处

1. 你是 A 型血人

双方有共同的恋爱价值观,渴望爱情天长地久,有个温暖舒适的家。为实现这一愿望,他们努力工作,省吃俭用,互相鼓励,在奋斗的过程中,心里都会认为自己找对了爱人。但是,当愿望将要实现,彼此不再费心时,两人的沟通越来越少。

缺少共同的奋斗目标,加上职业、生活习惯的不同,就会相互猜疑。即使偶尔谈起来,说话也是半真半假。日子久了,两个人就变成了一对说假话的恋人。

对策：寻找媒介

缓解这种情况最好的方法就是转移注意力。

（1）双方从事自己感兴趣的工作。

（2）再次寻找两人可以为之奋斗的目标，调动双方的积极性。

例如，一起参加培训班，一起锻炼身体，一起旅游等。总之，A—A型情侣之间的爱情需要媒介。

2. 你是AB型血人

AB型血人缺乏自信，常常怀疑彼此间的爱情，怀疑对方是否真的爱自己。其实，A型血恋人的内心有着浓烈的爱，只是他们喜欢用实际行动表达爱意，甜言蜜语不是他们的强项。

A型血人好似雷达，十分敏感。如果AB型血人经常在他面前发脾气、抱怨，会增加他们的心理压力。A型血人具有很强的忍耐力，常常压制不满情绪。但是凡事有度，当他们忍无可忍时，其爆发力会超乎所有人的想象。

对策：自信、情绪控制

AB型血人应增强自信，不妨练习心理暗示。当信心动摇时，就告诉自己：A型血人是爱我的，我要相信他，我要乐观地看待这段感情。

为照顾A型血恋人的感受，AB型血人尽量保持平稳安定的情绪，不焦急、不暴躁、不埋怨、不悲观。

3. 你是O型血人

O型血人不善于听取别人的意见，只要他们认准目标，九头牛都拉不回来。而A型血恋人成熟、稳重，在与O型血人的交往中，对对方起着潜移默化的影响。慢慢地，O型血人愿意接受他（她）的建议和意见，表现出难得的谦虚。

O型血人在恋爱中常以强者的面目出现，对对方指手画脚。他们认为爱一个人就要帮他指出缺点，使对方更加完美。但是，太多的干涉会伤害A型血恋人的自尊心，使之产生自卑。

对策：赞美

与 A 型血恋人相处时，多赞美他为人处世的方法、肯定他取得的成绩等，而不是一味地指挥他该做什么、该怎样做。只有学会赞美，这段爱情才会稳定地发展。

如何与 AB 型血人相处

1. 你是 A 型血人

AB 型血的人想象力丰富、开朗，具有正义感，故很容易得到 A 型血的人好感。但真正建立亲密关系后，A 型血的人发觉 AB 型血的人似乎对自己没有诚意，经常说一套做一套，拿自己当"猴"耍。

其实，并不是他们没有诚意，只是他们习惯修改自己的逻辑。AB 型血人的观察能力很强，当你还未感觉到客观变化时他们已经感觉到了，所以做了修改。例如，当你们说好去看一场电影时，AB 型血的人却临时变卦，放你鸽子。你追问为什么时，他会说："当时是这么想的，可是现在变了。"这种情况还算好的，有时候 AB 型血的人根本不给你解释，早就消失得无影无踪。即使这样，你也不用担心，也许某个时候他又会突然出现在你身边，就像突然离开你一样。

对策：耐心

对 AB 型血恋人要有耐心，不怕他反反复复，经常爽约。要知道，他们不出现一定有理由。如果过于猜忌，以为对方不喜欢自己，不重视自己，那么恋情就有危险了。

2. 你是 AB 型血人

AB 型血人疑心较重，当两个 AB 型血的人谈恋爱时，起初有戒备心。他们会通过很多试探来了解对方是否爱自己，为什么爱自己。一次次的试探令彼此感到不满和厌倦。一旦度过试探期，感情依旧稳定，他们会认为对方是诚恳和可信赖的，就会全心全意地投入这段感情，会有浪漫、甜蜜的爱情生活。

AB型血的人具有依赖性，他们喜欢依赖别人，但不喜欢被别人依赖。如果两个AB型血的人在一起，一方一味地接受对方对他的依赖，会让他感到疲惫；而一味地让对方接受他的依赖，对方也会感到精疲力竭。终究，这份感情会像风雨中的小船，摇摆不定。

对策：诚恳、偶尔独立

以一颗真诚的心对待恋人，不隐瞒，不撒谎，不试探，一心一意与他（她）相处，就会得到对方的真心相待。有时候，试探会让真心爱你的人远离你，真诚才会抓牢对方的心。

依赖是影响AB型血恋人的最大隐患，如何平衡相互依赖关系，对他们来说非常重要。有人提议要他们分别独立，其实很不现实。两个人之所以走在一起，就是在人生的道路上相互扶持，相伴到老。只要AB型血恋人把好"度"，不过分依赖，就能维持好这段感情。例如，偶尔独立应付工作，偶尔独立做出决定，偶尔独立和朋友聚会等。

3. 你是O型血人

恋爱初期，AB型血人在O血型人眼中是个完美的人，但相交时间一长，O型血人发现，AB型血人并没有想象中那么完美，他们情绪化严重，多疑。

之所以出现这种情况，是因为O型血人与AB型血人有很大的个性差异。O型血人易冲动，AB型血人冷静理性；O型血人坦率，喜欢有话直说，AB型血人却喜欢拐弯抹角，压抑自己的情感。更主要的是，O型血人的粗心大意常会伤害内心敏感的AB型血人，使他们缺少安全感。

对策：细心、宽容

O型血人要尽量仔细周到一些，照顾AB型血人的感受，给他们安全感。用自己的热情、自信接纳和宽容他们压抑、多疑的个性，用乐观去感染他们，而不是进行冷战。

如何与O型血人相处

1. 你是A型血人

可以说O型恋人是小糊涂仙,不管走到哪,他们都能制造"轰动新闻"。一会儿迷路,一会儿忘带手机,一会儿把菜炒糊,一会儿把衣服染了。和他们在一起,会让人"其乐无穷"。A型血人做事井井有条,喜欢按部就班,意外的事件会使他们感到手足无措,压力倍增。

此外,O型血恋人有"帝王心理",他希望对方无论做什么都要提替自己着想,最好成为听话的"奴隶",服务于自己。而A型血恋人具有很强的牺牲精神,只要对方高兴,他们可以做任何事,满足对方一切要求。

对策:兵来将挡,水来土掩

如果O型血恋人不断滋生"事端",与其怪他不安分,自己生闷气,不如转换视角,把这些状况看做生活的调味品,欣赏他们的可爱。

恋爱是公平的付出,适当时要懂得索取O型血恋人对自己的爱。要求他们为自己做顿饭,给自己买件衣服,陪自己看场电影……习惯在于养成,如果A型血恋人只知道付出,O型血恋人会把这种行为看做"应当应分",并不感激你。

2. 你是AB血型人

O型血人眼中的AB型血恋人具有非凡魅力,温婉、浪漫、聪慧、理智。但是,AB型血人是A型血和B型血两种血型的"混合体",有A型血人的敏感性,且个性中带有两面性,内心经常会因为种种事情的发生而有跌宕起伏的情绪变化。不过,即使有很多想法,AB型血人也羞于直接表达出来。内心矛盾的挣扎使他们呈现出忽冷忽热的态度,这让习惯直白的O型血人感到莫名其妙,甚至认为AB型血人有些"神经质"。

对策：有话就说

吞吞吐吐的人，O型血人最难以忍受。如果你有什么想法或者问题，可直接对O型血人说，不必顾虑。当你将问题分担给他时，既能减轻心理负担，又能得到好建议，可谓一举两得。

3. 你是O型血人

两个O型血人恋爱，最初感觉和对方很合得来，有志同道合的愉悦感觉。但随着深入交往，O型血人争强好胜和比较自我的本性会显现出来。因此，双方容易在各种问题上发生争执、拌嘴，一定要让对方接受自己的观点。

对策：退一步海阔天空

俗话说，"夫妻吵架，床头打，床尾和"，但时间长了容易伤感情。为减少不必要的争论，O型血恋人最好学习A型血或AB型血人的冷静理性来缓解矛盾，或者学会低头，肯定对方的观点。只要不涉及大是大非的问题，违背共同的价值观，在爱情的世界里，退一步海阔天空。

私家秘语

把恋人想得过于完美，不愿看见恋人的缺点，那么一旦发现事实并非如此，便会觉得天塌地陷一般。相反，如果适当地调低对恋人和两人相处的期望值，主动地学会宽容，并以忍让为本，调整自己努力去适应对方，就会克服相处中的矛盾，彼此仍有恋爱的感觉。

教你如何根据血型追女孩

男孩追求女孩失败，大多数原因在于他们给女孩留下不好的印象，诸如不稳重、气质不佳、自负。如果你掌握心仪的女孩所厌恶的内容，根据她的血型有针对性地采取追求方式，这样，赢得女孩芳心的可能性会大大增加。

血型女厌恶哪类男友

1. A 型血女生讨厌的男生

（1）个人英雄主义严重的男生。这类人强调自己的个性，无法融合到集体中去。虽然他们的"特立独行"会吸引 A 型血女生，但不会得到她们的好感，因为 A 型血女生要求统一性，喜欢大家合作完成任务。

（2）喜欢白日做梦的男生。A 型血女生认为爱幻想的男生较轻浮，没有内涵，思想不成熟，缺少生活能力。如果这个人偶尔做白日梦，A 型血女生会觉得他天真、可爱。一旦发现他总是这样，A 型血女生就会对他失去信任。

（3）无法兑现承诺的男生。在 A 型血女生看来，常常许诺但不应诺的男生缺乏安全感，与这样的人交往，看不到两个人的未来。况且，A 型血女生很敏感，如果对方承诺某事而不兑现，她们就会怀疑其中有问题，渐渐地疏远对方。

2. B 型血女生讨厌的男生

（1）盛气凌人、无修养的男生。B 型血女生具有很强的感性思维。如果一个男生态度傲慢，说话粗鲁，素质低下，且本身没有实力，那么 B 型血女生就会感到厌恶。如果本身经历过这样的男朋友，说不定她们还憎恨对方。

（2）自私小气的男生。B 型血女生本身不擅长算计，如果身旁有个斤斤计较、不肯吃一点亏的男生，尤其对女孩子也不谦让，她们就会忍无可忍，认为他们没有男子气魄，不绅士。即使正在交往，分手也是早晚的事。

（3）女性化的男生。女性化的男生本来就不容易得到女生的喜欢，这种男人在 B 型血女生眼中"一文不值"，甚至不值得交往。

3. AB型女生讨厌的男生

（1）情绪化的男生。AB型血女生很情绪化，她们希望对方可以开导自己，缓解这种情绪。如果碰到的男生也情绪化，无法排解AB型血女生的苦恼，AB型血女生就会压抑自己的情绪。久而久之，对这样的男生感到厌烦。

（2）呆板的男生。AB型血女生个性热情，她们喜欢活跃的气氛，欣赏脑筋灵活、有幽默细胞的男生。如果一个男生整天板着脸，不苟言笑，AB型血女生就会认为他孤傲、冷酷，是个毫无生活趣味的人。

（3）吹毛求疵的男生。AB型血女生具有A型血人的完美主义精神，她们不断改正缺点，期望做个完美的人。但是，一旦有男生挑剔她们的缺点，指出她们不足，AB型血女生便感到自尊心受到伤害。如此，她们还有什么理由不讨厌你呢？

4. O型女生讨厌的男生

（1）属于小人的男生。O型血女生欣赏光明磊落的男生，认为坦诚相待，勇于解决问题的人最有魅力。她们认为暗地里算计别人很可耻，属小人。如果男生和别人有矛盾，就该当面锣、对面鼓地讲清楚，不必要诈。

（2）缺乏物质基础的男生。O型血女生认为经济基础决定上层建筑，爱情需要物质保障。即使她们很欣赏某个男生的个性、才华和修养，但是如果男生生活能力弱，又不会挣钱，O型血女生就会对彼此的未来失去信心。与其将来痛苦，不如早下决心和这样的男生一刀两断。

（3）不思进取的男生。O型血女生注重个人实力，如果一个男生没有进取心，不期望事业有成，她们就会认为他胸无大志，平庸，从而失去交往的兴趣。

第九章 恋爱时节：做个调配爱情的高手

如何根据血型追女孩

1. 追求 A 型血的女孩

A 型血女孩敏感、多疑，出于自我保护，她们不会立即与你恋爱。若要捕获她们的芳心，不妨试试下面的方法。

（1）侧面包抄。A 型血女孩需要安全感，来自家人、朋友的意见可以打消她们的疑虑，增强安全系数。所以，主动接触她身边的人，如果你能取得她亲朋好友的好感和信赖，将容易成功。

（2）正面进攻。求爱需主动，但不宜操之过急，否则会吓跑 A 型血女孩。她们喜欢润物细无声的追求方式，在了解彼此的基础上确定恋情。因此，你可以约她在幽静的海滨漫步叙情，在温馨浪漫的咖啡馆中执杯畅谈。与她约会，要准备丰富的话题，天文地理、风俗人情、幽默风趣，信手拈来，愉快的交谈会让她们卸去心理防御机制，对你产生好感。但是爱她，不要立即表白，继续给她关心、爱护。一旦她认为你是她唯一可依靠的人，你就会赢得她的爱情。

（3）注意事项。尽管她接纳了你，但你不能仗着男友的身份随便打探她的隐私，不要总追问她在想什么、做什么，更不要指挥她做这个做那个；否则，她会与你分道扬镳。

2. 追求 B 型血的女孩

B 型血女孩很容易相处，如果你能找到话题与她们交谈得很投机，那么成功交往的可能性就有一半了。此后，你尽情地表达对她的爱慕之情，即可迅速获得她的芳心。只是追求中要注意以下几点。

（1）B 型血女孩开朗活泼，交友广阔，在她身边，总有几个异性朋友。追求前，必须弄清楚她的真实想法，然后再表白。

（2）B 型血女孩喜欢富有朝气的穿着打扮，也喜欢与你一起看电影或看体育比赛。如果你穿着笔挺西装带她去吃西餐，会让她感到拘束、不自在，即使有好话题，她也没交谈的兴致。

(3)"千里送鹅毛,礼轻情义重"。送 B 型血女孩礼物一定要让她感到很有意义,如果你随便送她一件礼物,她会觉得你态度不诚恳,谈恋爱漫不经心,此次约会后她不会接受你的再次邀请。

(4)B 型血女孩欣赏坦率、直白的个性。与其交往时,你可以不加任何掩饰地直抒情怀,表达自己的爱慕之情。与她的交往发展到一定程度后,也不可放松警惕,不然会前功尽弃。

3. 追求 AB 型血的女孩

追求 AB 型血女孩,有些人喜欢营造惊喜,其实,意外惊喜不能打动她们的心,不可能获得她们的信赖。如果要和 AB 型血女孩发展恋人关系,就要进行一番研究,有针对性地追求她们。

(1)一般说来,直接向 AB 型血女孩表白,会让她们不知所措。最好先广泛接触她的朋友,挑选她最值得信赖的朋友出面介绍,耐心地介绍自己的情况。只要 AB 型血女孩认为你是可以交往的朋友,你就会收获她的爱情。

(2)AB 型血女孩有个性,穿着打扮上也要求独特,不随大流。她追求高雅的情趣和生机盎然的谈话,希望你与她的约会能陶冶情操。鉴于此,与她约会最好是看有意义的电影、参观画展。当然,她也喜欢有情调的餐厅。需注意的是,AB 型血女孩不善交谈感情变化多端的话题。

4. 追求 O 型血的女孩

O 型血人看重第一印象。如果初次见面你就给她留下很好的印象,日后的交往就会顺利很多;如果一开始就给她留下不良的印象,以后要改变相当困难,甚至没有任何机会。

追求 O 型血女孩,可参考以下技巧。

(1)穷追不舍,速战速决。O 型血人具有很强的目的性,他们知道该做什么,不该做什么。所以,O 型血女孩很欣赏明确追求自己的男生。如果你想用侧面包抄法,先赢取亲朋好友的支持,再打动她的

第九章 恋爱时节：做个调配爱情的高手

心，那么就大错特错。拐弯抹角只会招致她的反感。

（2）寻找可表现她优点的话题。例如，选择她最喜欢的工作、书籍、电影，选择她最得意的业余爱好等，并且以请教的语气和她交谈。这对你们展开恋情大有帮助。

（3）交往前，有必要把自己的条件、境遇以及婚姻观告诉对方，满足O型血女孩喜欢讲求实际的性格。

（4）交往中你可以大胆表达，让她知道你非常喜欢她；对她的优点，表示由衷的赞美，并为共同的未来描绘美丽的蓝图。说这些话要真诚，来不得半点虚假。O型血女孩讨厌别人对她恭维，不喜欢别人对她说感恩戴德的话。

私家秘语

细节决定成败。交往前，如能了解她喜欢吃什么，她的生日，她亲人的生日，她爱看的电影，她喜欢哪种运动，她是否爱小动物……总之，你对她的生活习惯、兴趣爱好了解得越多，成功的可能就越大。

血型男求婚大揭秘

哪个女人不渴望被爱呢？哪个女人不喜欢浪漫呢？从童话中的白马王子，到影片中的帅哥猛男，都在演绎着女人的梦想。下面是四种血型男的求婚小故事，让我们看看他们怎样将浪漫进行到底的吧！

不同血型男如何求婚

1. A型血男的求婚

A型血男性内敛、稳重，一般不采取激烈行为求婚。通常他们先安排精心的交往，努力使双方自然和谐地发展，直到水到渠成，缔结良缘。

王楠和他的女友交往三年。一天黄昏，他带着女友来到一家KTV唱歌。先唱了几首情歌，有意无意地向女友传递"秋波"，然后点了一瓶美酒。最后，王楠站起身来，关掉电视，变戏法似的从口袋里掏出一枚戒指，单膝跪地，正式向女友求婚。这时，女友眼中泛着泪花，接受了这枚戒指。

女友之所以答应王楠的求婚，是因为在三年的交往中她感受到王楠对他的爱意。如果不是被这份爱慕之情感动，王楠的女友会接受这枚戒指吗？

作为A型血男性的女友，大多是在双方关系已达到足够亲密的程度后才能体会到他们在日常言行中深藏着的爱慕之情。

拒绝求婚

由于A型血男性对事较为认真、负责，对于他们的求婚，一般不应采取推诿态度，也不应采取敷衍、支吾方式，应以诚心实意地表明自己的态度为宜。例如，直接明确告诉他，你一直把他当朋友，或你已有爱人，请他另选别人。但是，切忌向A型血男性炫耀自己恋人的优点、长处，以免伤害他的自尊心。

2.B型血男的求婚

B型血男性具有羞怯心理，他们的求婚常常拐弯抹角、晦涩不明。向对方求婚时，大多数不以通常的直接求婚形式来表达，而以较为随意的言语和对方交谈等方式来表示愿望。

一年，许先生带女友回老家过年。某天早晨，他把女友带到后院的猪圈前，指着猪说："你看它们可爱吗？"女友瞅了一眼，说道："可爱？这猪长得也太胖了。"许先生补充道："它们确实很胖，估计无法走路了。这样吧，为了它们早日脱离苦海，尽快投胎转世，我们结婚吧。它们正好派上用场。"

为猪着想，善良的女友很快答应了许先生的求婚。而后，许先生拿出准备多时的戒指，求婚成功。

第九章 恋爱时节：做个调配爱情的高手

随意间向女友求婚，成功，固然可喜；失败，就以偶尔失言保全面子。可见，B型血男性很聪慧。而有些B型血男性对对方深深迷恋时，由于感情失控而不顾时机，不讲场合，突然向对方发表求婚宣言。

由于B型血男性的求婚方式多少带有我行我素的性质，因此与其他血型相比，失败率会高一些。

拒绝求婚

既然B型血男性含糊其辞地向你求婚，你拒绝时也可跟他耍太极。以上文为例，拒绝时可说："杀他们太残忍，还是多养两年吧！"顺着他的话题讲，既保全他的面子，又不会伤害他的自尊心，两全其美。

3. AB型血男的求婚

AB型血人冷静，精于谋算，求婚也不例外。

他们一般不会通过自己之口求婚，而是以"别人说我们像夫妻，有夫妻相……"的方式向对方表达自己的求爱之心，或者叫旁人去转达自己的求婚意图。这种招式虽老套，但保险系数大。

陈明与苏小恋爱四年，彼此都认定对方是自己的终身伴侣。谈婚论嫁时，陈明希望以"典雅与神圣的庄严美"的方式向苏小求婚。于是，他请出自己的奶奶，希望奶奶带着聘礼前去提亲。

这天，苏小在单位里接到电话，家人希望她赶快回家，有位"特殊客人"在等她。待苏小进门时才知晓，原来特殊的客人是陈明的奶奶，她代表陈明前来提亲。苏小既惊喜又感动，其父母也觉得这种方式体面，自然同意这门婚事。于是，陈明"明媒正娶"地将苏小娶回家。

拒绝求婚

以彼之道，还施彼身。拒绝AB型血人的求婚，可通过当初向你"提亲"的人转达。这样，既避免造成尴尬局面，也可维持双方的朋友关系。

4. O型血男的求婚

四种血型中，O型血的求婚成功率最高。O型血人具有明确的目的和不达目的不罢休的毅力。当他们认准求婚对象后，多以爽直的态度向对方表达爱意，言语坦诚，行为直接，并表现出越挫越勇的劲头。很多女孩的心就这样在O型血男的热烈而持久地追求中被融化。

在朋友的聚会上，李靖对一位女孩一见钟情，遂决定向她求婚。天赐良机，他们共同参加朋友在轮船上举办的婚礼，李靖抓住机会向她求婚，女孩的答复是"以后再说"。李靖毫不气馁，求婚场所由"海上"转到"陆地"。这次，李靖开车与她兜风，在一片芳草地上，他再次向女孩求婚，但仍然未果。"海陆"都不行，只好从天上做文章。李靖租了一架飞机，飞机垂下一条横幅，上面写道："某某小姐，我爱你！"并让飞机绕着女孩所在的公寓转圈，这位美丽、温婉的女孩终于被打动了，接受了李靖的求婚。

常言道"男人不坏，女人不爱"。坏男孩有别人没有的优点——脸皮厚。你不答应，没关系，我继续追你，非你不娶。结果，精诚所至，金石为开，对方被感动了。

拒绝求婚

O型血人喜欢挑战，如果为达到目的而遇到的困难越大，情绪也越能引发出来。因此，拒绝时应看对方的情绪，掌握"推诿"和"婉拒"的分寸；否则，激怒对方，不仅连朋友都没得做，甚至给自己招惹麻烦。

几种常见的求婚方式

1. 经典

在她生日宴会中，将戒指作为礼物送给她。让她既当"小寿星"，又当准新娘。

如果她有收听广播节目的习惯，在她喜欢的某个时间的广播节目

第九章 恋爱时节:做个调配爱情的高手

中,点播一首爱情歌曲,并附上自己想说的话。惊喜、感人,一定可以赢得她的芳心。

邀请她看最近上映的言情电影。在影片开演之前,播放只有一行字幕的短片:"某某某,你愿意嫁给我吗?"虽然你不会因为这一精心设计而获得奥斯卡最佳导演奖,至少它作为浪漫的一幕被记录在该影院的"院史"之中,也被女友留在记忆深处。

2. 浪漫

每个女孩都期待自己的白马王子。赛马场中,你"王子"打扮,骑匹白马来到她面前。随后翻身下马,单膝跪地,虔诚地向她求婚。一切就像童话中描述的那般浪漫,她还有什么理由拒绝呢?

制作一盘你向她求婚的录像带,如果你能与她一起观看这盘带子,她定会感动,温柔地投入你怀中,答应你的求婚。

晚上海滨漫步时,将精心准备的贝壳送给她,起初她以为这不过是个普通的贝壳,打开后竟发现里面是枚戒指。在温柔的月光下,在海风的吹拂下,她会被你的浪漫情思感动。

情人节,她以为你会送上玫瑰花、情人卡。如果来点惊喜,在情人卡上写求婚宣言,在玫瑰花的顶端"镶嵌"一枚戒指,相信,这一天会成为你和她终身难忘的日子。

3. 时尚

送她一副特制拼图。拼凑过程中,她发现图中有绿油油的草地、蓝蓝的天空,以及丘比特的雕像,而你正站在雕像旁,身穿燕尾服,面带微笑。好奇心驱使,她加快拼凑的速度。然而,她发现你的手部少了四块拼板。当她问你其他拼板在哪儿时,你便拿出一个精致的戒指盒放在空缺的地方,说:"它们在这里。"刹那间,她会觉得眼前的你是世界上最棒的男人。

如果她喜欢爬山,不妨在攀登某座山后,站在山峰的制高点向她求婚。如果她喜欢潜水,就陪她深入海底,在深海处向她求婚,海中生物都是你们的见证人。只要她是运动型，总会找到契机向她求婚。

我们生活在数字化时代，因此必须学会利用高科技。那么，为什么不学习 Flash.、Photoshop 等软件，亲手制作"求婚"的动画短片呢？这不仅向她证明你的决心与毅力，更展现出你的聪明才智。

4. 另类

租下她家附近最大的广告牌，上面用大红颜料嚣张地书写着"某某某，嫁给我好吗？"来来往往的行人都会了解你的心意，并祝福你成功。她也会觉得自己是最幸福的人。

带她去看一场足球赛，在中场休息的15分钟里，借助体育场的大屏幕，实况直播你向她求婚。全球场的人都会看到你跪在她面前，被万人瞩目，这一刻让她铭记终生。

动用自己的亲朋好友，每人举着一块木牌，每个木牌上是一个字或一个标点符号，连起来便是"某某某，我爱你一生一世，请做我的妻子吧！"一行人来到她家房前。众人围观，热闹非凡。如此"盛大"的示威游行，定会将她"擒拿、俘虏"。

私家秘语

求婚的男人，一定要有恒心与毅力，接受女方的种种考验，即使失败也不放弃，坚定不移。偶尔还可以"死缠烂打"，当然必须真诚，并适可而止，否则，就有骚扰之嫌了，所以分寸一定得掌握好。

测试：自己的心上人喜欢自己吗

"自己的心上人喜欢自己吗？"这一直是最困扰目前没有恋情的朋友们的问题。所以，下面维纳斯也做了一个小测验，帮你测测他是不是喜欢你。也希望对结果不满意的朋友别泄气，好好充实自己，自信一些，好好对待自己，相信总有一天你会遇到适合自己的人。

第九章　恋爱时节：做个调配爱情的高手

> 测试题

1. 常常会因为渴望拥有一段爱情而影响生活，无心工作吗？
   A. 不太会，该工作时还是照常工作
   B. 有时很困扰，会提不起精神
   C. 根本不会，感情与工作是两回事。
2. 觉得自己每次在他面前都表现得很幼稚，像个小孩子吗？
   A. 有时会被他遇到自己失常的时候
   B. 每次遇到他都会紧张得失常
   C. 不太会，感觉自己表现得还可以
3. 你之前是否有类似或谈恋爱的经验呢？
   A. 谈过几次（包括失败），因性格不合分手
   B. 没有，这是第一次
   C. 谈过几次（包括失败），觉得以前自己很笨
4. 你跟他平常聊天的机会多吗？
   A. 不多，有时碰面会多聊一会儿
   B. 很少，或几乎没有
   C. 常常聊天
5. 你在心里已经把他当做男朋友吗？
   A. 是，只是绝对不敢让他知道
   B. 还好，但是只敢在心里幻想
   C. 是，有时还会因此莫名其妙地对他发脾气
6. 他平时有什么嗜好，或休闲运动？
   A. 只看过他打几次球（或其他）
   B. 不是很清楚
   C. 他的习性还算清楚
7. 你会不会让别人知道自己的心意？
   A. 会跟几个好朋友说，让她们出点主意

B. 说出来很丢脸，只敢放在心底

C. 其实这也没什么，让他知道就可以了

8. 你知道他的生日、住址以及跟朋友的交往情形吗？

    A. 只知道个大概，对一些细节不清楚

    B. 不是很清楚，只是他有某一点很吸引我

    C. 知道他很多事情，还有一些不为人知的小秘密

9. 觉得自己跟他在一起是困难重重吗？

    A. 不知道怎么开口，很希望赶快有个结果

    B. 不知道怎么追，很希望他主动来追自己

    C. 觉得自己机会很大，只是双方都太扭捏

10. 你是如何看待自己的呢？

    A. 与众不同，很有自信

    B. 很普通，没什么特别的

    C. 人缘还不错，有不少朋友

11. 看到他跟异性交谈，你会介意吗？

    A. 不能忍受他跟异性过度亲昵的交谈

    B. 不怎么希望他跟异性出现在一起

    C. 还好，不觉得有什么

12. 你跟他是否有一起工作、出游或单独相处的机会？

    A. 只有在团体中才会遇到，较少两人独处

    B. 两人在不同领域，平时很少遇到

    C. 因为环境的关系，常在一起

13. 他是否曾经为了你做出让你很感动的事（例如庆祝生日）？

    A. 有，只是当时感觉不很强烈

    B. 没有，对他纯粹是暗恋

    C. 有，觉得他可能有点"不怀好意"

14. 走在路上或是看电视的时候，你会不会常把一些人误认为是他，看到时会心头一震？
    A. 有时会，不过并不经常，偶尔而已
    B. 常常会这样，甚至觉得自己像个花痴
    C. 不怎么会
15. 希望自己能够随时掌握他的行踪吗？
    A. 还好，常常遇到就不太会
    B. 可以的话，遇到的次数越多越好
    C. 平常不会，分开较久才会这么想

测试结果分析

1. 选 A 较多的人：积极促进彼此关系

你们是一般的朋友，他对你的印象也很好，很欣赏你，但他还没有追求你的动机。

所以，你目前必须积极改善双方的关系，制造独处的机会或是有意无意地进行暗示，让他渐渐把目光集中在你身上，这样你最后胜出的机会便会很大。"爱一个人就应该让他知道。"你常常会想先知道对方的意思再决定，结果是一次又一次地错过机会。想要享受恋情有时要主动才行。

2. 选 B 较多的人：必须努力主动出击

你纯粹是在单相思，而他对你却毫无感觉和兴趣。

所以，你必须努力，制造彼此接触的机会，才有可能擦出爱情火花，成为恋人。例如，制造生活中的偶遇，或是和他朋友搭上线，找机会大家一起出去玩等，都是很好的"攻击"方式。如果你实在很害羞，存着"既期待又怕受伤害"的心理而裹足不前时，那就只好把这段暗恋放在心底，当做以后的美好回忆，期待下段恋情的早日到来吧！

3. 选C较多的人：成功只是时间问题

你们是相知的朋友，彼此欣赏和关爱并有一定的默契。

成功多半只是时间问题而已，既然已经知道彼此心意了就不难办。你可以约他一起吃饭、逛街或看电影（等于约会了），甚至还可以利用假期出游必须在外一起过夜的方式来试探他的心意。如果他同意了，那时有没有表白其实已经不重要了。

只是，必须提醒一点的是，千万别因为十拿九稳就松手了，时间是爱情的杀手。有时不确定的因素也会对你们产生压力，引起相互之间不必要的争执，使双方渐行渐远。

第十章

婚姻城堡：经营婚姻才能让婚姻持久保鲜

在许多童话故事中可以看到这样的情节：公主和王子相恋，然后结婚了，接下来是"从此以后，就过着幸福快乐的生活"。然而，现实生活并非如此，在现实生活中我们的家庭是需要"经营"的，而且需要用心经营，否则便没有幸福可言。

第十章 婚姻城堡：经营婚姻才能让婚姻持久保鲜

易给幸福婚姻带来危机的三种人格

婚姻是夫妻双方共同的事业，要双方共同经营。如果有一方不忠诚就足以将整个婚姻断送掉。一位美国婚姻家庭问题专家指出，如果夫妻之间能时时培植爱情的沃土，如果那些爱情的牺牲者能及早察觉危险的信号并加以排除，那么其中多数人就能防患于未然。

完美型人格的婚姻误区

完美主义者总在寻找最完美的爱情，最完美的伴侣，于是，他们把婚姻当成一把雕刻刀，时时刻刻都想用这把刀按照自己的要求去雕塑对方。为了达到这个理想，在婚姻生活中，就希望甚至迫使对方改变以往的习惯和言行，以使其符合自己心中的理想形象。但是有谁愿意被雕塑成一个失去自我的人呢？于是"个性不合""志向不同"就成了雕刻刀下的"成品"，离婚就成了唯一的一条路。

"这个世界上没有完美的人，你不是完美的，我不是完美的，但重要的是我们能否完美地走在一起。"正由于每个人都不是完美的，婚姻中才会出现各式各样的摩擦，面对这些琐碎的，然而一不经意就会毁掉婚姻的不完美，彼此之间应该学会"弯曲"一下，向对方做出让步，才能让两个本不完美的人拥有完美的婚姻。

加拿大的魁北克有一条南北走向的山谷。山谷没有什么特别之处，唯一能引人注意的是，它的西坡长满松、柏、女贞等树，而东坡只有雪松。这一奇异景观是个谜，许多地质学家一再对其进行研究，但都没有令人满意的结论。揭开这个谜的，竟是一对寻常的夫妇。

那是1983年的冬天，这对夫妇的婚姻正濒于破裂的边缘。为了重新找回昔日的爱情，他们打算做一次浪漫之旅，如果能找回就继续生活，如果不能就友好分手。他们来到这个山谷的时候，下起了大雪。他们支起帐篷，望着满天飞舞的大雪，发现由于特殊的风向，东坡的雪总比西坡的雪来得大，来得密。不一会儿，雪松上就落了厚厚的一层雪。当雪积到一定的程度时，雪松那富有弹性的枝丫就会向下弯曲，直到雪从枝上滑落。这样反复地积，反复地弯，反复地落，雪松完好无损。可其他的树因没有这个本领，树枝被压断了。西坡由于雪小，总有些树挺了过来，所以西坡除了雪松，还有柘、柏和女贞之类。

帐篷中的妻子发现了这一景观，对丈夫说："东坡肯定也长过杂树，只是不会弯曲才被大雪摧毁了。"

丈夫点头称是。少顷，两人像突然明白了什么似的，紧紧地拥抱在一起。

对于婚姻的压力要尽可能地去承受。在承受不了的时候，学会"弯曲"一下，像雪松一样让一步，这样就不会被压垮。弯曲不是倒下和毁灭，它是婚姻的一种艺术。在该弯曲的时候不肯低头，你的婚姻也就不会向你低头。不要去苛求对方是完美的，因为你也不是完美的，向他（她）低一下头，你们的婚姻会自有一番风景。

抱怨只会让你失去更多

喜欢抱怨是人性的一个弱点。我们随处可见爱抱怨的人：男人爱抱怨老板不公平，同事钩心斗角；女人喜欢说自家男人怎么不关心自己，自己从前年轻美貌不知道多少人追求，最后选择他，谁知道倒成了他不想看见的黄脸婆……老人抱怨年轻人不懂得孝敬；年轻人抱怨老人不开明、老顽固。总之抱怨之声充斥我们的耳畔。

作为九型人格中最后一型的协调者，他们平时性格温和，很少发火，但是不要因此认为他们永远如此彬彬有礼，那只是他们将不满放

第十章 婚姻城堡：经营婚姻才能让婚姻持久保鲜

在了心里而已，等到适当的机会他们又会发泄出来，他们的表达方式就是抱怨。好像谁都对不起他们，他们的付出太多，得到太少。可以这样说，和事老协调者是最爱抱怨一族。

毛泽东在《赠柳亚子先生》一诗中提到"牢骚太盛防肠断"，意思再明了不过，一个人牢骚满腹确实不受人欢迎。抱怨不仅影响人际关系，最可怕的莫过于伴侣对你的满腹牢骚忍无可忍时，便会造成婚姻破裂。

拿破仑·彭纳派德是拿破仑的侄子，他与美女郁金妮·德伯相爱并成婚。他的顾问们认为，她不过是一位不重要的西班牙伯爵的女儿。但拿破仑反驳说："那又怎么样？"她的青春、她的优雅、她的美貌、她的诱惑，使他充满了神仙般的幸福。"我已经喜欢上了一位我所敬爱的女人，"他说道，"她不是一位我不了解的女人。"

拿破仑和他的新婚妻子拥有健康、财富、势力、美貌、名誉、爱情与信仰等一切幸福的条件。但是，他们结婚没有多久，那炽热的圣火就熄灭了，直至化为灰烬。拿破仑可以使郁金妮成为皇后，他可以倾尽美丽法国的所有，或献出他爱情的全部力量，甚至他皇位的势力，但他无法做到一点：使她停止喋喋不休。

出于忌妒和多疑，郁金妮轻慢他的命令，甚至不许他有秘密。正当他处理国事时，她闯入他的办公室，阻挠他最重要的讨论。她常常到她姐姐家抱怨她的丈夫。她拒绝他独处，永远怕他与别的妇人交往。抱怨、哭泣、喋喋不休，甚至恫吓，并强行进入他的书房，向他发怒、谩骂。拿破仑，这个法国的皇帝，纵然有许多富丽堂皇的宫殿，却不能找到一个小橱，以让自己在那里静一下。

郁金妮与拿破仑的婚姻失败归于沟通的失败，可怜的是郁金妮并不知晓闭嘴的功效。沉默地聆听总是比不断地讲话更受人欢迎。

英国女小说家简·奥斯汀说："女人总有废话和多虑。对女人来说，沉默就是美丽的宝石，但她们很少佩戴它。"

地狱中的魔鬼所发明的种种毁灭爱情的利器中，抱怨是最可怕的一种。面对自己的婚姻，每一个人都希望它美满，幸福。可我们的婚后日子往往在互相的指责和抱怨中度过，妻子抱怨丈夫不思进取、挣不了大钱，丈夫抱怨妻子不懂体贴、不做家务……这样的抱怨除了让爱情降温，还有什么意义呢？其实，仔细想想你的生活并不是很糟糕，只是你的欲望太多，期望太多，所以常常抱怨。生活是自己的，面对的人不是别人，是要拉着自己的手走一辈子的人，我们何不多一些宽容和谅解，每天快快乐乐地过好自己的日子呢？

领导者真实上演"不要和陌生人说话"

还记得《不要和陌生人说话》里的安嘉和吗？他对妻子梅湘南"霸道"的爱渐渐转变为家庭暴力，限制外出时间，限制手机使用，限制与朋友交往。他的爱是占有，是控制，让人无法接受，甚至感到恐惧。

影视作品反映现实生活。在许多婚姻家庭中，安嘉和的故事正在上演，主角就是九型人格中的领导者。领导者天生具有强烈的占有欲，他们想知道对方生活的一切信息，对自己的伴侣要见什么人，在什么时间、什么地方做什么事，都会有强烈意识。领导者不愿承认自己是控制者，并把上述行为看做对伴侣的"保护"。

埃及有一个醋意极浓的男子叫波加拉，他娶了一个美艳如花的妻子苏曼，年仅29岁。结婚后不久，这个身材苗条、体重57.6千克的少妇在参加一次选美活动中，独占鳌头，夺得冠军。苏曼夺得冠军后，引来一些追求她的男士。

波加拉看到眼里，"爱"在心里，生怕妻子有朝一日被其他男人"撬"去。于是，他苦思对策，终于想出一条"下策"：每晚待妻子睡下后，向她注射类固醇，使其身体发胖。不知是慑于"夫权至上"，还是丈夫巧言欺骗，苏曼一直任由丈夫摆布。经过半年的"催肥"，苏曼的身体不断"发福"，体重超过262千克。"我以为是染上了一种少见

第十章　婚姻城堡：经营婚姻才能让婚姻持久保鲜

的疾病或是腺体有问题。"这个少妇向开罗一家报纸的记者说，"我请求丈夫带我去看医生，但他拒绝，他对我如此暴肥，似乎显得很高兴呢！我本是一个美丽的女人，不少男人都喜欢我，然而，现在我走到街上，孩子们都取笑我。"

她的丈夫波加拉怎么说呢？他说："在商业社会里，我是一个很重要的男人，我不愿冒妻子被其他男人夺去的危险。所以，用药物'催肥'了她，现在，她胖得像一头大象，再也没有哪个男人想多看她两眼，这就使我心安了。"

"你们要共进早餐，但不要在同一碗中分享；你们共享欢乐，但不要在同一杯中啜饮。像一把琴上的两根弦，你们是分开的也是分不开的；像一座神殿的两根柱子，你们是独立的也是不能独立的。"也就是说，两个人组建家庭，但不意味着一方服从于另一方，或者要求对方为自己做许多事，表示他（她）的体贴和爱心。每个人都是独立的个体，你不能限制他的行动，禁锢他的自由。

以救人为例，溺水的人通常是见了救星就紧紧地抓住，这很危险，会把两个人都拉下水。其实最可靠的法子是放开手，想获救，就得相信来救你的人。越怕失去的东西，就越容易失去。所以，越是想得到的东西，就越得放开手。给伴侣一个自己发展的空间，你会发现你们之间不是走得更远了，而是更近了。

在婚姻中两个人携手共进，但谁也不束缚谁，这才是和谐的婚姻。

私家秘语

一般说来，婚姻中要注意以下几点。

（1）喋喋不休。无法让对方有相对安静的环境，久而久之使对方产生厌倦情绪。

（2）过分懒惰。对伴侣的依赖性太大，大事小情都由对方去做，自己则像老爷、太太一样心安理得地享受伴侣的侍候，久了对方会觉得这是一种累赘，体味不到生活的温馨，认为婚姻没意思。

(3) 过分挑剔。对配偶过分挑剔，总是在别人面前批评配偶的举动及思想行为，自以为是爱对方。对任何事情都要求十全十美，强制要求配偶达到自己的最高标准。这样的婚姻会因要求过高而出现不必要的摩擦，时间长了，就是良好的婚姻关系也会不易维持。

(4) 过分吝啬的人。不但自己甚俭，亦不容伴侣做稍超常规的消费，生活上应有的娱乐和享受都被剥夺，生活毫无乐趣。即使家庭经济条件宽裕，也总是担心好景不长，不容许配偶在生活上有更多的娱乐和享受，甚至剥夺了自己和家人的一些基本生活需要及乐趣，在心理上过多承担忧虑而不重视与配偶的情感生活。

(5) 多愁善"病"。这类人多见于女性。她们不断为一些想象出来的疾病向丈夫诉苦、抱怨，自怨自艾，希望引起丈夫的关怀和注意，但往往弄巧成拙，使得丈夫无法忍受。

(6) 忙于"事业"。永远不会静下来，总是忙个不停，他们没有节假日，没有休息日，总这样会令配偶感到被冷落。这种人若不控制自己，多花些时间陪伴配偶，即使是为事业，也会导致婚姻关系破裂。

请记住一句箴言：美好的婚姻来自细心经营和宽容的心。

不同人格夫妻的和美相处之道

芝加哥的约瑟夫·沙巴士法官，审理过四万件婚姻冲突的案子，并使两千对夫妇和好。他说："大部分的夫妇不和，根本原因都是许多琐屑的事情。诸如，当丈夫离家上班的时候，太太向他挥手再见，可能就会使许多夫妇免于离婚。"

不同人格夫妻的和美相处之道

夫妻的社会相容性是夫妻在世界观、价值观和人生观方面的相容。在人的社会特征方面还包括文化水平、职业、工作态度、社会积极性、

第十章　婚姻城堡：经营婚姻才能让婚姻持久保鲜

对社会和他人的态度、道德成熟程度、需求构成等。

价值观念的一致是夫妻相互理解的稳固基础，如果缺乏这种一致，夫妻之间的精神交流就会遇到很多障碍。一个人的价值观同他的志向、行为特点和种种需求是密切相连的。

在我们的社会生活中，夫妻之间在需求构成和价值观念上如果互不相容，就会导致家庭的破裂。如夫妻一方一味追求超前的物质需求，终日忙于住房、衣着等生活用品的获得，被膨胀的物质需求征服，而另一方追求有益于社会的创造性劳动、求知、积极从事社会活动、在道德和审美方面进行自我修养等方面的精神需求，那么这种婚姻关系是很难维持下去的。

社会相容性还包括夫妻在职业和职务方面的相容性。这种相容性并非要求夫妻必须有同样的工作，但是工作和职业的不同常常会带来矛盾，如一方因公长期出差在外，而另一方需要他（她）留在家中，这样在某种程度上会影响夫妻之间的关系，影响婚姻的稳定和牢固。

然而，婚姻的冲突，往往都是由初期一些潜在的小问题开始的。因为问题小，婚姻这块跷跷板的倾斜不明显，夫妻都不会太在意。这种小问题，很容易因双方的退缩而掩盖过去，但其实跷向一边的问题并没有得到解决。久而久之，发生诸如孩子出生、工作挫折等重大事件时，便会成为冲突爆发的导火线。

夫妻应该怎样注意婚姻平衡并去巩固它呢？

1. 适度地让对方伤心

在两性交往的过程中，轻易承诺往往是爱情最大的杀伤力，因此适度地让对方伤心，可以让彼此的关系更具有弹性。但切记并不要让对方陷入绝望，其中分寸的把握要视对方能够承受多少压力而定。例如当恋爱的其中一方问起"你会爱我很久吗"这类问题时，你若明知未来有许多未知变数，却反而对他（她）唱起"爱你一万年"，只怕日后感情生变，徒然落下薄幸之名。然而，如果你的回答是"我会尽量，但不保证"。也许对方在乍听之时,心里会有些伤心,但是坦白的态度,将会助长情感转往更理性的路途发展,避免不必要的争吵。

2. 打情骂俏让人陶醉

谈起爱情,每个人都以为自己是最认真的,然而在两人亲密相处的过程里,太严肃反而会造成不必要的压力,带点幽默感的恋爱,让人回味无穷。有意交往或热恋中的男女,适度地打情骂俏,不时说些甜言蜜语,的确有助于情感的升华。

3. 在对方面前不妨愤怒一下

在男女交往的互动关系上,如果一方暗自生闷气或过度包容,就会更加招致心中怨气日渐郁积,终会爆发。其实,只要时间、地点、方式恰当,适时地发顿脾气可以发挥很大的效用,因为小小的愤怒,有助于管理及调整两性关系。比起酸溜溜的冷嘲热讽,突如其来却适可而止的一顿脾气,对于爱情的主导权,反能收到立竿见影的效果。

4. 时常充实和更新自己

爱情也需要不断地给对方新鲜感、惊奇感,因为恋人的关系若没进展,就是退步。所以,若要增加情人对你的爱情深度,最好时常给对方新鲜、惊奇的感觉,就好比突如其来的一份礼物,能叫爱人感到无限温馨。

夫妻相互的容忍,是婚姻平衡不可缺少的因素。夫妻间最忌讳的是两个人都大声说话,只要多顾忌对方的想法,就不会闹得不可开交。就好像"情侣"的"侣",这个字有两个口,但两个口是不一样大的,也就是一个"大口",一个"小口",这告诉我们,夫妻或情侣间当有一方大声讲话时,另一方就要小声一点。如果两个人都一样大声,恶语相向,演变成"言语暴力",就容易出现大问题,最后很可能一发不可收拾。

因此,夫妻双方就像坐在跷跷板的两端一样,各自都必须不断调整自己的位置,否则就无法拥有稳定的关系。婚姻破裂的最主要因素,

第十章　婚姻城堡：经营婚姻才能让婚姻持久保鲜

不是夫妻间的差异，而是无法适当地处理这些差异。所以，唯有相互容忍和适应，才能建立平衡的婚姻。

如何做丈夫眼中完美的妻子

不同性格的女性有不同的光彩和缺陷，她们本身的差异反映到婚姻生活中，当然也会有所不同。不同的男人对自己的爱人有不同的需求。对男人而言，适合的就是最好的。

以下是男性期望的女性性格。

1. 做个细心的女人

做事细心是一个好妻子不可缺少的好性格。

心细的女人在各个方面都能为男人带来好运气。心细的女人，丈夫不用多费口舌，她们能清楚地记得丈夫喜爱什么、不喜爱什么，知道丈夫需要什么、不需要什么。她们不仅在家庭生活中把自己的丈夫照顾得无微不至，即使在职场上，她们也能给丈夫及时的帮助。细心的女人往往在最关键的时刻显现出她的独到之处，她们平时并不张扬，显得深藏不露。比如细心的女人在家庭开支上精打细算，在家庭出现危机的时候，能把平日里积攒下来的钱拿出来帮助整个家庭和丈夫渡过难关。俗语说，细微处见真情，细心的妻子是丈夫最坚强的后盾。

2. 做个善解人意的女人

在传统观念中，虽然男性被赋予了坚强、刚毅、勇敢等的性格特征，但是男人有时比女人更加脆弱和敏感，他们在人生的关键处也会迷茫、彷徨，甚至误入歧途，但是他们固有的形象不允许他们在人前哭喊、吵闹或显露自己的脆弱和痛苦。现实生活中，激烈而残酷的竞争，使得男人同样在工作中备受煎熬，他们也有很多不如意的事和不开心的情况，这时就需要有一位善解人意、温柔体贴的妻子来安慰和鼓励他们。男人是不会把自己的痛苦外露的，他们习惯给自己戴上坚强的面具。但是过重的压力，有时也会让他们崩溃，所以一个与他们有共同语言、能不时开导他们的好妻子对于他们来讲就是减压剂，能在言谈间让他们放松心情，重新展露笑颜。

3. 做个宽容的女人

如果让男人选择终身伴侣，大部分男人可能会选择宽容大度的女人。宽容大度的女人不喜欢和别人斤斤计较，在和丈夫发生争吵时，不容易记恨，而且总是首先退让，向对方道歉。这样的女人其实很懂得生活。宽容大度的女人，懂得什么时候退让，她们有眼光，知道把握分寸，也能理解男人爱面子的特点。在夫妻生活中，越是固执己见、不肯退让的女人，越是让人心烦，她们这样的做法只会让丈夫更加烦恼，更加不愿回家，而不会有别的结果。宽容大度的女人让丈夫既不能忽略自己的存在，又不让丈夫难堪，在大家都开心的情况下解决了问题，使家庭越来越和谐，越来越美满。

4. 做个会撒娇的女人

恋爱中的女人喜欢向男人撒娇，在她们看来，能被一个有着阳刚之气的男人爱着是值得自豪的事情。看着男人为自己做这做那，内心觉得暖洋洋的。而对于男人来说，有一个娇小、美丽的小女人在自己身边依偎，也是件很享受的事情，而男人能当美丽女人的护花使者更是件值得夸耀的事。

撒娇是恋爱中不可缺少的调味料。它让女人变得更加娇媚，同时也激起了男人的保护欲，增强了他们的自尊心。现实生活中，有很多男人是因为自己的爱人有着娇滴滴的声音而迷恋上对方的。进入婚姻生活以后，夫妻双方虽然没有了神秘感，但在男人看来，妻子仍然是娇小和需要保护的，所以很多男人对婚后妻子变得坚强和不需要自己感到迷惑，他们会觉得婚前妻子的娇弱形象是一种假象，自己有上当受骗的感觉。针对这种情况，妻子应该懂得适时地向丈夫撒一下娇，这会令夫妻双方感到初恋的温馨又回到了心间，烦闷的家庭生活又会焕发不一样的光彩。

5. 做个擅长烹饪的女人

俗话说："要想拴住男人的心，最先拴住男人的胃。"对于男人来说，口腹之欲是他们最难以割舍的情怀。许多男人可以抛弃七情六欲，却难以抗拒一顿美味佳肴的诱惑。好太太必备的条件之一就是有着一手好厨艺。许多男人们在劳累了一天之后，看到自己家里的温暖灯光就会感到胸中有一股暖流流过，这是因为他们知道在那灯光里有自己爱的家人和一顿根据自己口味做的可口饭菜。男人其实是很容易满足的，一顿美味就能让他们对你念念不忘。

6. 做个能同甘共苦的女人

"风雨同舟"这个成语说的是与自己共患难的情况。每个人一生中能真正与自己共患难的也只能是自己的伴侣，夫妻二人在复杂的人世间一起艰难地摸索，无论是顺利或是不顺都将是人生的宝贵财富。事实上，再坚强的男人都希望与爱人分享自己的成功与失败，他们在成功之时，最希望的就是自己的爱人能为自己感到骄傲；而在受到挫折后，又希望自己的爱人能给自己几句最真挚的话语来抚慰自己受伤的心灵。

如何做妻子眼中完美的丈夫

少女在刚开始接触爱情时，可能会被对方英俊、帅气的外形吸引。但是对于成熟一些的女性来讲，男人表面的东西远不能满足其精神内核中对他们最本质的寻求。也就是说成熟的女性在选择对方时，更加注重内在的素质。

以下是女性期望的男性性格。

1. 沉稳内敛的男人

不沉稳的男人就像一个孩子，怎么可能去照顾别人呢？内敛表现在为人处世、待人接物的方式上。沉稳是内在的修养，是具有很强包容心和忍耐力的性格特征。它需要丰富的人生阅历和生活经验，拥有这种特质的男人是饱尝了人生和事业艰辛的人，他们懂得珍惜眼前得来不易的成果，也拥有面对将来更多坎坷和挫折的勇气与力量。因此，他们也容易获取女人的信任。

2. 意志坚强的男人是女人坚实的靠山

意志坚强的男人总能让女性产生好感。因为在女人看来，意志坚强的男人是真正的男人，他们拥有最强的责任感和可信度。女性一般都很敏感，情绪容易受外界的影响，显得多愁善感；她们容易被周围的环境左右，本来决定好的事情到时候也会发生变化；她们通常意志不坚强，缺乏坚持到底的毅力。这样的性格特征决定了女人们都希望自己的男友或者丈夫意志坚强，对事情有自己独立的观点，不受环境与他人的影响。

3. 事业心强的男人带给女人安全感

事业心强的男人通常都很受女性的欢迎。在女性看来，事业心强的男人更能使自己有安全的感觉。这种类型的男人都很理智，他们清楚地知道自己寻求的目标是什么，他们往往都相信逻辑、计划和提纲能解决一切问题。他们对任何事情都能全身心地投入，对工作的专注并不影响他们对爱情和婚姻生活的努力经营。在他们看来，事业和爱情是他们人生中不可缺少的两部分。这种类型的男人常常希望找一个与自己同样独立和专注于工作的女人，这样他们可以保持彼此的独立空间，即使有时分离也不会影响彼此的感情。他们对过分依赖自己的女人没有好感，因为他们不希望为了照顾对方的情绪而影响自己的工作和心情。

事业心强的男人也有缺陷，那就是过度专注于自己的事业，而忽略了女友或妻子的感情，使得双方没有交流的时间。这样时间一长，他们的伴侣也会因无法容忍他们的漠不关心而提出分手或离婚。

4. 冷静独立的男人是所有女性心目中最完美的伴侣

每一个女人都希望自己的丈夫像《英雄本色》里的小马哥一样，在任何情况下，都能冷静处理并且愿意用他们的生命保护自己。这样

第十章　婚姻城堡：经营婚姻才能让婚姻持久保鲜

的男人是女人心目中典型的白马王子，是女人从十几岁就开始梦想的理想恋人。一般人在突发情况下，都会惊慌失措，所以冷静独立的男人就显得分外迷人了。

性格独立的男人也很有吸引力。一般时候，女人对男人的要求并不在于他们是否适应了周围的环境，而是看他们是不是能够表达出自己的主张或意见，也就是说女人更看中男人是不是有自己独立的想法，是不是能自己独立完成一件事情。独立性弱、任何时候都无法自己独立做出决定而习惯依赖身边人的男性是不会讨女人喜欢的。

5. 敢于面对挑战的男人最具活力

敢于面对挑战的男人通常都对自己很有信心，任何时候他们都精神饱满地迎接新事物的到来。他们不惧怕变化，甚至期盼变化的到来，在他们看来，一成不变、死气沉沉的生活才是最无法容忍的。在这种类型的男人身上随时都可能有意想不到的情况出现。他们永远不会被困难压倒，在困难面前，他们从来都是越挫越勇，绝不会退缩不前。这样的男人始终生活在不安定的因素中，他们身上仿佛有着用不完的精力，永远不知疲倦。"生命不息，奋斗不止"是对这种性格的男人的最好诠释。现实生活中，这种例子也很多见。年轻女性在面对事业有成、沉稳内敛的男性和精力充沛、勇于面对挑战的男性时，总是最先被后者吸引。在女性看来，后者身上有着不能忽视的热情和青春，和这样的男人在一起，自己的心永远都是年轻和充满活力的；而和前者在一起，虽然有着更多的安全感，但是生活容易走向程序化，没有激情。

私家秘语

没有浪漫的婚姻，是死气沉沉的，而添加了浪漫后，婚姻就会充满活力和情趣。如果说婚姻是一件易碎的瓷器，浪漫就是它的黏合剂；如果说婚姻是一项投资，浪漫也应纳入成本，而且它会产生双倍的效益。无论贫困或是富裕，如果婚姻这座围城里只有柴米油盐酱醋茶，难免沉闷和琐碎。浪漫就像绿树和鲜花，让这座围城春光烂漫，美丽如画。

你知道哪些女人易嫁入豪门吗

嫁入豪门是许多女孩理想的归宿，但是很多人只是说说罢了，从没想过有一天自己会是少奶奶。然而，爱情的神奇就在于此，它能创造奇迹，将不可能变成可能。如此，嫁入豪门也不再是天方夜谭。

富豪娶老婆的标准

台湾地区首富郭台铭于 2008 年 7 月与女友曾馨莹完婚的消息一出，再次让无数未婚女青年扼腕叹息。一个平凡人家、平凡相貌的女人，成功地嫁给了一个不平凡的有钱人，从此享尽荣华富贵，集万千宠爱，怎能让人不眼红。

选择另一半是人生旅途中的一件大事，它的重要之处在于婚姻往往同个人在事业上的抉择与起步相交叠，对前途的影响格外深远。在现实生活中，不乏因最初的择偶不慎而导致事业失败的例子。因此，富豪选择未来的伴侣格外慎重。

一般说来，富豪不会娶具有以下人格特征的女人。

1. 把男人当玩物的女人

她的爱情字典里没有"唯一"这两个字，她懂得利用女人的天赋来让男人心悦诚服，从不同的男人身上获取不同的需要，同时巧妙地让每个男人都自以为是她的最爱。除非你有抱着大家一起玩的心态，否则小心。

2. 拜金主义的女人

她不会看上穷光蛋，因为她的爱情首先建立在物质的满足上。她知道花男人的钱比自己辛苦赚钱容易，这是她和男人交往的条件。和她交往，总有金山银山被挖光的一天，那时你只有落得人财两空的局面。

第十章 婚姻城堡：经营婚姻才能让婚姻持久保鲜

3. 歇斯底里的女人

她的专长是一哭二闹三上吊，只要稍稍辜负她，她就会以死作为威胁。当发现一个女人充满神经质，动不动就有发动千军万马之势时，要随时提防她闹出失控局面，否则意味着不得安宁的日子从此开始。

4. 强烈女权主义的女人

在女权主义至上的女人眼里，男人根本不是东西。她开口闭口都是批判男人的不是，别寄望她百依百顺，要做牛做马才能取悦她。除非你有呼之即来、挥之即去的奴性，否则赶快逃之夭夭。

5. 随时准备打翻醋坛子的女人

有一种女人的醋劲之大、威力之猛，一般女人望尘莫及。走在路上你的眼睛别想往两边看，否则定会招来一阵暴风雨。和任何女性交往都必须经过她同意，不然，她会用醋活活淹死你。

6. 水性杨花的女人

移情别恋不是她的错，因为她生来太易动情。她的最大特点是不放弃任何一个恋爱的机会，所有追求她的男士在她看来都别有魅力。面对这样的女人，你要有心理准备，她能爱上你，也会很容易爱上别人。

7. 强悍的女强人

有一种女强人，工作上的成就给她绝对的自信，让她忘了在自己心爱的男人面前温柔以待。凡事以她为中心，这是男人无法接受的，除非她工作和生活是截然不同的心态，毕竟可爱的女强人也是存在的。

那么，富豪喜欢哪类女性呢？富豪喜欢头脑睿智，做事勤奋而干练的女性，她们同丈夫一起奋斗，和丈夫心心相通；富豪还喜欢开朗乐观而不在乎物质的女性，她们性格好，让男方没有负担，而且她们不在乎钱，爱的只是人；富豪还喜欢那种性格温柔细腻，并且富有母性的女性，她们善解人意，甘心做丈夫背后的女人，相夫教子；当然富豪都喜欢美女，不过太过势力的美女可不行，那种没什么进攻性的美女比较符合他们的胃口。

无论你是九型人格中的哪类女人，只要你是富豪眼中欣赏的那一类，说不定哪天，便与富豪来一次幸运的邂逅，上演现实版灰姑娘。

哪些职业最容易"邂逅"富豪

胡静远嫁马来西亚富豪一度成为网友们的关注焦点。看到胡静一脸的幸福，很多女人不禁也做起了"嫁富豪"的美梦。可是，要想钓个金龟，就要先接近金龟。只有与他相互认识、了解，才有机会成为恋人。

那么，怎样才能接近富豪，提高邂逅的概率呢？最有效的方法就是从事一份与"富豪"有关的职业。据调查，以下六种职业最容易和富豪频繁接触，并产生恋情。

1. 影视明星

很多富豪本身就是影视公司的老板，或者是影视剧的赞助商。为了确保影视剧质量，他们常与导演、演员探讨剧本，交流心得。所以，和其他人相比，影视明星接近富豪的机会多，发展恋情的可能性很大。

2. 空姐

飞机是富豪的"必备工具"，无论是生意往来，还是度假休息，都离不开它。他们好像空中飞人，常年在天上"飞来飞去"。如果你是空姐，特别是头等舱空姐，就会有很多机会认识有钱人。

但是，想做空姐不是一件简单的事。身高、体重、相貌都有严格要求。声音异常，走路外八字或内八字者也不予接受。如果是国际航班，则需要掌握几门外语，至少会说英语。

3. 主持人

特别是财经类主持人，与有钱人打交道是她们的主要工作。采访过程中，凭借个人的智慧和口才，不仅能采访到有价值的新闻，还能留给有钱人"聪慧、能干、知性"的深刻印象。

第十章 婚姻城堡：经营婚姻才能让婚姻持久保鲜

4. 私人医生

多数有钱人拥有私人医生。原因一，当自己感到不适时，私人医生随叫随到；原因二，经过长期磨合，医生对自己的病情十分了解，能提出有针对性的治疗方法；原因三，根据自己的身体状况，私人医生可制订相应的食谱和运动方案。在有钱人眼中，私人医生就是"白衣天使"。

5. 教练

闲暇之余，富豪们喜欢用运动的方式调养自己的身体和心情，同时，他们认为这是一种时髦的交际方式。

一般说来，富豪喜欢的运动有骑马、打高尔夫、跳舞、登山、潜水等。

6. 艺术家

很多富豪希望在个人修养、品位等方面得到提升，所以，他们经常出现在艺术场合。有的人擅长绘画，有的人喜欢摄影，还有的人写得一手好字。

如果你具备和掌握一些艺术知识，那么在与富豪交谈时，双方都会感到很投机。你的魅力深深地吸引了他，两个人发展下去也会顺理成章。

世上无难事，只怕有心人。无论你是善于从事医生职业的完美主义者，还是天生具有艺术家气质的浪漫主义者，抑或是其他人格者，只要你付出努力，专注于自己目前的工作，成为该行业的佼佼者，总有一天会与富豪打交道。现实生活中，一切皆有可能。

教你六招拴住富豪丈夫的心

做人家老婆难，做富豪的老婆难上加难。

（1）虽说不用下厨房，但也要入得厅堂。

（2）随着岁月的流逝，容颜日渐衰老，即使保养再好也抵不过二十出头的美少女。

（3）一般说来，大富之家都有明确家规，处处要留心遵守。

（4）结婚容易，维持婚姻不容易。三年之痛，七年之痒……已成为婚姻生活中的一道道难题。

常言道"家家都有一本难念的经"。既然嫁入豪门，与其回避问题，倒不如寻找方法解决。不管你是九型人格中的哪类女人，都要苦练"狐媚术"，方可拴住富豪丈夫的心。总结起来，女人要做到以下几点。

1. 随和体贴，善解人意

有人说，男人挑选妻子的首要条件是要有好性情。任何想要与女人愉快相处的人，不管是她丈夫、老板、同事，都应该更多地关心她表现出来的温柔性情而不是她的过失。要知道：男人们宁可在轻松欢快的气氛中吃方便面，也不愿跟一个哭丧着脸、不断地抱怨唠叨的女人享受美味大餐。一个单身汉曾经坦白地承认，如果让他在一个贫寒但快乐、性情温和的女人和一个出身富有的泼妇之间选择，他会毫不犹豫地选择前者。

2. 宽容

有时候你的爱人免不了做出一些伤害你的事情，无论是粗心之举，还是违反你们共同道德标准的行为，你选择怎样处理将决定你们的感情关系是沿着真诚的道路继续前进，还是翻车大吉。这种时刻你是心怀不满，在你和伴侣间制造分裂，还是通过宽容将它们一笔勾销呢？宽容能把你们重新联系在一起。宽容你的另一半会修补你们之间的裂痕，使你们的感情关系保持完整。

3. 倾听

倾听，不仅仅是用耳朵听，还要用心去听。如果你持漫不经心的态度，把对方所说的话当成耳旁风，听过就算了，会让对方不高兴，觉得你不尊重他。正确的做法是，你要带着积极的态度去听，去了解对方，不管你是想听或不想听，只要是对方想说的，都应该认真地、耐心去听。最好不时地问对方一些问题,或提出一些办法和建议,让对方感觉你对这件事的关心。他看到你是如此关心这件事,一定会很高兴的。倾听,谁都会,但并不是谁都能做好的。人有一种共性,那就是很想让别人当自己的听众,自己却很难当别人的听众。

4. 要有"忌妒"之心

一个不懂忌妒的女人,就像拍了弹不起来的皮球,令人乏味。你不必隐藏忌妒和醋意,适时而恰到好处地忌妒,可以证明你对他的爱与重视,可以满足男人的虚荣心,可以让他享受一下被女人醋劲"宠爱"的滋味。忌妒,让他有被爱的感觉;猜疑,则会使对方感到被束缚,不被信任。因此,你可以理直气壮地要求他不准偷看女人或对其他女人笑,但别太疑神疑鬼,有一点风吹草动,就以为对方要变心。过度猜疑,只会不断沉淀感情的阴影,最后,扼杀了彼此的爱。

5. 安排一些浪漫时光与爱人在一起散步

每天花30分钟锻炼身体、交流感情、放松情绪、交换意见、构想目标、消除误解,最好能手拉手。和爱人一起做一些新鲜有趣的事情。去一家新餐馆吃一道风味不同的菜;听一场音乐会,度过一个独特的假期;和爱人一起参加学习班,学些你们两个都打算并盼望去学的东西,一起学习,你们会更加愉快;送他一些小礼物。订阅一份杂志,买一本特别的书;洗个热水澡;送一束鲜花;共享奇特的经历;奉上喜爱的食品;写爱情便笺,把这些便笺藏在家中的各个角落——衣服里、口袋里、厨房或抽屉里,以及一些秘密的地方。要运用你的想象力,将爱情散播在生活的方方面面。

6. 给丈夫一点面子

聪明的女人要懂得在什么场合、什么时间给丈夫一点面子,把握这种分寸可以说是一种艺术。具体说来,主要有三点要注意。

(1) 在家里待客时,妻子要注意约束自己的言行,避免使用命令的口吻与丈夫说话,或做有损丈夫威信的事情。也就是说,要坚持内外有别的原则，不宜在外人面前指责丈夫的种种不是，以避免损害丈夫的自尊心。

（2）在社交场合，妻子更要注意自己的身份，不宜喧宾夺主，还要把握自己的言行，甘当绿叶。要让丈夫更体面、更洒脱一些，避免把在家里习惯做法拿到场面上来使丈夫出丑。

（3）与别人说话时，妻子不要"臭"自己的丈夫，揭他的短，把他搞得狼狈不堪。妻子给丈夫一点面子，不论是对丈夫的交际形象和他的工作，还是对家庭的和睦，都是有益的。

私家秘语

一般说来，豪门有两类，一类是知书达理，规矩多，另一类是很随和的有钱人家庭。但无论是哪种，如果有朝一日你嫁入豪门，一定要注意自己的言行举止，修炼内涵，做个优雅、高贵的"少奶奶"。

男人出轨都是血型在作怪

人们常说饱暖思淫欲。生活是越来越好了，人们"精神"层面的追求也越来越高了，不但明星们不断爆出"出轨""劈腿"事件，一般人中这类现象也越来越多。除了星座的原因之外，人们又发现了其与血型有关联。

解密不同血型男人出轨的原因

A型血男人出轨原因

A型血男人较沉默寡言，他们常常把话藏在心里不说，默默地承受压力。一旦到了他们觉得无法忍耐的地步，就会全面发泄。所以，如果A型血男人出轨，多是想暂时缓解生活的压力或企图得到在家庭内尚未得到的东西。

第十章 婚姻城堡：经营婚姻才能让婚姻持久保鲜

小张毕业后分配到某机关工作。他所在机关的现实使他看到，乖巧精灵者吃香，老实憨厚者吃亏，吹吹拍拍者升官，正派的无人问津。他虽然有所进取，可他刚直的秉性和积极做人的良知，约束他不去迎合那些腐朽的观念，而要做一个不卑不亢、埋头苦干的老实人。正因为如此，他吃了苦头，同他一起来的和后来的人，有的入了党，有的提拔为科长。因为他有自己做人的宗旨，这一切，他并不往心里去。可是，妻子不理解他，说他："人家都提拔了，入党了，就剩下你一个人，啥也不是，不感到窝囊吗？"有一天，收音机里播送着优美的音乐，他情不自禁地随着唱起来。妻子这时又对他说："连个科长都没当上，还挺乐呵呢，真不知道愁！"一句话，破坏了他的乐呵情绪。

这样的事，在他们夫妻之间经常发生，妻子刺激的话，小张经常听，他感到，他与她之间的爱是苦涩的。事业不顺、家庭不和，小张开始上网，并与网友见面，发生了一夜情。

A型血男人大多具有家庭毁灭的顾虑，因此，即使出轨，行为也多为诡秘，尽量不让人发觉。但是，如果A型血男人的出轨是出于强烈的摆脱现状愿望，属于一种较为深思熟虑的行动时，其在不轨的同时就可能已有不惜家庭破裂的思想准备。

女人对策

案例中，小张与妻子间的矛盾源自于妻子对他的不理解。妻子对小张的理想、追求、品行、情操以及为人，都是那么生疏，他们真可谓缺乏共同的语言。

夫妻间应该是互相了解的，是知音。只有你了解了对方，才能对其体贴、关怀，并辅佐其上进。如果小张的妻子能了解丈夫的品行，理解丈夫的追求，她就不会羡慕什么科长，而会鼓励丈夫做一个有生活情趣的人。

理解是夫妻间的黏合剂，夫妻相处要是连起码的理解与体谅都没有，这种婚姻会是很痛苦和寂寞的。当然，我们这里所说的理解，不单是指了解爱人的一般情况，而是指对爱人内心世界的感知。因为，人的行动是受思想支配的。你了解了爱人的思想,才能理解其行动。只有夫妻间互相理解,才能换来彼此更加深沉的爱。

所以,女人应该在日常生活中给 A 型血男人以理解、关怀,使家庭生活充满温馨。当丈夫感到家的温暖和妻子浓浓的爱意时,便会努力做个好丈夫,家里家外照顾周到,绝无出轨行为。

B 型血男人出轨原因

B 型血男人认为爱一个人和与他人发生关系是两码事。所以,当他们对肉体的情欲有较大兴趣时,则会"心安理得"地做出不轨之举。他们坦率、不善隐瞒,即使出轨也具有"坦然"的倾向,故 B 型血男人的不轨行为较易被人察觉。

露露的丈夫是外企的一名技术骨干,结婚前与露露有着长达四年的大学恋爱经历,所有人都认为他们会是对白头偕老的夫妻。

谁知,婚后第四年,丈夫就和比他小五岁的女下属发生了关系。当露露在其手机上发现女下属一次次发给丈夫的肉麻短信时,坚决提出离婚。丈夫却捶胸顿足,说他只是在肉体上出轨,并没有在感情上出轨。他对那个女人没有任何感情可言,自始至终只爱露露一个人。

露露顾及多年的情分,考虑到丈夫是初犯,便原谅了他。但她很快发现丈夫和女下属依旧藕断丝连,甚至频频出轨。露露下定决心离婚,但丈夫死活不同意。

露露的丈夫将性爱和爱情割裂开来看待,却不知道这样做深深伤害了妻子。在所有女人眼中,爱情是灵与肉的统一体,不可分割。即使你在灵魂深处爱着她,但肉体上背叛她,她就认为你对她不忠,亵渎了你们之间的爱情。

女人对策

"一哭二闹三上吊"不是对付 B 型血男人出轨的明智之举。一旦他们做了对不起自己的事,而女人不打算与其分手,想拥有完整的家，就要学会装糊涂。B型血男人情感较为细腻、易心软，如果你对他的不轨行为佯装不知，仍一如既往地爱他、照顾他，真诚相待，他就会自惭形秽，产生一种欺骗妻子的犯罪心理，从而自觉地改邪归正。

AB型血男人出轨原因

AB型血男人出轨的原因与B型血男人相似，对性欲有特别的兴致。不同的是，AB型男人贪玩，出轨主要表现在与第三者进行趣味性的游玩上，并不一定以肉体关系为主。即使以性欲为主的"享乐"派，也往往存在因此而使家庭破灭的恐惧倾向。

晓岚看丈夫哪里都好，美中不足的是贪玩。仔细想想，男孩子孩子气一些很正常，何况他从小被父母宠爱，有点长不大。想开了，晓岚也就不把贪玩看做缺点。

晓岚的丈夫长得很帅，正所谓"爱美之心，人皆有之"，再加上贪玩的个性，自然很有异性缘。有个20出头的小女孩拼命地追求他，晓岚丈夫一边满足自己的虚荣心，一边被女孩的精致外表所吸引。渐渐就发生了婚外恋。

晓岚知道后，提出离婚，丈夫坚决不同意。三个人旷日持久地拖着，晓岚对丈夫从悲伤愤怒到冷漠无奈，最后，丈夫舍弃小女孩选择了晓岚。

事情过去了，但晓岚无法释怀。她担心贪玩的丈夫会再做出同样的事情。有朝一日，丈夫"长大成熟"，自己才会放心，可这天什么时候到来呢？

> **女人对策**

AB型血男人对离异、对簿公堂之类的做法较为厌恶，因此，一旦他们出轨，女人可运用这类方法加以"要挟"，也往往能使之悬崖勒马。

方法有效，但治标不治本。案例中晓岚的故事告诉我们最根本的是塑造信心，包括对自己的信心、对丈夫的信心、对爱情和家庭的信心。显然，在"把婚姻生活进行到底"的这个前提下，相信自己，相信丈夫，是积极和明智的选择。

O型血男人出轨原因

O型血男人较大男子主义，当他们认为自己在家庭中毫无威信时，可能产生不轨行为，并由此导致家庭危机。如果他们的不轨是由于其他原因，如夫妻性生活不协调，男人对此不满足等，那其本身并不想造成家庭破裂。据调查，O型男人的不轨很多源于此。

微微在某公司做模特，身材苗条，是公认的美女。她的丈夫高程是位性情浪漫的广告设计师。夫妻俩的感情一直很好，是朋友眼中最般配的一对。唯一欠缺的是，每当两人过夫妻生活时，高程就感到郁闷、窝火。无论他怎样做也感受不到微微的热情，好像她天生对性缺少感觉。

对此，微微不以为然。她仗着自己年轻貌美，身材好，自信可以拴住高程的心，从没想过丈夫有一天会背叛自己。

某晚，高程在卫生间冲凉，这时手机响起。微微顺势拿起，发现一条暧昧的短信"想你了"。微微吓了一跳，这种亲密的语言只有她和高程之间才有，这是谁呢？微微记下这个号码，第二天去营业厅打电话详单，发现丈夫和这个人来往密切，顿时，不祥的感觉弥漫全身。

微微决定主动出击，以高程妻子的身份给对方打电话，希望她能与自己见一面，对方爽快答应。当这个女人出现在微微面前时，微微不敢相信自己的眼睛。面前这个女人不仅相貌平平，而且年纪也大高程很多。

微微当即发疯似的找到高程，劈头盖脸地痛斥他："真没想到你会

第十章　婚姻城堡：经营婚姻才能让婚姻持久保鲜

玩婚外恋，即使找也要找个比我强的吧，那样丑陋的老女人你也看得上？"高程冷静地反问道："你怎么知道她不比你强？难道所有不如你漂亮的女人都比不上你？"

微微冷静后，泛着哭红的眼睛问："我究竟哪里不好，你非要去找老女人？"

高程说："知道查尔斯王子为什么不喜欢戴安娜，而偏偏要找又老又丑的卡米拉做情人吗？因为卡米拉能征服查尔斯。"

女人对策

满足O型血男人的自尊心，凡事多与他商量，征求他的意见，让他有一家之主的感觉。如果O型血男人的不轨属于对夫妻生活不满足，那女人应在日常生活中采取积极协调、配合的态度，以使夫妻生活更和谐、美满。

传统的女性始终无法挣脱保守性观念的束缚，她们依旧会把性看做是放荡的表现，对性抱着拒绝的态度。男人一旦在婚姻中得不到和谐的性生活，就会被迫到婚姻之外寻求慰藉和补偿。"花心"男人能够在婚外情中维持"柏拉图式的精神恋爱"的少之又少，大部分有外遇的男人，都从外遇中体会到了在婚姻中难以体会的性满足。而性感觉良好、敢于表达自我的女人能激发起男人的征服欲望，是男人增强自信的致命武器。

私家秘语

一般来说，男人在升官发财、出差应酬或者失望低落等时刻，容易放松警惕，面对诱惑时往往把持不住。如果妻子除了悉心照顾丈夫的饮食起居，还留意他的情绪变化和心理波动，用女性的善解人意来化解丈夫的不快，让他得到充分的宣泄，就很难让外人得逞。正所谓守住关隘，便可以让城池不失。

根据血型掌控婆媳相处的艺术

在媳妇的眼里,婆婆很少有对的。其实,每个人到年老的时候,老人都爱唠叨,爱管闲事。老年人的思维与年轻人不一样,他们开始变得任性,变得贪玩,他们希望得到孩子们更多的关注、更多的宠爱。于是很多人老了,行为却像个孩子,没有了年轻时代的韧劲和霸气。

不要总是将挑剔的眼光放在婆婆的不是上,多给她一些体谅和关怀,才能消除你与婆婆间的隔阂。

A型血媳妇与A型血婆婆

同是A型血的婆媳俩,可能会有很多投契之处。然而A型血的媳妇很快会发现自己不堪重负,A型血婆婆的审视,让自己有些喘不过气来,虽然,这是她重视媳妇的表现。A型血婆婆对你的重视可能会给你增加许多压力,甚至会让你觉得生活有了几分"失真",但是,一旦俘获她的心,婚后,你将能感受到她对你的温柔与体贴。那么,怎样做才能获得她的认同呢?

(1)要尊敬长辈、以礼待人。A型血的婆婆比较传统,她们非常看重规矩礼仪,所以,在长辈们面前,你要尽可能地恭谦、孝顺,不要一味地按照自己的意思来。

(2)"哇!真是好吃极了,教教我到底要怎么做嘛!"你可以这样偶尔赞美一下婆婆,让她感觉自己受到尊重。一旦你的努力俘获了她的心,没准,在以后的日子里,你会感受到她带给你的温暖和体贴。

(3)要处处留意自己的举止。A型血婆婆了解一个人的招数有很多,她不仅相信眼前的一切,还会通过各种途径搜寻有关儿媳的消息,征求对于儿媳的评价,这就时刻提醒着A型血媳妇要注意自身的言行。

第十章　婚姻城堡：经营婚姻才能让婚姻持久保鲜

A 型血媳妇与 B 型血婆婆

B 型血的婆婆，多比较现代，不拘泥于传统或是他人意见，性格爽朗亲切，还是很容易相处的。要想获得她的首肯，你得积极一些。

（1）营造亲近、融洽的氛围，让 B 型血的婆婆感到你是他们中的一员。因此，A 血型的媳妇要尽可能地放松些，你也可以若无其事地模仿对方的一些动作，让对方潜意识里感受到亲近感，这样，气氛自然会融洽许多。

（2）保持一个良好的第一印象。A 型血的媳妇要尽量投其所好，与婆婆交谈时，要寻求与她共同感兴趣的话题，要适时地赞同她的观点；当她换了一套新衣服或是做了新发型时，你也要恰到好处地赞美她，这样才会增进彼此的感情。

（3）与 B 型血的婆婆交往，要尽可能大方，千万不要猜测、揣摩她的心思，和她要心计，这样只能招致她的反感。

A 型血媳妇与 AB 型血婆婆

AB 型血婆婆充满个性，她可能不会喜欢 A 型血媳妇严谨的做事态度，要想让她"容忍"这点小小的瑕疵，A 型血的媳妇可以做这样一些尝试。

（1）要有一颗宽大包容的心。你要尝试着深入婆婆的内心，了解她、体谅她，即便是当她对你有所不满，有所唠叨，甚至有意刺激你，你也要心胸宽大，不与她计较。相信要不了多久，她就会慢慢地改变心意，接纳你。

（2）不要企图改变她，但你可以通过自己的努力，潜移默化地影响她。总的来说，AB 型血的婆婆还是很满意端庄有礼、稳重柔顺的 A 型血媳妇的。A 型血媳妇可以通过彼此的沟通、交流，在改变婆婆看法的同时，完善彼此的关系。

(3)彼此之间保持一定的距离。A型血的媳妇与AB型血的婆婆都很神经质,在与私事有关的事情上,她们总是固执己见,争持不下,互不退让。因此,在没有与对方商量前,最好不要侵犯对方的私人空间。

A型血媳妇与O型血婆婆

A型血的媳妇,多不是O型血婆婆心中理想的媳妇人选。A型血媳妇比较谨慎,在O型血婆婆眼中,虽然比较谦恭、柔顺,但也时常会感觉彼此之间有隔阂,相处不那么亲密。其实,要想与O型血的婆婆融洽相处并不难,你可以考虑这么来做。

(1)不要事事依照婆婆说的去做,即使按照她所说的去做,也要经过深思熟虑,提出自己的主张,与婆婆探讨,彼此在讨论中寻求共识。

(2)在婆婆面前,轻易不要开玩笑,尤其不要开你老公的玩笑。因为O型血的母亲多半很溺爱自己的子女,她是绝对不容许别人讲自己孩子坏话的。

(3)要多花时间与O型血的婆婆培养感情。平时,你要多与她接触,并尽量地展现出自己随意、个性的一面,使她认识到原来你并不是个斤斤计较的人,让彼此培养出信赖关系。这样,拥有更多共识的你们才能敞开心扉,真心地彼此接纳、亲近。

B型血媳妇与A型血婆婆

B型血的媳妇没有心机,比较随意,所以,很容易放松戒备,在不知不觉中暴露了自己的弱点。为了不至于造成以后相处的不愉快,B型血媳妇可以注意以下几点。

(1)与A型血婆婆交往时,一定要注重细节。A型血婆婆比较传统,注重礼节。所以,在亲友面前,你要尽量展示出你知书达理、秀外慧中的一面，言谈举止端庄得体。

（2）除了顺从 A 型血婆婆的做法之外，你还可以在和她商量后，加入一些自己的独创风格，相信这位不太喜欢变化的 A 型血婆婆，也会接受你的做法的。

（3）可讲可不讲的话最好不要讲，尤其是提及与前任男友的关系等问题时，要尽量避开。不仅如此，还要适时地体现你对丈夫的关爱，让她体会到你对她儿子的真心。

B 型血媳妇与 B 型血婆婆

同为 B 型血的婆媳俩，有着很多的相似之处。因此，在相处时应往好的方向发展，避免走极端。B 型血媳妇需要注意以下几点。

（1）很可能你们的初次见面就势如水火，互不欣赏对方，对此，B 型血媳妇要切记：不要在男友面前中伤他母亲，这样对你不会有任何帮助，只会更加陷你于孤立无援的境地。

（2）要注意调节自己的情绪，这可是 B 型血媳妇最擅长的。B 型血婆婆的态度可能会因为心情的好坏而有所改变，由于彼此习性不同，可能会在沟通交流上存在问题，让你倍感疲劳，这时你要做的就是调用各种方法、手段，让一切对自己不构成压力。

（3）如果初次见面效果极好，同为 B 型血的婆媳俩，很可能会成为忘年交。鉴于此，婆媳俩应坦诚相待。如果彼此都各自有所坚持的话，也会让彼此的心里不甚愉快。而且，在相处时，媳妇应多设身处地为婆婆着想，尊重她，呵护她，在付出的同时定会得到她的关爱。

B 型血媳妇与 AB 型血婆婆

与 AB 型血的婆婆相处，相对于其他血型的婆婆来说要容易一些，你可以不必太拘礼。但是为使双方相处更融洽，你还是应注意以下几点。

（1）最好不要与丈夫过分亲昵。尽管 AB 型血婆婆开明豁达，很少干涉儿子的爱情，但是她还是比较喜欢自理能力强、个性坚强的女孩子。

（2）你可以对婆婆多加赞美，赞美她厨艺精湛、打扮得体、持家有道，但别刻意去讨好她，在交往上要保持自然的距离。不要拼命装作愉快开朗的样子，否则，你很可能会受到 AB 型血婆婆情绪的影响而灰心。

（3）要对自己有信心，至少要表现得自信一些。在她面前，你不要紧张，也无需掩饰什么。尽管她们目光敏锐，似乎总能猜透你的心事，但你不必介怀，她就喜欢淳朴、毫无心机的你。

B 型血媳妇与 O 型血婆婆

与 O 型血婆婆相处，B 型血媳妇会受益良多。她们热心且宽容，多与她们接触，她们也许会成为 B 型血媳妇的良师益友。与之相处，B 型血媳妇需要注意以下三点。

（1）在 O 型血婆婆面前切忌我行我素，要适时表现得天真乖巧一些，因为她可是吃软不吃硬的。你若是偶尔向她撒撒娇，她可是真会拿你当亲生女儿一样疼爱的。

（2）凡事要谦恭，以礼相待，遇事也多退让。没有经历过婚姻的你，可能还不懂得如何打理一个家，你不妨多问问这位婆婆，她若是肯从头开始教你的话，相信你们的关系便能够更圆润一些。

（3）凡是多商量，多请教。O 型血婆婆很在意媳妇对自己的态度，她希望赢得媳妇的尊敬。所以，在日常相处时，B 型血媳妇可以与婆婆多谈谈心，交流厨艺、穿着打扮之类的生活话题，遇到困难时也别忘了征求一下婆婆的意见，这样彼此相处起来会更和谐。

第十章 婚姻城堡：经营婚姻才能让婚姻持久保鲜

AB型血媳妇与不同型血婆婆

AB型血媳妇与A型血婆婆

AB型血媳妇谦虚谨慎、知书达理，颇受思想传统的A型血婆婆欢迎。为了让彼此相处更融洽，你可以多在以下方面下点工夫。

（1）注重礼节、孝道。你可以依照对方喜好，比如，对方喜欢写信，你就多寄几次信给她；平时多打电话慰问她；逢年过节时别忘了给公婆寄张贺卡，让她感受到你的诚意和真心，慢慢地她就会喜欢你。

（2）要拥有让婆婆有面子的智慧。恃才而骄的你，有时会显得冷漠、清高，不愿受婆婆管束，你不妨表现得大智若愚点，毕竟在各个方面，A型血婆婆都略逊你一筹。你只要让她保住面子，你们相处起来就会舒适许多。

（3）闲暇时，要耐下心来多陪老人聊聊天，给她讲外面的新鲜事，或者找一些共同感兴趣的话题来聊，消除她的寂寞感。

AB型血媳妇与B型血婆婆

B型血婆婆不善于掩饰自己的情感，喜怒哀乐都表现在脸上，对于直觉敏锐的AB型血媳妇来说，这样更有助于交流。要维持你们的良好关系，同样需要掌握一些小技巧。

（1）多亲近B型血的婆婆，并试着接受她。你可以暗暗记下她的生日、爱好，比如她最爱吃的食品、最喜欢的服饰等，在适当的时候买给她，给她个意外惊喜。这将成为你们婆媳之间很好的润滑剂。

（2）AB型血媳妇不妨采取以退为进战略，多听听B型血婆婆年轻时候的故事，转移她的注意力。因为B型血婆婆的好奇心实在很强，她们对 AB 型血媳妇的事很上心，喜欢追根究底，常常让你感到自己的隐私极有可能被暴露。你这样既表现出你对她的关心，又避免了她对你的好奇。

AB 型血媳妇与 AB 型血婆婆

同是 AB 型血的婆媳俩，都有挑剔的目光、敏锐的直觉。因此，在相处时，应注意以下几点。

（1）同为 AB 型血的婆媳俩都善于交际，初次见面时很容易营造出一个温馨的氛围。然而，AB 型血的媳妇，应该清醒地意识到这只是一个假象，你应该事后再向男友询问一下他母亲对你的看法。所谓"知己知彼，百战不殆"，了解了未来婆婆的真实想法，就投其所好，她不喜欢的地方尽量规避或改善。

（2）不要对长辈的态度耿耿于怀，她们可能不是故意的，要尽量避免和婆婆正面冲突，使矛盾不至于现场爆发而不可收拾。人与人相处最重要的就是相互尊重，婆媳之间也当如此，所以，有矛盾时应尝试解决，而不是积淀，更不能"以牙还牙"。

AB 型血媳妇与 O 型血婆婆

O 型血婆婆天性喜欢热闹，有了中意的儿媳妇，当然会想向亲朋好友们介绍。于是，免不了家宴款待。这个时候，AB 型血媳妇即使百般不乐意，也要尽可能不扫她的兴。你可以参考一下别人的做法。

（1）尽量参加这样的家宴，毕竟这是将自己融入这个家庭的最快捷的方式，也是展现自己魅力的时刻。在家宴上，一定要做一个好媳妇，礼节周到，应对得体。在亲朋好友面前，要适时地多赞美一下婆婆，给足婆婆面子，这样，婆婆的最后防线也不攻自破。

（2）如果实在不愿意参加这样的家宴，那么你可以婉转谢绝，但是次数不要超过被邀请次数的一半，否则会激怒 O 型血婆婆。

（3）要虚心向 O 型血婆婆请教。O 型血婆婆有时候会比较自我，所以，在她感兴趣的事情上，你要表现出一定的兴趣，这样你们的婆媳关系才会更理想。

O 型血媳妇与不同型血婆婆

O 型血媳妇与 A 型血婆婆

A 型血婆婆多比较传统，因此，她也希望自己的儿媳端庄有礼。要想给这位未来的婆婆留下良好的印象，你需要多注意以下几点。

（1）努力避免自己随意散漫的生活作风，平时少煲电话粥，更不要在夜间与她联络，这样容易给人以轻浮、缠人、任性的坏印象。

（2）去他家做客的时候，更要注意自己的言行。所谓"礼多人不怪"，进门时要向人问好，帮忙做饭做菜、收拾家务，要尽量表现得知书达理一些。告别时，也要注意选择一个合适的时机。

（3）要体贴、顺从 A 型血婆婆，凡事尽量考虑到婆婆的情绪，但也不要太过于关心在意，否则会使彼此疲惫不堪。O 型血媳妇多善解人意，富有浓厚的人情味，所以很能懂得婆婆的辛劳。适时地体谅婆婆会让对方心存感激，对你产生亲近感。

O 型血媳妇与 B 型血婆婆

B 型血婆婆生性乐观开朗，即使 O 型血儿媳很不注意细节，她还会比较欣赏她。因此，与 B 型血婆婆相处是很轻松的，你可以参考下面的方法。

（1）B 型血婆婆思想开放，个性随和，她们给予孩子更多的自由时间。因此，O 型血的你可以大大方方地与男友往来，不必过分担心她对你有成见,更不必顾虑她会阻拦你们的交往。

(2) 要多和她聊天。聊天是增进感情的最佳途径。你可以向她讨教一些下厨的经验,也不妨问问她年轻时的恋爱经历,这些看似不经意的举动,往往会收到意想不到的效果,令你们的关系更亲近。

(3) 不要斤斤计较,对待 B 型血的未来婆婆,要宽容、坦诚,你可以以本来面目和她交往,她可不喜欢被蒙在鼓里的感觉,尤其是当事情败露之后,她可能会更加觉得难受。

O 型血媳妇与 AB 型血婆婆

AB 型血的婆婆为人淡漠,喜欢清闲,与她们相处,O 型血的媳妇可能会觉得受冷落。所以,要想与她们相处融洽,还是有些技巧的。

(1) AB 型血的婆婆喜欢独立生活,对成人后的子女没有太多的依赖。因此对他们的感情生活也就显得不甚关心,所以,你不必费尽心思讨好她,博得她对你的认同。

(2) 多花点时间相处,不要轻言放弃。尽管 O 型血媳妇很容易与人亲近,但是与 AB 型血婆婆相处时,还是会感觉有隔阂,难以真正走近对方。这个时候,你可不要轻易放弃,假以时日,定会有所好转。

(3) AB 型血的婆婆早已看透了世间的凡情琐事,过分讨好只能招致她的反感。与其百般讨好她,还不如有一句没一句地与她拉拉家常,说说闲话,这样反而会让她觉得有了你她的晚年更富有乐趣,因此更乐意接纳你这名新成员。

O 型血媳妇与 O 型血婆婆

O 型血的婆媳俩,都是占有欲极强的人。所以,她们要和平相处,甚至相互欣赏,是需要一些智慧的。

(1) 不当着婆婆的面和男友过分亲热,即使你们非常相爱。O 型血的婆婆,常常会觉得媳妇是来和自己争儿子的,所以,她们对于子

第十章 婚姻城堡：经营婚姻才能让婚姻持久保鲜

女的恋爱对象，是一定会挺身而出严格把关的；如果，你和她儿子表现得很亲近，会刺激到她这根脆弱的神经，会引起她对你的反感。

（2）O型血人多以自我为中心。在O型血婆婆面前，不妨表现一些弱势，冲淡她的竞争心理。你可以从她那里了解到更多的关于他的故事，这样既能增进彼此之间的认识，又能增进彼此之间的关系。

（3）平时要多注意礼节，节假日可以带老人一起出去转转，平日里要勤打电话问候，以减少O型血婆婆内心的孤寂感。

私家秘语

都说婆媳关系难处，可是你要是记住你的丈夫是婆婆含辛茹苦地拉扯大的，你就不会再那么苛刻了。你应该对她温柔一些、体贴一些。如果你非常友善地对她说："妈妈，你辛苦了，歇一歇，家里的事情由我来做。"相信没有哪一个婆婆会跳起来说："你说得不对，那些都是屁话！"

测试：婚姻对你来说是什么

每个人的婚姻观都会不同，有的人崇尚安详宁静、能与爱人携手到老；有的人喜欢一个人无拘无束的单身贵族生活；有的人则幻想着跟爱人携手打拼，共享激情岁月。

那么，你适合怎样的婚姻模式呢？

测试开始

1. 跟朋友一起拍照，你都会加洗给他们。
   是的→2题
   不是→3题
2. 即使自己并不想去，一旦有朋友去厕所，你也常常会跟着去。
   是的→4题
   不是→5题

3. 说到礼物:
   你比较常送人→5题
   你比较常收到→6题

4. 如果跟好朋友吵架,你比较讨厌哪一种情形?
   讲道理输给人家→7题
   听人家自以为是→8题

5. 你跟他一起吃薯片,结果剩下一片,你会说什么?
   "你要吃吗?"→8题
   "我要吃掉喔!"→9题

6. 约会场所最多是哪一种?
   他想去的地方→9题
   自己想去的地方→10题

7. 你是那种受到拜托就难以拒绝的人吗?
   是的→11题
   不是→12题

8. 曾经想过,只要是为了喜欢的人,你可以牺牲生命。
   是的→12题
   不是→13题

9. 想要早点生小孩。
   是的→13题
   不是→14题

10. 曾经感情出轨。
    是的→15题
    不是→14题

11. 觉得自己
    擅长倾听→16题
    擅长说话→12题

第十章 婚姻城堡：经营婚姻才能让婚姻持久保鲜

12. 如果要做，你觉得自己做哪个比较好？
    总经理→17 题
    副总经理→16 题

13. 这是李奥纳多主演的电影，你比较喜欢哪个女主角？
    茱丽叶→17 题
    露丝→18 题

14. 经常跟你一起吃午餐的朋友有：
    4 个以上→18 题
    3 个以下→19 题

15. 你曾经因为自己的任性而被甩。
    是的→19 题
    不是→14 题

16. 你不常跟朋友借钱，比较常借钱给人家。
    是的→20 题
    不是→21 题

17. 你对做义工有兴趣。
    是的→21 题
    不是→22 题

18. 你跟女性朋友有约，又跟他人有约，如果撞车，哪边会是优先考虑？
    他→22 题
    女性朋友→23 题

19. 一旦跟男性展开交往，就会维持很久。
    是的→23 题
    不是→24 题

20. 觉得自己是相当孝顺的人。
    是的→25 题
    不是→21 题

21. 跟男孩子相处时，你是：

    想照顾他的类型→25 题

    想被他照顾的类型→26 题

22. 大吵一架之后，通常先认错的是谁？

    自己→26 题

    他→27 题

23. 跟他去吃饭时，经常是以谁的喜好来选择餐厅？

    他→27 题

    自己→28 题

24. 最讨厌等红绿灯。

    是的→28 题

    不是→23 题

25. 你觉得哪一种人生比较幸福？

    平稳的人生→A

    多彩的人生→B

26. 你讨厌被人束缚，曾经因此而分手。

    是的→C

    不是→B

27. 如果自己想做的事受到干扰，即使对方是情人，也可以放弃。

    是的→D

    不是→C

28. 一旦发现对方有缺点，那个缺点会越变越大，让你越来越讨厌他。

    是的→D

    不是→C

测试结果

选 A：专职主妇是你梦想的角色

你对结婚的观念是相当保守的。对你而言，女孩子就要结婚，守

第十章 婚姻城堡：经营婚姻才能让婚姻持久保鲜

着家庭，照顾丈夫跟孩子，这是最重要的工作。这样的你，可以用贤妻良母四个字来形容，将来你会变成全职主妇，为了家人幸福而牺牲自己，同时成为出色的母亲，不过因为你对自己没有自信，所以可能会对丈夫及孩子过度依赖，这点必须注意。

选 B：丁克族的生活是你的理想

对你而言，结婚就是夫妻俩互相扶持、彼此照应，认为夫妻之间的责任比例应该是1：1，彼此之间保持对等关系。家庭虽然很重要，不过自己想做的事，你也不会放弃。建议你找个可以跟你分摊家务的丈夫，结婚之后便不需辞掉工作，夫妇俩一起就职。不过，要记住，在丈夫父母以及朋友面前要给足他面子。

选 C：也许自己过活会比较快乐

对你而言，婚姻是无聊的东西。虽然你也想结婚，不过却不想受束缚，为什么有这种想法？因为你是把自己的时间看得比什么都重要的人，你可以选择单身赴任或是周末婚姻，跟丈夫保持一定的距离，如此便能享有自由，同时远离离婚危机。但必须注意的是，你的心胸要够宽大，别去约束丈夫，不能忌妒。

选 D：你对婚姻并不抱任何憧憬

也许你觉得婚姻会夺去自己的自由，如果自己想做的事情受到任何干扰，你会觉得非常难以忍受，虽然你也希望有个情人，但你不想结婚，你想在兴趣以及工作上面尽情发展，过自己的自由人生，值得留意的是，有时候你会感到寂寞，这时就需要朋友在身边。

第十一章
交际纽带：储蓄左右逢源的人脉资源

不管性格内向还是外向，一个人一生中时时都在与他人打交道，进行各种各样的交往。在交往中有许多技巧和艺术需要学习和掌握，这些技巧和艺术是你赢得他人信赖和尊重的敲门砖。从现在起，主动建立自己的人际关系网吧！

第十一章 交际纽带：储蓄左右逢源的人脉资源

用心读懂你周围的人

其实，人心就像一本书，只要我们掌握了必要的"阅读"方法和技巧，就完全可以把人心"拿"在手上"阅读"。了解某人，再与其交往，就可真正做到"四海之内皆朋友"。

远离"吹牛"的享乐主义者

"万人迷"这个词语用在享乐主义者的身上再合适不过了。他们非常合群，而且能说会道；他们魅力十足，喜欢享乐。无论你提议干什么，他们都想干；无论你提议去哪里，他们都想去。享乐主义者热情直率，他们习惯于用夸张的肢体动作如拥抱、拍打或抚摸来表达自己的情绪。

不过，在成为万人迷的同时，他们逃避问题及避开不利处境的性格倾向常常使他们成为名副其实的吹牛大王，战国时期的季孙氏便是这种人。

艾子是战国时齐国人，在"战国四君子"之一的孟尝君家里做食客，孟尝君对他很尊重，视为嘉宾。后来他从齐国回到鲁国，与季孙氏相遇。

季孙氏问他："您在齐国住了那么久，那么请问齐国最有德才的人是谁？"艾子说："没有比孟尝君更好的。"季孙说："孟尝君有什么德行？"艾子说："孟尝君家里有食客三千，食客们穿好的吃好的，而孟尝君一点儿也不厌烦。他若不是个大好人，能做到这样吗？"

季孙氏冷笑了一下说："您这是在瞧不起我啊，我家也养着三千食客,难道就只有那个号称孟尝君的田文才有这个德行吗?"听他这么一说,艾子不觉肃然起敬,说:"失敬,失敬,我现在才知道您也是鲁国的大贤人啊,我明日就登门造访,到您府上会会那三千食客。"季孙氏说:"好吧。"

第二天一早,艾子洗漱干净,穿戴齐整就去拜访。一走进季孙氏的大门,静悄悄的;到了大厅里,连个人影也没有。艾子纳闷:莫非食客们住在别的馆舍吧?过了好长时间,季孙氏才出来,艾子问他:"食客在哪里?"季孙氏装出一副怅然若失的样子说:"先生您来得太晚啦,三千食客各自回家吃饭去了!"艾子方知季孙氏玩了大骗局,是个死不要脸的吹牛家,就打心里对他瞧不起,冷笑两声就走了。

为什么季孙氏喜欢自我炫耀,说出和事实不相符的事情来呢?心理学家认为,补偿自我的需要是引起吹牛的常见心理原因。同样,享乐主义者喜欢夸大自己的能力和身份,实际上是出于心理补偿。这时,吹牛既是为了弥补落差,在心理上达到理想自我的境界,也是出于让自己充满吸引力,得到他人的崇拜和爱慕。其次,他们期望借助大话提高自信、降低内心的恐惧和焦虑。例如当对手向自己进行挑战时,就可以通过吹牛在刻意"蔑视"对手,增强自信心。

了解到享乐主义者惯于吹牛的原因,与其交往,我们就可以做到有的放矢。

1. 给他自我展示的机会

明明知道他在吹牛,也要认真倾听,并适时赞美;在参加集体活动时,鼓励他表演节目,适当表现自己。利用一切机会满足他们自我表现的欲望。当他们认为别人已经看到自己的价值时,自然不会再用吹牛的方法来换取别人的注意。

2. 不要对他过分夸奖

过度夸奖,易给享乐主义者带来心理负担,使他朝两个方向发展,要么变得焦虑,遇到困难容易退却;要么产生"我比谁都强"的心理,不允许或不能接受别人超过自己的事实。每当这种情况出现时，善于逃避现实的享乐主义者便开始编织一个又一个理想中的情景来麻痹自己。因此，在夸奖他们时一定要实事求是，不要夸大其词，并在表扬的前提下给他指出不足之处。

3. 以身作则，树立好榜样

俗话说"近朱者赤，近墨者黑"，如果我们平常就把牛吹得满天飞，当别人发现事实并不是那样的时候，就会产生被欺骗的感觉，继而自己也陷入吹牛的漩涡。所以自己一定要以身作则，为别人树立良好的榜样。

给予者善于在交际中变换角色

"我能与不同性情的人交往，对不同的人，我可以说出不同的赞美话，但我并不拍马屁，我只是时刻希望别人觉得被尊重、被爱戴、被肯定而已。"人际交往中，给予者是这么说的，也是这么做的。他们认为爱听赞美话是人的天性，人人都喜欢正性刺激，而不喜欢负性刺激。每个人都愿意听别人赞美自己漂亮、强壮、健康、年轻，条件比别人优越；人际关系中，每个人都希望与别人和睦相处，获得好人缘，得到亲朋好友的尊重和认可；事业上，每个人都渴求在社会上谋得一席之地，实现自我价值。既然赞美有如此好处，自己一句微不足道的话，不但满足别人的自尊心，又使自己有成就感，何乐而不为？也许，对喜欢奉献的给予者来说，赞美是与人交往的最好桥梁。

比尔·派克是佛罗里达州得透纳海滩一家食品公司的业务员，他对公司新出的系列产品感到非常兴奋；但不幸的是，一家大食品市场的经理取消了产品陈列的机会，这令比尔很郁闷。他对这件事想了一整天，决定下午回家前再去试试。

他说："杰克，我今天早上走时，还没有让你真正了解我们最新系列的产品，假如你能给我些时间，我很想为你介绍我漏掉的几点。我非常敬重你有听人说话的雅量,而且非常宽大,当事实需要你改变时你会改变你的决定。"

赞美是一种重要的交际手段,它能在瞬间沟通人与人之间的感情,使人在复杂的人际关系中游刃有余。当然,我们也应该看到,赞美他人作为建立良好人际关系的技巧,也不是随口说几句好听的恭维话就能奏效的。赞美他人也有一定的原则和技巧,"出口乱赞",结果只会适得其反。因此,不管你是给予者,还是属于其他类型人格,在你打算赞美他人的时候,应该注意以下几点。

1. 诚心诚意

赞美具有改变人际关系的功能,但这种功能只是赞美的副产品,如果把它当做唯一目的,就可能产生虚假的赞美。比如别人穿了一件新衣服,你觉得很美,就应该称赞这件衣服漂亮,这种赞美是诚心诚意的。如果你并不认为这件衣服漂亮,只为了讨好对方,故意说它美不可言,这就叫虚伪客套。至于逢迎献媚式的赞美,那就更不应该了。

2. 恰如其分

假如你的同事取得了某项成就,你说:"真不容易。"他听了会感到高兴,因为你肯定他做出了别人没有作出的贡献。但你若说这是一项"划时代的贡献""揭开了某某领域的新篇章",那就会使被赞扬的人感到不舒服,甚至还会引起误解,认为你是借此来讽刺他。事实上,你也许丝毫没有冷嘲热讽的意思。为什么会产生这种错觉?就是因为你的赞美过分了。恰如其分的赞美就应当实事求是,一是一,二是二,不能无限夸大。

3. "明暗"并举

所谓明,是指当面赞美;所谓暗,是指背后赞美。当面赞美是必需的,但背后赞美更不能少。因为不当本人面的赞美,往往是出于真心且不含有任何条件的。当它传到被赞美者耳中时,对方获得的心理好感，比当面赞美要多得多。只有当面赞美，没有背后赞美，这样的赞美的动机恐怕有些不纯。如果当面赞美别人，背后又说别人坏话，就表示人品有问题了。

赞美他人会使别人愉快，被赞美者的良性回报也会使我们感到愉快，从而形成人际关系的良性循环。

拒绝别人走近自己世界的观察者

常言道"一回生，两回熟，三回四回是朋友"。可对观察者来说，却无用。他们认为，外面的世界充满了危险和侵犯性，保护自己的最好方式就是与周围的人和世界保持一个安全的距离。他们总是一副不愿意与别人深交的样子，与任何人都是一种"君子之交淡如水"的交往。

有的人天生和人"自来熟"，他们看不惯观察者的交往艺术，认为这是种冷漠。其实，这恰是观察者们深得与人交往艺术的地方，因为保持距离是一种安全，也是让友谊长久的"保鲜法"。

有一则寓言就印证了观察者的正确。

蕨菜和离它不远的一朵无名小花是好朋友。每天天一亮，蕨菜和无名小花就扯着嗓子互致问候。日子久了，它们都把对方当成自己最知心的朋友。同时，它俩发现，由于相距较远，每天扯着嗓子说话很不方便，便决定互相向对方靠拢，它们认为彼此之间距离越近，就越容易交流，感情也越深。

于是，蕨菜拼命地扩散自己的枝叶，它蓬勃地生长，舒展的枝叶像一把大伞，无名小花则尽量向蕨菜的方向倾斜自己的茎枝，它俩的距离越来越近了。

出乎意料的是：由于蕨菜的枝叶像一柄张开的大伞，它不仅遮住了无名小花的阳光，也挡住了它的雨露。失去阳光和雨露滋润的无名小花日渐枯萎，它在伤心之余，不再与蕨菜共叙友情，相反，认为是蕨菜动机不良，故意谋害自己，便在心里痛恨起蕨菜来。

　　蕨菜呢，由于枝叶过于茂盛，一次狂风暴雨后，它的枝叶被折断了许多，身子光秃秃的。看着遍体鳞伤的自己，蕨菜把这一切后果都归咎于无名小花，如果没有无名小花，它绝不会恣意让自己的枝叶疯长的。

　　于是，一对好朋友便反目成仇了。

　　其实，距离是人际关系的自然属性，亲密的两个朋友也不例外。你们成为好朋友，只说明你们在某些方面具有共同的目标、爱好、见解以及心灵的沟通，但并不能说明你们之间是毫无间隙，可以融为一体的。过于亲近，有时会被刺伤，过于疏远，又感受不到友情的温暖，只有把握好相处的距离，才能让友谊之树常青。

　　例如，当你要去拜访别人时，应尽量做到不当不速之客，要尽可能在光临前先与对方联系好；在交谈中如果发现对方有"比较忙"的细微表示时，应尽快把话说完，迅速起身告辞；谈话中不要对人家的家庭情况像查户口似的问个没完没了；不要乱动人家的东西等。

　　有人以为，作为好朋友就应该有福同享，有难同当。其实不然，好朋友之间见面和交往的机会虽然比其他人多，可是任何事都要有个"度"，超越这个度你得到的就是相反的结果。

　　朋友有君子，有小人，交友也有君子之交和小人之交。君子之间的友谊平淡，但真实亲密而能长久。小人的友谊浓烈甜蜜，但虚假多变，经不起时间的考验。

私家秘语

　　在交往中，不应该以自己的爱好和习惯否定他人，应该站在他人的角度，多替他人着想。有些人喜欢吃苹果，以为鱼也会喜欢，所以他把苹果当做鱼饵放在钓钩上钓鱼，总是钓不上来，于是他埋怨：这鱼儿怎么回事？我们不喜欢甚至讨厌冒犯我们的人，这很正常。但我们不能由此认为，这个人就什么都不好，不能以自己的好恶评价别人。

第十一章　交际纽带：储蓄左右逢源的人脉资源

有时，你喜欢的东西别人不一定喜欢，而你不喜欢的别人可能很喜欢。我们不能勉强别人做不喜欢的事情，每个人都有选择自己生活的自由。与其只站在自己的立场上，做一个眉头永远舒展不开、挑剔万分的人，不如换一种心态，以积极、欣赏、感恩、自省的态度对待他人，让彼此间的相处变得更容易。多去发现和欣赏他人的优点，并以积极的心态参与其中，我们的人生就会与众不同。

你的交际弱点在哪里

你想让别人喜欢你吗？那就克服自身的弱点吧。只有这样，他（她）才不会讨厌你，慢慢地，你们之间的心理距离就会拉近。随着交往次数的增多，他（她）就很有可能慢慢喜欢上你。

交往：说"不"是相当困难的事情

生活中，最难说的字就是"不"，尤其对很容易受他人情感影响的调停者来说，说"不"是相当困难的事情。在调停者看来，对他人说"不"就如同自己遭到拒绝一样难受。他们更愿意对他人点头，同意他人的观点，而不是公开表达自己的怒火，因为他们害怕发怒会导致分离。

但是，如果不懂得拒绝，对方便会再一次提出使你让步的要求。如此，原本属于你的时间、精力、金钱恐怕会被他全部夺去，那时再后悔也于事无补了。

汉斯刚参加工作，姑妈来看他。汉斯陪着姑妈在这个小城里转了转，就到了吃晚饭的时间。

当时汉斯身上只有20美元，这已是他所能拿出招待对他很好的姑妈的全部资金。他很想找个小餐馆随便吃一点，可姑妈偏偏相中了一家很体面的餐厅。汉斯没办法，只得随她走了进去。

两人坐下来后，姑妈开始点菜，当她征询汉斯的意见时，汉斯只是含混地说："随便，随便。"此时，他的心中七上八下，放在衣袋中的手紧紧地抓着那仅有的20美元。

可是姑妈一点也没注意到汉斯的不安，她不住口地称赞着这儿可口的饭菜，汉斯却什么味道都没吃出来。最后的时刻终于来了，彬彬有礼的侍者拿来了账单，径直向汉斯走来，汉斯张开嘴，却什么也没说出来。

姑妈温和地笑了，她拿过账单，把钱给了侍者，然后对汉斯说："孩子，我知道你的感觉，我一直在等你说不，可你为什么不说呢？要知道，有些时候一定要勇敢地把这个字说出来，这是最好的选择……"

生活中，遇到力不能及的事情时要勇敢地学会拒绝，但是，如果说得不好，就可能导致被人记恨等负面影响。因此，我们必须掌握一些拒绝他人的技巧，做到有效拒绝他人且不失礼节。

1. 巧妙转移法

不好正面拒绝时，可以采取迂回的战术。转移话题也好，另有理由也罢，主要是善于利用语气的转折——绝不会答应，但也不致撕破脸。比如，有人邀请你参加聚会，如果你不想参加的话，不妨如此说："真谢谢你的邀请。不过，碰巧我有重要的事情要办，没有参加的机会了，真是遗憾。请代我向大家问好。"这样的说法很得体，不至于影响双方的关系。

2. 幽默回绝法

这也是一种很好的方法。幽默拒绝是希望对方知难而退。钱钟书在拒绝别人时用了一个奇妙的比喻。一次，钱钟书在电话里对想拜访他的英国女士说："假如你吃了个鸡蛋觉得不错，又何必认识那个下蛋的母鸡呢？"用下蛋的母鸡比喻自己，不但巧妙生动，而且表现出了钱老和蔼可亲的性格，幽默风趣地拒绝了对方。

3. 以攻为守

换言之，就是"以他人之矛攻他人之盾"。如有熟人找你借钱，但对方做的是不正当的事情（如赌博），这个时候你可以在对方说请求之前率先地提出自己的要求："这么巧呀！正好碰到你，我正准备去找你借点钱……"对方如果听到你这么说话自然就不会再向你开口借钱了，可能他还会懊悔自己向和尚借梳子，找错人了呢！

4. 肢体表达法

一般而言，摇头代表否定，别人一看你摇头，就会明白你的意思，之后你就不用再多说了。面对推销员时，这是最好的拒绝方法。另外，微笑中断也是一种拒绝的暗示，突然中断笑容，便暗示着无法认同。类似的肢体语言包括：身体倾斜的姿势，目光游移不定，频频看表，心不在焉……但切忌伤了对方的自尊心。

总之，委婉拒绝不仅是一种策略，也是一门艺术。委婉地说话，是待人诚挚的表现。作为一个现代人，应当有这种文明意识，并掌握这一有利于人际交往的语言表达方式。

猜疑是怀疑论者缺乏根据的盲目想象

你总是疑神疑鬼吗，喜欢翻看对方的手机、邮件等私人物件；习惯猜测别人的所思所想，不管人家说什么，自己都会觉得对方不怀好意；看到有人悄悄议论，就疑心在说自己的坏话；见别人学习很用功，就疑心他有不良企图。

如果是这样，那么毋庸置疑，你就是怀疑论者。

怀疑论者的注意力就像一台红外扫描仪，总是想检查别人的内心，看看别人的真实想法到底是什么，表面现象的背后隐藏了什么事实，微笑面孔的背后又有什么样的企图……他们总是想弄清楚这些问题。

带着这种先入为主的偏见，怀疑论者最后是越猜越疑，越疑越猜。正如英国思想家培根所说："猜疑之心有如蝙蝠，它总是在黄昏中起飞。这种心情是迷陷人的，又是乱人心智的。它最终将导致一个人做错事情。"

回顾历史，一代枭雄曹操就是典型猜疑性格。

曹操刺杀董卓不成，独自一人骑马逃出洛阳，飞奔谯郡，路经中牟县时被擒。县令陈宫慕曹操忠义，于是弃官与之一起逃亡。两人行至成皋，投曹父故人吕伯奢家中求宿。

吕伯奢一见曹操，非常高兴，又听说其刺董卓未遂，正遭缉拿，更是欷歔良久。之后，转身出门，命四个儿子杀猪宰羊，自己则去四里外的集上打酒。

由于刺董之事，曹操终日紧张，加上他生性多疑，所以根本没有真正静下来过，即使在吕伯奢的客堂里，他依然两耳高竖，坐立不宁。他刚喝完一杯茶，就听到了磨刀声，侧耳再听，竟听有人说："马上堵了门，别让它跑了！"

多疑的曹操哪知道是在杀猪宰羊，他认为吕家人要报官杀害他，他心一横，拔剑出门。"好一群不顾大义的小人！"吕伯奢的小孙子正在瞪目瞅他，曹操却忽地一剑刺去，一股红流喷在胸部。曹操没有任何反应，仍是一剑一人地杀向后院。

提剑的曹操，见后院内吕伯奢的四个儿子正在捆猪，心中猛地一顿，知道自己杀错了人，但仍提剑砍去。又是四剑之后，曹操觉得自己的身体突然软了下来，遂挂剑在地，闭目不语。良久，忽拔剑挺直，对天长笑："宁负天下人，不让天下人负我！"笑毕，一剑砍断马缰，手抓马鬃，跃身而上。

正史可能对这一段还存有疑义，然而曹操性格中的多疑也是不争的事实。

猜疑是人性的弱点之一，是害人害己的祸根。一个人一旦掉进猜疑的陷阱，必处处神经过敏，对他人、对自己心生疑窦，损害正常的人际关系。如果猜疑发生在朋友之间，会破坏纯真的友谊；发生在恋人之间，会妨碍感情的发展；发生在同事之间，会影响正常的工作。

第十一章　交际纽带：储蓄左右逢源的人脉资源

猜疑是人际交往中的毒瘤，会为自己带来许多不必要的烦恼。因此，猜疑心理是需要克服的。那么，对于这种不良心理应怎样消除呢？

第一，优化个人的心理素质。拓宽胸怀，增加对别人的信任度和排除不良心理。

第二，摆脱错误思维方法的束缚。只有摆脱错误思维的束缚，走出先入为主的死胡同，才能促使猜疑之心在得不到自我证实和不能自圆其说的情况下自行消失。

第三，敞开心扉，增加心灵的透明度。猜疑往往是猜疑者人为设置的心理屏障。只有敞开心扉，将心灵深处的猜测和疑虑公之于众，增加心灵的透明度，才能求得彼此之间的了解和沟通，增加信任度，消除隔阂，获得最大限度的谅解。

第四，无视"长舌人"传播的流言。猜疑之火往往在"长舌人"的煽动下，越烧越旺，导致人失去理智，从而酿成恶果。因此，听到流言时，千万要冷静，谨防上当受骗。

第五，当我们开始猜疑某人时，最好能先综合分析一下他的为人、经历等。这样有助于将错误的猜疑扼杀在萌芽状态。

产生猜疑，你可以有所警惕，但不要表露于外。这样，当猜疑有道理时，你因为做好了准备而免受其害；而当这种猜疑毫无道理时，也可以避免误会好人。

从一个人的世界中走出来

张爱玲、梁朝伟、爱因斯坦……都是观察者的佼佼者。在他们身上，我们可以看到内向、孤独、喜欢思考多于交谈、喜欢独处胜过聚会等观察者的性格特征。张爱玲一生孤独寂寞，最后老死在美国的寓所，身边没有一个亲人朋友；梁朝伟小时候家庭的不幸让他学会对着家里的镜子倾诉心事，这些或许可以解释为什么他能够在《花样年华》中出演对着树洞倾诉故事的周慕云。

九型人格与血型密码

观察者专注，工作起来很迷人，然而当你要走进他的世界时，你会发现很难。他们总是小心翼翼地保护着自己的那一方小天地，像是一个城堡，你永远只能在外面徘徊而无法获准进入。

与人交往，保持适当的距离很必要，但距离太大就不好了。因为这样将意味着你不容易得到友谊，孤独也会追随你一生。

19世纪有一个勇敢的年轻探险家，想尝试《鲁滨孙漂流记》中主人公的荒岛生活。于是，他独自来到一个荒岛上，独居了4年。在这4年中，他可以自如地应付自然界的残酷，满足自己生存所需要的一切，却无法忍受孤独的感觉。为此，他学鲁滨孙养了一条狗、一只鹦鹉，以及几头野兽为伴，每天和这些动物们长谈。但是，他仍然常常陷入精神恍惚的状态，不能自拔。4年后，他重新回到了家人身边，却无法完全恢复以前与人交往的能力。

无独有偶，还有一位叫伯尔的海军上将曾经在他的著作《孤独》中讲述了他在北极探险期间一个人独居6个月时的生活感受。这6个月，他是在被冰雪掩埋下的小木屋中孤独地度过的。伯尔也是主动要过与世隔绝的生活的，他想真切地体验一下孤独生活的和平与宁静，但他仅仅在冰雪下的小木屋里孤独地生活了3个月，就陷入了极度忧郁的状态，不得不在6个月后，悻悻地返回人类社会。

因自我封闭而倍感人际疏离的人越来越多，这不仅是人际交往的天敌，更是现代人孤独感、压抑感的来源之一。在当今社会里，人们之间的交流越来越多地限于电话、电子邮件，而少了面对面的交流与沟通，于是一堵无形的心墙拉开了人与人之间的距离。

要想摆脱孤独感的折磨，就必须开放自己，就像身处一个无人的山谷，只有自己主动向外走，才能离开这片荒凉之地。同样，要获得丰富深刻的人际感情，你也需要走出自己的小天地，去和别人交往。人是社会性的动物，单靠自己个人的力量生活在这个世界上显然是不够的。尤其在现代社会，人与人之间需要展开广泛深入的合作，才能

第十一章　交际纽带：储蓄左右逢源的人脉资源

共同完成一件事，所以学会交往和合作是非常重要的生存之道。而且，人只有在交往中，才能体会到各种情感体验所带来的愉悦。所以，交往是人生非常重要的课程，需要你努力用心学习和实践。你的投入越多，获得的回报也越大，幸福感也越强烈。

私家秘语

人缘不好者往往有一些毛病：自以为是，瞧不起别人；看人总是斜着眼睛；回答问话时往往显出不耐烦的神情；即使在求助于别人时，也爱摆出一副胸有成竹的架势，好像在考人家。这些表现，虽然并非完全是有意识的，却必然会引起他人的反感。心胸狭窄、妒忌心重，是人缘不好的重要因素。能力比他强的，他不服气；受领导器重的，他看不顺眼；别人相互关系密切，他则悻悻然；甚至连谁讲了一句精妙的俏皮话，他也会若有所失。这就无形之中在他与别人之间构筑了一道厚厚的墙。另外，疑心病太重，也是人缘不好者的一大弱点。看到几个人在窃窃私语，便怀疑在议论他；甚至别人无意中瞟了他一眼，他就受不了。凡此种种，使自己终日处于惶惶然之中，使别人对他避之唯恐不及。他们在人际关系中没有信任，当然也就不可能与别人沟通感情，就连正常的沟通也受到了严重阻碍。从现在开始提高自己的心理素质，做到在与人交往时挥洒自如，处变不惊、镇定自若，不要怯场害羞，要相信自己的能力，即使面对非常严厉的人也不要过分紧张，要多参加一些有益的公众活动，得到与人交流的机会，不断拓展自己的人际关系。

四种血型影响力大比拼

影响力发挥作用是一个很微妙的过程，它以潜意识改变他人的行为、态度和信念。没有人能够抗拒它，因为它来得悄无声息，等你察觉时，早已经被它俘虏。

A型血人具有无私奉献精神

与A型血人打交道,你会发现他们具有无私奉献的精神。无论何时何地,只要你告诉他们自己需要帮助,他们就会全力相助,即使赴汤蹈火也在所不惜。

梁朝伟是A型血人,他具有很强的服务意识。尤其在工作中,只要导演需要,他会拼命地达到要求,力求剧情完美,即使牺牲自己大量的时间、精力,甚至健康。

2009年,梁朝伟加盟《一代宗师》,饰演叶问。

为了在影片中展现中华武术精髓,数月来梁朝伟不停地跟师傅习武。有一天,他竟要求同时与四位师傅进行较量。虽说是场练习赛,但是梁朝伟全力以赴,俨然在与四位高手对决。结果,打斗中,一位师傅不小心踢到梁朝伟的左手。随后梁朝伟被送往医院。经医生检查后,证实他左手骨折,需要打石膏帮助恢复。然而被梁朝伟委婉拒绝,他认为打石膏会令他多日来练得的肌肉"消失",体形发生变化,影响电影的开拍。

记者就这件事采访梁朝伟:"再拍戏时是否有心理阴影?"

梁朝伟说:"拍打戏受伤是常有的事。这次有经验了,正式开拍时就会注意很多。目前,我担心的是影响'练功'进度,医生建议我不要运动,即使跑步也不可以。所以我在想办法,试试不跑跳也能练腿功。"

负伤了,梁朝伟首先想到的不是自己,而是担心耽误剧组拍摄进度、影响自己练功的进度。因为梁朝伟有这种牺牲精神,拍戏全身心投入,所以他赢得了导演、同事的称赞,感染了身边的人,激发了他们的工作热情。

A型血人就是如此,他们不言不语,却能为大局、为别人牺牲自己。这种牺牲精神是种美德,人与人之间的交往首先需要的是给予,

第十一章　交际纽带：储蓄左右逢源的人脉资源

善于奉献才会架起沟通的桥梁，自私的人不会得到大家的欢迎。

具体说来，自私心理的自我调适有如下方法。

1. 经常进行自我反省

自私是一种下意识的心理倾向，要克服自私心理，就要经常对自己的心态与行为进行自省。自省时要有一定的客观标准，即社会公德与社会规范。要向一些正直无私的人学习，以英雄与楷模动人的事迹净化自己的心灵。

2. 多做一些献爱心的事情

想要改正自私心态，不妨多做些利他行为。例如关心和帮助他人，给希望工程捐款，为他人排忧解难等。私心很重的人，可以从让座、借东西给他人这些小事情做起，多做好事；可在行为中纠正过去那些不正常的心态，从他人的赞许中得到乐趣，使自己的灵魂得到净化。

3. 回避性训练

这是心理学上以操作性反射原理为基础，以负强化为手段而进行的一种训练方法。通俗地说，凡下决心改正自私心理的人，只要意识到自私的念头或行为，就可用缚在手腕上的皮筋弹击自己，从痛觉中意识到自私是不好的，促使自己纠正。

人要有一个正确的人生大方向。没有目标的旅途是漫长而痛苦的，有方向的人就能坚持到底。"我想成为一个对社会有贡献，让周围的人感到快乐的人。"只要心中有了这样的想法，为人处世的原则就会明朗很多。目标犹如心灵的安稳归宿，远大的目标让心灵充满力量，看到自身的渺小，心灵自然也就更加开阔，不会过于看重眼前的得失。

幽默是 B 型血人的杀手锏

大多数 B 型血人性情豪爽，语言风趣，是活跃气氛的关键人物。可以说，他们是天生的幽默家。

众所周知，小 S 口齿伶俐，性情率真，能将无厘头搞笑耍宝运用得炉火纯青,这是她广受粉丝追捧的根本原因,也是她主持《康熙来了》的制胜法宝之一。

一次《康熙来了》访问歌手孙燕姿,蔡康永让小S摆一个性感的造型,小S却突然说"好想放屁",然后退到一边自己"解决"。这一举动让在场的所有人包括来宾孙燕姿都吓了一跳,可小S满不在乎地说:"人人都要吃喝拉撒,这有什么。"然后继续进行节目。在小S的眼里,没有什么是不能说的。

知情人士透露,《康熙来了》开播前,有人对小S表示怀疑,说她无内涵、语言浮夸、行为不检点,只是"花瓶",但后来不断上升的人气和好评证明了她的实力。节目中,她和蔡康永,一个搞笑幽默,一个知性稳重。彼此搭档,节目内容可谓幽默健康,轻松不失本分。自此,小S和《康熙来了》一炮而红。

幽默的女人是自信的,因为幽默有时就是一种自嘲。一个姿色平庸的女子若是能拿自己的外表开玩笑,那么,可以肯定她已经不以此为卑,而且,她的身上肯定还有更多让她引以为傲之处。

幽默是人的思想、知识、智慧和灵感的结晶,幽默风趣的语言风格是人的内在气质在语言运用中的外化,在人际交往中有很重要的作用。

所以,人要想扩大自己的影响,就要注意培养自己的幽默感,掌握幽默语言的艺术。

1. 注意丰富自己的幽默资料

看得多了,听得多了,占有的幽默资料多了,运用幽默语言的能力自然会提高。

2. 注意从别人的幽默语言中体会幽默的要领

仅仅从抽象的概念中学习幽默的要领,往往是不深刻的,只有结合大量的幽默语言实例深入体验,才能深刻理解幽默的要领,从而对幽默语言运用自如。

3. 注意从别人的大量幽默语言实例中启发思路

运用幽默语言，要有独特的思维方式，要有借题发挥、创造幽默语境的技巧，而且要求反应敏捷、思路明快，这些从幽默语言实例中都能体验出来。

4. 多找机会应用

实践出真知，幽默语言的培养也是这样。从书上学来的幽默知识，只有经过自己在实践中练习和运用，才能变成自己的东西。而且，在实践中练习和运用幽默语言，也能加深对幽默的理解，丰富幽默知识，这也是一种学习，是书本学习的继续和深化。只有多练习、多运用，才能有效提高使用幽默语言的水平。

5. 幽默只是手段，并不是目的

不能为幽默而幽默，一定要根据具体的语境，选用恰当的幽默话语。另外，人的才能不一样，有的会幽默，有的不会幽默，不会幽默的不必强求。故作幽默，会弄巧成拙。

言语幽默的人更容易获取成功的机会，但是在运用幽默的时候，千万不要忘记以下这些忌讳。

第一，忌拿庄严的事物当做幽默的对象。什么是崇高？它就是人们所尊崇的庄严的事物。比如，一个民族、国家、社会制度和人生的信仰等。

第二，不拿不如自己的人调侃。客观而论，站在你的角度上，比你混得差的人可笑之处肯定不少。但如果是笑话不如你的人，你就会被别人笑话，笑你不厚道、笑你没出息，专捡软的捏。高明的幽默一般是避开、淡化了题材中人物的面目，或者将聚光灯对准"大人物"找乐子。

第三，运用幽默语言时不可在伦理辈分上占便宜。这个问题，在相声表演上比较突出，年代愈是久远愈是难禁止；在一般场合中，也时有发生。趣味低级的人往往喜欢找空隙给身边的同事当一会儿"父亲"或是"爷爷",这会闹得彼此都不开心。

第四,忌拿别人的伤疤做幽默对象。这其中的道理,大家都明白,只要心理健全、富有同情心的人都会理解这一点。

换位思考是 AB 型血人的口头禅

李连杰是 AB 型血人,"换位思考"是他经常挂在嘴上的话。

李连杰是个虔诚的佛教徒,他所体会的双向思维被他称为"阳"和"阴"的两个对立面。在做一件事情的时候,要从多方面考虑才能全面,才能做到完全理解。他说:"理解与换位思考是很重要的,具备了这两种要素一切都会迎刃而解。"

偶然在报纸上看到李连杰说他理解记者的消息,感触很深。李连杰以前一出门就有人跟踪,走到哪里都会有人跟着,一点自由的时间都没有。现在李连杰总会倒过来看,记者跟着他只是因为记者的职业。他能体会到为记者的辛苦。如果记者不这样做,那报社就可能把记者炒鱿鱼了,记者也会很惨。

有一次,李连杰在台湾地区被人跟踪,他去吃饭,记者跟进来了,于是他说:"你们过来和我们一起吃。"然后李连杰就叫了菜,但是记者并不吃,李连杰说:"我不会在你吃的时候逃走,这样我就欺骗你了,我一定等你吃完饭再走。"他是真拿记者当朋友。但是第二天出来的报道还是负面的。他还是理解那个记者,如果记者不写负面,老板就会不用。

"我不去看结果,只看我为他付出的东西,我付出就可以了,结果并不重要。他再写十年负面,但是肯定有一天他不会再写了。我很了解新闻记者,我见过各种各样的记者,包括亚洲的记者,传媒报道的风格也不停地改变,报纸也会因为自己的方向定宣传的途径,有些报纸喜欢正面的,有些报纸喜欢负面的,因为负面的报纸看的人比较多,我比较理解他们。"

第十一章　交际纽带：储蓄左右逢源的人脉资源

作为巨星，他能够为报道他负面新闻的记者着想，这种大度的胸襟，真的很让人敬佩。

在生活中，李连杰常说："也许是因为我是习武的，我从小就习惯多向思维，站在不同的角度看问题，这样就非常容易理解别人。"这种理解包含对人生的透彻理解，蕴藏着仁爱与宽容的真谛，是侠之大者的风范。人们经常说"理解万岁"，好像每个人都要求别人理解自己，每个人都能够理解别人，但真正能理解别人的又有几个呢？

每个人都应做到相互理解，理解是彼此沟通的桥梁，理解是真诚的，是相互的，人们在交往中有了相互理解，感情才会长久，如果我们都能理解他人，那么世界将会变得更美好!？

理解，是人生路上未语先香的"瑰丽宝贝"，它总是那么温馨，那么暖人。理解对方，就需要我们站在对方的角度思考，否则，我们就无法正确地思考与回应，沟通便会被阻断。真正的换位思考是一个"移情"的过程，要站到他人的立场上去，要像感受自己一样去感受他人。但不幸的是，许多人的换位思考缺少了"移情"这一个根本要素，他们或是站在自己的位置上去"猜想"别人的想法及感受，或是站在"一般人"的立场上去想别人"应该"有什么想法和感受，或是想当然地假设一种别人所谓的感受。这样的换位思考，仍然局限于自己设定的小圈子之中，无法体验他人真正的感受和思想。

人们常说，良好的沟通是心与心的沟通，移情换位又何尝不是心与心的交流、心与心的沟通呢？生活中那些"善解人意"就是做到了移情换位，用别人的眼光来想问题、看世界，以别人的心境来体会生活，才拉近与别人之间距离。

对O型血人而言，方法总比问题多

O型血人是有魄力、有实力的人，他们具有解决疑难问题的能力。很多人在问题面前手足无措，一旦自己和O型血人接触，便不由自主

九型人格与血型密码

地钦佩他们解决问题的能力。

张曼玉是O型血人,让我们来看看她是如何解决疑难问题的。

刚进入演艺圈时,张曼玉只想在银幕上扮靓,只肯演妩媚动人的少女。演了几部电影之后,却没有得到预期的效果,观众不认可她的妩媚,不认可她演美貌少女时的表演。这个时候,圈里的人就劝她,以她的形象和演技,她应该有很大的发挥余地,如果不是总演少女,也许会取得成功。这个建议本来是很好的,可那时,张曼玉很相信自己的演技,也相信自己的相貌,相信自己的青春。于是,她固执己见,继续演美貌少女。这样又演了几部戏,结果,还是没有取得她预期的成功。

在屡遭挫折的情况下,张曼玉痛定思痛,放弃了无意义的坚持,决定改变戏路。她终于明白了,演戏首先要选对适合自己的戏路,更重要的是要不断创新。一个演员可以把一个角色或一类角色塑造得很完美,但这并不是一个好演员,在张曼玉看来"一个好演员,什么角色都能胜任"。要达到这个要求就必须在角色中不停注入新鲜血液,只有这样,才能让角色更有新意,更加鲜活。

于是,张曼玉不再固执地拘泥于一类角色之中,而是努力塑造不同类型的人物。即使是一类角色,也力求演出新意。在张曼玉的精心打造下,一个接一个全新的角色出现了。《旺角卡门》中张曼玉用较写实的方式诠释了一个女孩的爱恋心境,将一个善良、质朴、深情的女孩塑造得有血有肉。《阿飞正传》中张曼玉成功地把握住了因爱上无行浪子而莫名惆怅的少女心理,将角色的精髓演绎得入木三分。《人在纽约》中她又成功地塑造了一个经济独立的女性。她的表演令她在银幕上大放光彩。《阮玲玉》中她柔弱沉静的气质、略带夸张的表演、偏慢的肢体语言以及在蒙受不白之冤后匆匆回眸间的绝望、气愤的眼神使她征服了所有评委。《新龙门客栈》张曼玉演绎出老板娘金镶玉的风骚、放荡,至今无人能够超越。《青蛇》中张曼玉将青蛇的蛇性、人

第十一章　交际纽带：储蓄左右逢源的人脉资源

性、佛性演得活灵活现，像条具有致命诱惑力的美女蛇。《甜蜜蜜》里张曼玉的表演舒展灵活，挥洒自如，无论是情感的宣泄还是人物个性的刻画，都十分细腻到位。《花样年华》可谓是张曼玉演绎事业的高峰，她把女主角内心的矛盾与骨子里的传统气质表现得淋漓尽致。

O型血人相信"方法总比问题多"。在形形色色的问题面前，在人生的每个关键时刻，带着思想的人会灵活地运用智慧，做出最正确的判断，选择属于自己的正确方向。

如何学会解决问题？美国陆军兵器修理部为我们提供了5W2H法。这套方法诞生于第二次世界大战中。由于应用方便，易于理解、使用，富有启发意义，曾被广泛用于各项工作中，对于决策和执行性的活动措施也非常有帮助，也有助于弥补考虑问题的疏漏。它包括如下内容。

1. WHY——为什么？为什么要这么做？理由何在？
2. WHAT——是什么？目的是什么？做什么工作？
3. WHERE——何处？在哪里做？从哪里入手？
4. WHEN——何时？什么时间完成？什么时机最适宜？
5. WHO——谁？由谁来承担？谁来完成？谁负责？
6. HOW——怎么做？如何提高效率？如何实施？方法怎样？
7. HOWMUCH——多少？做到什么程度？数量如何？质量水平如何？费用产出如何……

这七问概括得比较全面，把要做的事情、可能遇到的问题都包括进去了。

私家秘语

宋江能坐头把交椅，靠的是他的影响力。当年在山东郓城做衙司的时候，他就声名在外。提起"及时雨"宋公明哥哥，走江湖的英雄好汉谁人不知、谁人不晓？等到他在江州问斩，许多英雄前去劫法场相救，其影响力之大可见一斑。

八百里水泊梁山，一百零八位英雄好汉，坐头把交椅的是又黑又瘦的宋江。论武艺，他比不上林冲、武松、鲁智深等人，就连"缺心眼儿"的李逵，沂岭上连杀四虎，勇猛过人，也比他强多了；论文采，他比不上会写苏、黄、米、蔡四家字体的"圣手书生"萧让；论计谋，他比不上"智多星"吴用、"神机军师"朱武；就算是依照前首领晁天王晁盖的遗言，也应该是由活捉史文恭的卢俊义接任。不管怎么说，都轮不到又黑又矮、出身卑微、武艺差劲的宋江，可是众英雄只服他一个人。就算后来对他的招安路线心怀不满，也没有人弃他而去，还跟着他南征北讨。到最后马革裹尸、断臂出家、毒酒穿肠，也没有一个人对他心怀怨恨。为什么？这就是影响的威力。

A、B、AB、O血型者交友之道

在现代社会，越来越多的人懂得人际关系的重要性。所以，读MBA的人可能不是为了充电，考托福的人未必想出国，考司法的人也不一定要当律师。许多人原本是为了一张证书而进入某个圈子，后来变成融入某个圈子，顺便拿张证书。证书对于他们来说，已经不是一张许可证，而是一张融入某个社会群体的准入证。

四血型交友之道

一个人事业上的成功和爱情上的幸福，与其人际间关系有着非常密切的联系。而血型不同，往往会影响人际交往。那么，在实际交往中，各个血型的人应该注意些什么呢？

A型血人交友之道

A型人的朋友很少，但是他们之间的交往通常很深，所以，有可能结成很深的友谊。与A血型人交友，切记不要给对方添麻烦。

B型血人开朗，对人坦诚，他们愿意帮你出主意。尽管可以与B型血人为友，但一般来讲，你们的关系也就只限于此，很难再有深入的发展。

AB型血人很愿意帮助A型血人，因为在他们眼里，A型血人很了不起，很有深度。所以，他们一般很愿意与A型血人为伍。

在与O型血人的交往中，O型血人多对A型血人充满感激。在A型血人眼中，O型血人多头脑简单，胸无城府。因此，在交往之中，A型血人多很乐意顺手帮O型血人一把。也很容易赢得O型血人的尊重与友情。

B型血人交友之道

B型血人选择O型血人做朋友时需谨慎。具有良好人格的O型血人，能够给你激励和支持；具有不良人格的O型血人，会认为你懦弱，没本事。常言道"人善被人欺，马善被人骑"，所以，O型血人常常会产生捉弄B型血人的念头，需加以警惕。

B型血人与B型血人之间，虽然很容易成为知己，但是他们往往不会结合得太紧密，这都是因为他们的性格、习惯太相似，久而久之彼此间缺少吸引力，遂产生疏离感。

AB型血人的多才往往能引起B型血人的兴趣，因此，他们很容易成为可以互换意见、坦诚交流的好朋友，即使意见不合，偶尔产生争执，也不会结怨。

在工作上，A型血人会尽力帮助B型血人，因此，A型血人是B型血人很好的合作伙伴。A型血人喜欢以礼行事。因此，在交往中，B型血人应学会礼遇A型血人，谢谢、对不起、打扰了等是他们最喜欢的字眼。

AB型血人交友之道

B型血人与AB型血人可以成为很好的朋友。他们之间有相互交谈的欲望，而且，在交谈中，B型血人往往能提出具有建设性的意见，这给AB型血人留下良好印象。

虽然，与A型血人交往，多是AB型血人付出得多，但是，A型血人也能给AB型血人以无私的鼓励和帮助，帮助AB型血人摆脱压抑情绪，充分展示自己的才华。所以，A型血人也是可以交往的对象。

AB型血人多很自负，因此，他们之间很容易相互看不起。但多数时候，他们心有灵犀，能够很好地理解对方，而且不会过分干涉，因此也不会让彼此感觉紧张。

AB型血人多半会觉得O型血人难以沟通，但不会拒O型血人于千里之外。在与O型血人相处时，他们能够适时地放手，尊重O型血人唯我独尊的"霸道"与不达目的誓不罢休的"进取精神"。

O型血人交友之道

A型血人追求道德上的完美，有他们在身边，能够随时纠正O型血人的错误，提醒O型血人应注意的事项，让O型血人感觉很放心。他们在关键时刻能给O型血人鼓气。但别想他们事事顺着你，因此，与A型血人相处，应适当保持一点距离。

O型血人与O型血人非常容易亲近，他们互相以礼相待，关系非常融洽。但要注意保持冷静，不被哥们儿义气冲昏头脑，以致犯下无法弥补的错误。

B型血人大多性情开朗，为人和善，没有太多的戒心，因此也较易与之建立融洽的关系。他们最擅长的就是帮你从全局上出谋划策。

与AB型血人合作，O型血人会感到很痛苦。AB型血人优柔寡断，且喜欢把事情闷在心里，这点容易与喜欢有话就说的O型血人起冲突。于是，争吵不断。往往这种情况下，O型血人会感到厌烦，不知所措，有深深的挫败感。

总的来说，四种血型的人之间，除非年龄、性别、水平差距较大，否则，他们不会成为平等的朋友。而同种血型的人之间，除AB型血人外，大多能够结为真正意义上的、平等的朋友。

第十一章　交际纽带：储蓄左右逢源的人脉资源

交友不可不防的六种人

如果你身边有以下几种人，你可要多加小心了，以免身陷其中而不自知。

1. 吹嘘有靠山的人

一些到处吹嘘、宣扬自己有靠山的人总是在别人不问及这种事时，主动把这个"秘密"得意洋洋地说出来。对这种人，你绝对要小心。如果你详加调查，就会发现如下的事实：他说的交情匪浅的前辈，根本就不屑与他为伍；他说的有力人士，原来是虚构的人物；他说的大教授，人家根本就不认识他。

2. 轻易许诺的人

这种人，别人越向他请求什么，或是托他办什么事，他就越发作。他们答应别人的要求时，总是毫不犹豫，轻松愉快。但事后都不了了之。如果轻信他们，你就极有可能掉入陷阱。应将那些一开始就没有替人办事的真心，却事无巨细一律轻诺的人，视为危险人物。对这种人千万不能轻信，否则，你将遭到意想不到的大损失。

3. 因人而变的人

花公司的交际费与客户应酬时，如上司不在场，总是把最贵的威士忌当茶猛喝；如上司在场，就故作客气地说："我喝啤酒就好了。"在部属面前，总是摆出领导的臭架子，一副唯我独尊的样子；可是，在上司面前就摇身一变，像伺候国王那样，毕恭毕敬，如见祖宗。这一类型的人，具备善变的本领，天天琢磨此技，其编造口实、假装正经的技巧，越来越高明。虽然当前好像不会让你受害，但你若太大意，有朝一日，定会掉入他的巧妙圈套或陷阱里，使你元气大伤。

4. 搬弄是非的人

不要以为把是非告诉你的人便是你的朋友,他们很可能是希望从中得到更多的谈话材料,用你的反应再编造故事,所以,聪明的人不会对这种人推心置腹。而令他们远离你的办法,是对任何有关你的传闻反应冷淡,无需作答。如对方总是不厌其烦地把不利于你的是非辗转相告,以至于对你的情绪造成很大的负面影响,你应拒绝和他见面或不接他来的电话。此类人不宜过多交往。

5. 甜嘴巴的人

这种人开口便是大哥大姐,叫得又自然又亲热,也不管他和你认识多久。除此之外,还善于恭维你,拍你马屁,把你"哄"得麻酥酥的。这种人因为嘴巴甜,容易使人不设防,如果他对你有不轨意图,你陶醉不就上了他的当?而且,你会因为他的奉承而不注意他品行上的其他缺点,容易把小人当君子,把坏人当好人。此外,这种人可以轻易对你如此,对别人当然也可如此。所以,碰到嘴巴甜会奉承的人,你必须警惕,和他保持距离,以便好好观察。如果你冷静地不予热烈回应,若对方有不轨之图,便会自讨没趣,露出原形。不过,为了避免因言伤人,你不必先入为主地拒他于千里之外,但是得时刻警惕。

6. 善于掩饰的人

这种人好像没有脾气,你骂他、打他、羞辱他,他都笑眯眯的,有再大的不高兴,也藏在心里,让你看不出来。这种人把自己隐藏起来,不让你知道他的过去、家庭、同学,也不让你知道他对某些事情的看法,换句话说,他是个深沉莫测的人。你搞不清楚他心里在想些什么,也搞不清楚他的好恶及情绪波动。碰到这种人,真的让人无从应对,也因此,如果他对你有不轨之图,你是无从防备的。因此对这种人,你要避免流露出内心的秘密,更不可和他谈论私人的事情,他不一定会害你,可是,概率在百分之五十。所以,不如保持礼貌性的交往,对方打哈哈,你也打哈哈,同时,也要避免做出得罪他的事,他生气也就算了，他不生气才是可怕的。须知，并不是每个人都是"好人"！要你"小心应对"某些人，实在是件令人伤感的事，过不用对人防备的日子自然好，可是"一样米，养百样人"，你不小心应对，便有吃亏的可能。

交朋友不可全抛一片心

对朋友放肆无礼，容易伤害朋友，也容易伤害你自己。其表现有如下几种，不可不小心约束。

1. 过度表现，言谈不慎，使朋友的自尊心受到挫伤

与朋友在一起时，如果你锋芒太露，表现自己，言谈之中流露出优越感，会使朋友感到你在居高临下对他说话，有意炫耀、抬高自己，他的自尊心会受到挫伤，不由产生敬而远之的意念。所以，在与朋友交往时，要控制情绪，保持理智平衡、态度谦逊、虚怀若谷，把自己放在与人平等的地位，时时注意到对方的存在。

2. 彼此不分，违背契约，使朋友对你产生防范心理

朋友之间最不注意的是对朋友物品处理不慎，常以为朋友间不分彼此。对朋友之物，不经许可便擅自拿用，不加爱惜，有时迟还或不还。一次两次朋友碍于情面不好意思指责，久而久之会使他认为你过于放肆，产生防范心理。

3. 乘人不备，强行索求，使朋友认为你太无理、太霸道

当你有事要求人时，朋友当然是第一人选，可你事先不通知，临时登门提出所求，或不顾朋友是否情愿，强行拉他与你同去参加某项活动，这都会使朋友感到为难。他如果已有活动安排，不便改变，就更难做了。对你的所求，若答应则打乱了自己的计划，若拒绝又在情面上过意不去。或许他表面乐意而为，但心中总有几分不快，认为你太霸道，不讲道理。所以，你对朋友有求时，必须事先告知，采取商量口吻讲话，尽量在朋友无事或情愿的前提下提出所求，同时要记住：己所不欲，勿施于人。

4. 不识时务，反应迟缓，使朋友对你感到厌烦

当你上朋友家拜访时，若遇上朋友正在读书学习，或正在接待客人，或正和恋人相会，或准备外出等，你若自恃挚友，不顾时间场合，不看朋友脸色，一坐半天，夸夸其谈，喧宾夺主，却不管人家早已如坐针毡，极不耐烦，朋友一定会认为你太没有教养，不识时务，不近人情，以后就会想方设法躲避你，害怕你再打扰他的私生活。

5. 泛泛而交，大肆渲染，使朋友感到你是轻佻之人

你可能由于虚荣心或荣誉心的驱使，也可能交友心切，认为交友愈多，本事愈大，人缘愈好，往往不加选择，泛认知己，患"好交症"。此时，朋友已在微微冷笑，认为你是朝三暮四的轻佻之人，不可真心相处，你反而会失去真正的朋友。所以，交朋友，应真诚相待、感情专一，万不可认为泛交会使自己显赫。或许，很多人都有过这样的经历和感觉，觉得和某个人或某几个人很是投缘，谈得来，坐在一起便觉得心里热乎乎的，总有说不完的话，舍不得分开，甚至近似痴狂，只愿形影不离才好。然而，这种交往过密的结局往往是令人伤心的分离，甚至造成难以愈合的创伤。伤口一旦产生，无论愈合得怎样好，都难免会留下疤痕，恰似瓷器上无论怎样细的一道裂纹，总会留下一道阴影，抹不去，擦不掉。这不就是失了分寸的缘故吗？交友时，掌握"平淡似水，和而不流"，便可以在处理朋友关系方面游刃有余、其乐融融。朋友会称赞你善解人意、谦和大方、恭俭可信，关系淡而不淡、远而不远。朋友相处时热情大方，互相照顾，甚是周全。旁观者也会称赞你对朋友礼至心尽，无可挑剔，自然会使人敬佩和爱戴。

私家秘语

你在日常生活中要广织关系网，不要与人失去联络，不要等到有急事时才想到别人。因为"关系"就像一把剪刀，常常磨才不会生锈，若是半年以上不联系，你就可能已经失去这位贵人了。万一由于自己的大意出现了这种状况，你要赶紧设法补救，最好的方法就是学古人

"负荆请罪"。如因为时间、地点和情况不便，你可以以电话或书信的方式和对方联系，并向对方解释自己疏于联络的原因，以求得对方谅解。此后，最重要的就是要重拾交情，继续经营下去。

为了不使好不容易建立起来的人际关系毁于一旦，你要不厌其烦地勤打电话、写信以及登门拜访。其实，这些对你来说都是举手之劳，这样既维护了彼此的关系，又沟通了情谊，何乐而不为？

测试：你是社交达人吗

人际交往是现代社会中的一项重要能力。你若想了解自己这方面的能力，请结合自己的情况考虑下面的问题，回答"是"或"否"。

1. 你常常主动向陌生人做自我介绍吗？
2. 你喜欢发现别人的个性吗？
3. 你喜欢参加社交活动吗？
4. 你喜欢结交各行各业的朋友吗？
5. 你在回答有关自己的背景与兴趣的问题时会很大方吗？
6. 你喜欢在宴会上致祝酒词吗？
7. 你喜欢与陌生人谈话吗？
8. 你喜欢在孩子们的联欢会上扮演圣诞老人吗？
9. 你喜欢做大型公共活动的组织者吗？
10. 你愿意做会议主持人吗？
11. 你与有地方口音的人交流有困难吗？
12. 你喜欢在正式场合穿礼服吗？
13. 你在公司组织的集体活动中不介意扮演逗人笑的丑角吗？
14. 你喜欢成为公司联欢会上的核心人物吗？
15. 你会因为自己的演讲水平不佳而苦恼吗？

16. 你与人谈话时喜欢掌握话题的主动权吗?
17. 你与地位低于自己的人谈话时是否轻松自然?
18. 你与没有共同语言的外国人交往会感到乏味吗?
19. 你在酒水供应充足的宴会上是否仍然会举止得体?
20. 你喝酒会有限度吗?
21. 你喜欢倡议共同举杯吗?
22. 你希望与别人平等相处吗?

评分标准

选"是"得1分,选"不是"则得0分。

测试结果

17~22分:你在任何社交场合都表现得大方得体,从不拒绝广交朋友的机会。你待人真诚友善,不狂妄虚伪,是社交活动中备受欢迎的人物,也是公共事业的好使者。

11~16分:你在大部分社交活动中表现出色,只是有时尚缺乏自信心,今后要特别注意主动结交朋友。

5~10分:你的社交能力较差,也许是由于羞怯或少言寡语的性格,你没有表现出足够的自信。当你应该以轻松、热情的面貌出现时,你却常常显得局促不安。

4分及以下:你是一个孤僻的人,不喜欢任何形式的社交活动,你难免会被人视为古怪之人。

第十二章
职场在线:略懂些职场生存攻略

在竞争激烈的时代,掌握必备的职业技能、晋升技巧、职场定律是现代人游刃职场必不可少的武器。一旦懂得这些职场生存法则,人不仅会在职场中占有一席之地,更会促进事业有成。

第十二章 职场在线：略懂些职场生存攻略

哪几种人格最可能成为领军人物

领军人物就是这样一批人：大到整个行业领域，小到一个具体任务，只要你把必需的条件给够他，他就能把事办成。不管是拉去开发大亚湾园区，或是去做高压开关，或是掌管三军，他都能做成。因为，他具有为实现目标而努力拼搏的奋斗精神。

实干者以"工作狂"的劲头获得提升

"工作狂"总让人想起那些为了工作不顾一切，从早干到晚、废寝忘食的人。当"工作狂"发展到极端时，形象确实如此，而很多实干者都属于这一类型。

实干者坚持"靠自己的能力得到一切"，为获得别人的认可，成为佼佼者，在竞争中获胜，他们一直都像是斗志昂扬的战士，不肯服输，做事努力，勤奋就是他们给人的印象。香港艺人刘德华可以算得上实干者中的佼佼者，他的个性就是实干者的代表。当年"无线五虎将"之一的苗乔伟（1983年版《射雕英雄传》中杨康的扮演者）就曾评价他"最努力，也最有斗志"。

17岁的刘德华刚踏入娱乐圈时，就像是大海中的一朵浪花，夜空中一颗微弱的星星，既平凡又普通。20世纪80年代的香港娱乐圈，是谭咏麟和张国荣最辉煌的时期，新人很难崛起，同样刘德华也很难有崭露头角的机会。当时堪称香港影视大哥的曾志伟对刘德华有过这样的评价：他唱歌就像是唱大戏一样，很难听。别人也经常会嘲笑他这个初出茅庐的毛头小子，但这没有使他放弃，反倒让他认识到了自己的不足而更加努力。曾志伟回忆说："演出完，别人都回去休息了，他却躲到了自己的车里填歌词，那时我就想'这个年轻人必定会与众不同'。看看现在的他真的被我言中了，对他现在的成绩，我只能说一个字——'服'！"这一个字，足够表达一个大哥级人物的敬佩之意了。刘德华就是靠孜孜不倦的追求，终于得到了观众的认可，用他的勤奋感动和赢得了无数的歌迷和影迷。

华仔相信只要你足够勤奋、足够努力，老天终究会眷顾到你的。刚出道时的他只能跑跑"龙套"，杀手甲、学生乙、路人丙、士兵丁，来来去去都是甲乙丙丁，他一直沉住气，没有自怨自艾，没有不认真对待角色，因为他知道只要坚持下去，机会总会有的。没有一个人的成功是一朝一夕的事情，刘德华连跑龙套都那么勤奋、努力，前途怎么能不一片光明呢？

刘德华的勤奋不是一时兴起或心血来潮，他一坚持就是27年。用他自己的话说："我知道自己年纪大了，有点过时了，但是我会继续走自己的路，使自己老有所为。"

工作是实干者喜欢的活动。他们认为自己的价值体现在出色的工作成绩上，所以他们会全身心地投入，不断提升年薪的数位，提高自己的地位和声望。

有付出就有回报。实干者在工作中的突出表现，不仅征服了众多同仁，也得到了领导的赏识，哪个领导不喜欢为公司带来丰厚效益的员工呢？于是，在选拔人才时，实干者往往脱颖而出，成为新任领导。

如果你是实干者，那么恭喜你，你具有成为领军人物的潜质，如果不是，也不必灰心，只要你拿出实干者的工作热情，说不定下次选拔你就是胜出者。

第十二章 职场在线：略懂些职场生存攻略

领导者经常扮演孤胆英雄的角色

领导者像一头雄狮一样威严、尊贵而勇敢，他们是有勇气的人，也是能捍卫利益的一群人。他们对强权从来不屈服，而是积极地战斗。无论这利益是他们自身的，还是他们所希望保护的他人之利益，只要他们认定了，就一定能够坚持到底。如果用一句话来描述领导者，孟子的"威武不能屈"最为贴切。

戴高乐是典型的领导者性格，或许他的故事可以佐证：领导者是天生的。

在第二次世界大战初期，由于在德、意法西斯的侵略面前，法国政府一味采取"绥靖"政策，大量的无辜百姓在战争中丧生，国土也大片沦陷。6月14日巴黎沦陷后，贝当内阁向德国投降。曾被任命为雷诺内阁国防次长兼陆军次长的戴高乐准将坚决主战，反对投降。他毅然踏上飞机，只身飞往伦敦，宣布与当时的法国政府决裂，在他到达伦敦的第二天下午，就在伦敦广播电台发表了著名的"6·18号召"。戴高乐让他的同胞们产生了强烈的挽救法兰西的共鸣。他给他们重新点燃了希望的火焰：法兰西没有灭亡！

面对困难，戴高乐坚忍不拔，迎难而上。他说："谁说败局已定？事情已经定局了吗？希望已经没有了吗？失败已经确定了吗？没有！……因为法国并非孤军作战，它不是单枪匹马，它不是四处无援，……我是戴高乐将军，我现在在伦敦。我向目前正在英国和将来可能来到英国的持有武器或没有武器的法国官兵发出号召……无论发生什么情况，法兰西抵抗的火焰决不应该熄灭，也决不会熄灭！我的力量有限，孤立无援，但正因为如此，我才必须爬上顶峰，永不后退。"

事实很快证明，戴高乐得到了法国人民的热烈拥护。就在6月22

九型人格与血型密码

日法国政府向德国投降的几天之后，有 400 多名炮兵、步兵向戴高乐将军报到。随后四面八方的支援向他涌来。到 7 月底，已有 7000 多人志愿拿起武器，誓为"自由法国"而战。

戴高乐说："每当历史最恶劣的时候，我的义务就是把法国的责任担当起来。"他的确没有食言，自始至终他都在为法兰西的明天而奋斗。经过四年的艰苦抗战，法国人民在戴高乐的带领下终于打败了纳粹德国，取得了反法西斯战争辉煌的胜利。至此他创建的自由法国运动光荣地完成了自己的历史使命。戴高乐的"一人政府"也成了民心所向的真正的法兰西政府。戴高乐成了最受人民爱戴的总统。

领导者是最有魄力、最勇敢的人，他们可以为了崇高的理想奉献自己的生命，而绝不会因为一点小小的利诱就举手投降。这样的一头雄狮，他不配统领亿万军队，谁配？

每个人的心中，都有梦想，希望自己能够出类拔萃，希望自己能够风光无限。然而，在任何一份成就的背后，都意味着我们要具有足够的勇气来担负更大的责任。也许今天的你，期望在职场中打下一片天地，那么你就鼓足勇气，主动承担艰巨任务，相信有勇气和责任感的人，一定会像戴高乐一样，做出成就。

私家秘语

有的人遇事积极主动，"眼里有活"，什么事情都愿意做，都愿意做好、做细，这样的人在生产一线出活又快又好，还总能帮助别人完成任务。养成积极主动习惯的人，或者会能者多劳，别人会把许多事情压到他头上，似乎会吃亏，但是，他的能力越得到锻炼就越增长，处理的事情越多，见识越广，责任心越强，逐渐能够独当一面，成为众望所归的领导者。反之，遇事消极被动，挑三拣四，总是讨价还价的人，事情会越来越少，最后只能失败。

第十二章 职场在线：略懂些职场生存攻略

工作中最易碰壁的"倒霉"人格

时常听到有人（也包括自己）抱怨工作不好、压力大、自己一番辛苦不被别人理解等，边抱怨边生气，认为自己倒霉透顶，总会遇到很多难题。但抱怨的同时我们是否能反思一下，同样的环境中，为什么有人做起事来如鱼得水，生活得逍遥自在，自己却总是满腹牢骚？事实上，有些时候，并不是工作本身存在问题，而是我们自身人格影响这一切。

做事喜欢拖延的怀疑论者

"我怀疑那样做是否有用。"

"听起来很有危险，我要等等看下面的情况如何。"

"是的，但是……"

"如果这样做，出错了该怎么办？"

……

这些都是怀疑论者经常对自己说的话。怀疑论者总是以怀疑的目光看待周围的一切。做事前他们可能拥有一个很好的想法，但在付诸行动过程中，其思想慢慢取代行动，因为他们的注意力渐渐从开始的好想法转移到对这个想法的质疑上。他们会担心有些人不同意这个想法，并站在反对者的角度提出质疑。

由于怀疑论者在思想上对自己的想法总是抱着怀疑的态度，因而他们迈向成功的步伐断断续续。尤其在工作中，他们总会留下一些没有完成的任务。

有位学者花了三年时间也没完成一篇论文。他总是写了改，改了写，如此反复不下二十次，中间还换过几次题目。"每一个论文题目都像一个没有答案的问题。"学者总是站在反方的立场驳倒自己的论点，并发出上述感慨。

最严重的一次，学者进行"模拟"。他站在窗前开始阐述自己的论点，但总能找到十几个角度来质疑它，然后又不得不从头再来，因为他相信其他学者一定也会这样驳倒他的论点。

此例中，学者认为必须弄清楚其他人的想法，了解所有潜在的反对理由，然后才能开始写自己的论文。在他看来，对论文质疑好像是合理的信息收集，是必要的准备，而不是延误工作。但对其他人来说，以"学者"为代表的怀疑论者在行动上的犹豫不决，不仅是拖延的表现，更是没有能力的表现。

现代社会，职场如战场，时间就是机遇。你的一点点拖延可能会耽误整个项目的流程，丧失展现自我能力的机会，从而失去被领导赏识的机遇。毫不夸张地说，拖延是人们成功路上的绊脚石。

既然如此，那么，怀疑论者如何才能克服拖延、养成"立即去做"的习惯呢？最有效的方法就是及时进行心理暗示，提醒自己要果断，做了就不要后悔，后悔就不做。另外，坚信自己的选择是正确的。俗话说"仁者见仁，智者见智"，别人的想法不见得比自己的深刻；最后在处事时考虑要周全，但不是琐碎而瞻前顾后，畏首畏尾。

不要有太多顾虑，即使错了，也是对你的一次帮助，怕什么？没有失败，哪来成功？

德国作家歌德说："我让旁人去嘀咕，自己却干自己认为有益的事。我巡视了自己领域中的事，认清了我的目标。"努力养成果断、不拖延的习惯，有益于人高效地完成工作，增加竞争的砝码。

优柔寡断的协调者，与机遇擦肩而过

大多数人都认同，一个人的机遇非常重要。若没有机会，纵有满腹经纶也无法施展。但在机遇来临时，协调者常常优柔寡断、患得患失，与机遇擦肩而过。可以说，缺少主见，做事不果断，是协调者的弱点。

第十二章 职场在线：略懂些职场生存攻略

协调者从来就不缺少好主意，但是他们的注意力放在了是否应该同意他人的观点上，而不是在寻找自己的立场。选择自己立场会让协调者忧心忡忡，他们一方面觉得谁的话都有道理，另一方面他们常常又会觉得无法抉择，因为他们谁也不想得罪。如同三国时期的袁绍一样，他的手下文臣武将众多，每次遇到大事他的谋士们也能尽职尽责地给他出谋划策，但是他常常因为不能决策而错过最佳时机，最后以失败而告终。所以当袁绍兵败以后，曹操占领了他的地盘时说："燕赵多义士，本初（袁绍的字）若能善加利用何至于输给老夫？"

机遇稍纵即逝，不能抓住它，就要永远失去。果断是一个人的重要能力，更是杰出人士的魅力所在。它关系到整盘棋的走向，也关系到整个集团的利益，不好好锻炼自己的决断能力，如何掌控大局面？

法国资产阶级革命家、军事家拿破仑征讨叙利亚的时候，当地忽然出现了大规模的鼠疫，当时部队中也有很多官兵染上这种病，纷纷病倒了。

拿破仑为此整天忧虑不已，寝食不安。应该怎么办呢？为了避免丧失部队的战斗力，极大限度地减少疾病在部队中的传染，他果断地下达了命令：全体部队官兵必须抓紧时间赶路，立即离开疫病区，所有的车和马全部用于载运伤病员，除了严重鼠疫患者以外，其他的伤病员也全部带走。

命令下达后，所有骑马和乘车的将官都把车和马腾了出来，让给病人乘坐。

后来的事实证明，拿破仑的这个举措是正确的。因为他们的快速撤离，有效地减少了疾病在部队中的传染，对保存部队的战斗力起到了积极的作用。

"我之所以能成功是因为我渴望它，我从来没有犹豫不决。"拿破仑坚信，只有果断才能带来胜利，任何莫名的踌躇、犹豫和毫无主见，都将使人错失良机，让人的才干和智慧受到莫大的损失。所以，如果你是协调者,当机遇来临时,千万不要犹豫,该出手时就出手,果断出击抓住它,成功就会伴随而来。

那么,协调者如何战胜自身弱点、锻炼果断决策能力呢?

(1) 培养自信、自强、自主、自立的良好品质。

(2) 俗话说"有胆有识,有识有胆"。增加自身的学识有助于克服自己遇事拿不定主意、爱动摇的缺点。

(3) "凡事预则立,不预则废。"平时多开动脑筋,勤学多思是关键时刻有主意的前提和基础。

(4) 排除外界干扰和暗示,稳定情绪,由此及彼,由表及里,仔细分析,亦有助于我们战胜动摇的坏毛病。

每个人的时间都有限,所以不要按照别人的意愿去活,这是浪费时间。不要让别人观点的聒噪声淹没自己的心声。

自找苦吃的完美主义者

人无完人,在这个世界上,没有人不会犯错误。在错误面前,完美主义者可能忍不住怒目圆睁。狂风暴雨过后,他们可能会沮丧地发现,他们的"善意"并没有被对方接受,甚至,换来的结果可能与预想的截然相反。究其原因,很大程度上决定于他们批评时所采用的态度。少有人喜欢被批评。如果他们一味地指责别人,他们将会发现,除了别人的厌恶和不满外,他们将一无所获。然而,如果完美主义者们能够让对方感到他们是来解决问题纠正错误的,而不是仅仅来发泄不满,那他的形象会大大提升。所以,学会恰到好处地"批评",是完美主义者们应该掌握的技巧。

1. 批评宜在私下进行

被批评不是光彩的事,没有人希望在自己受批评的时候召开一个"新闻发布会"。所以,为了被批评者的"面子",在批评的时候,要尽可能地避免第三者在场。不要把门大开着,也不要高声地叫嚷让周围的人都知道。在这种时候，你的语气越温和越容易让人接受。

2. 不要很快进入正题

不要一上来就开始你的"牢骚"，尽量先创造一个尽可能和谐的气氛。做错事的一方，一般都会本能地害怕被批评。如果很快地进入正题，被批评者很可能会产生不由自主的抵触情绪。即使他表面上接受，也未必表明你已经达到了目的。所以，先让他放松下来，然后再开始你的"慷慨陈词"。胡萝卜加大棒，这样才能达到比较好的效果。

3. 对事不对人批评

一定要针对事情本身，不要针对人。谁都会做错事，做错了事，并不代表他这个人如何如何。错的只是行为本身，而不是某个人。一定要记住：永远不要批评"人"。

4. 找到解决问题的办法

当你批评的时候，你在说他做错了。与此同时，你必须要告诉他怎么做才是正确的，这才是正确的批评方法。不要只是"指手画脚"，一定要他明白你不是想追究谁的责任，而只是想解决问题。而且，你有能力解决。

恰到好处的批评应该是"甜"的，它所产生的效果，应该是使被批评者心悦诚服，主动地接受批评、改正错误，并且受到鼓励，让对方感受到你的亲和力。巧妙把握批评的分寸，会让你与下属之间建立起和谐的人际关系，大大提高工作效率。

"男怕入错行，女怕嫁错郎"——人格与职业选择

常言道"男怕入错行，女怕嫁错郎"。一个男人只有在这个世界上找到适合自己的职业，找到适合自己的位置，找到能够发挥自己优势的工作，才有可能获得成功。就像一个火车头一样，它只有在铁轨上时才是强大的，一旦脱离了铁轨，它就寸步难行。

如何寻找适合自己的职业，近年来，一些社会学家和心理学专家

调查分析得出：根据性格选择职业更能发挥个人潜能，创造更大价值。

九型人格已对人们的性格做了很好的剖析和解读，并针对每种人格提出了相应的职业。请根据九型人格测试，参考下列职业选择。

1. 完美主义者

这些人在工作中比较坚持原则，做事井井有条，并且锲而不舍，坚持到底。他们追求客观、公平、公正，对组织的缺陷具有很强的警觉性和觉察力。他们适合从事的职业有法官、财会、纪律检查、安全检查、医生等。

2. 给予者

这些人慷慨热情、友善体贴，较易感知别人的需要，易与人产生共鸣。他们善于同不同类型的人交往，并容易获得他人的欢心和信任而建立友谊。他们适合从事的职业类型有保险、推销、教师、护士、客服、工会主席等。

3. 实干者

这些人目标明确，头脑清醒，精力充沛。在工作中，他们勤奋，做事实际，不好高骛远，懂得灵活变通，办事效率很高。他们知道如何避免冲突，是让人信服的领导者。他们适合从事的职业类型有保险、演说、团队领导等。

4. 浪漫主义者

这些人有敏锐的直觉，对日常事物有着过人的洞察力，善于发现美。他们富有创意，具有创造力和艺术感，并能在要求高度创意的工作岗位上表现出天赋。他们适合从事的职业类型有音乐、文学、美术、艺术、设计等。

5. 观察者

这些人乐于搜集大量数据，并有条不紊地将其分门别类。他们观察敏锐，学习能力强，很快便能捕捉到问题的关键，并提出见解深刻的解决方案。对于深奥的观念和学问，他们都能融会贯通，是专家型的人才。适合他们的职业类型有科学、咨询顾问、决策分析、数据分析、研究、侦察、情报等。

6. 怀疑论者

这些人忠诚，循规蹈矩，责任心强，警觉性高。在工作中，他们富有同情心，风趣幽默；乐于付出，重视团体价值；与他人互相依赖、平等合作；对下属要求高，能带领团队共同完成任务。他们适合的职业类型有策划、规划、警察、情报、保卫等。

7. 享乐主义者

这些人聪敏灵活、求知欲强、多才多艺、善于表达，在工作和生活中，比较能活跃气氛。他们善于公关，喜欢冒险，善于累积人际网络，有着很高的办事效率和能力，可同时在不同类型的工作中做出成绩。他们适合从事的职业类型有公关、社交、IT工作等。

8. 领导者

这些人正直，诚实，不拘小节，斗志旺盛。他们精力充沛，办事效率高，富有领导才能、组织能力和开创能力。他们行事果断，光明磊落，在处理大的危机上能够展现他们的天赋。他们适合的职业类型有创业、团队领导等。

9. 调停者

这些人善于调解纷争，稳定他人情绪。他们仁慈，有同情心；触觉敏锐，能感知他人感受，有很强的宽容、包容力。他们极具外交手腕，善于和人打交道。他们适合的职业类型有服务、治疗、教师、护士、咨询等。

> **私家秘语**

尼采说过："聪明的人只要能认识自己，便什么也不会失去。"客观地评价自己：到底有多少力量？能干多少事？该干什么？缺点在哪里？为什么失败或成功？在此基础上找到需要改进的地方，加强学习的力度，才能够真正有效地提高自己。

人应该认识到自己的局限性，给自己一个准确的定位，善于发现自己的缺点和不足之处，这才是增长本领、走向成功最可靠的方法。

从血型窥视你的职场表现

不同血型对人在职场表现不同。包括他们是否能与同事友好相处，是否为工作过多担忧，是否拼命工作，甚至影响他们是否能成为老板等。

A型血人拥有强烈的合作意识

A型血人希望一起合作实现目标，他们不像O型血人那样宣传个人英雄主义，崇尚007那样的孤胆英雄；也不像B型血人那样懒散缓慢，缺少严谨的工作态度，更不会像AB型血人那样喜欢猜疑。

研究人员做过一个实验。他们把实验对象按A、B、AB、O血型分成四组，每组有三人。指定A血型组的人去调查本市婴儿用品市场，B血型组的人调查妇女用品市场，AB血型组的人调查老年人用品市场，O血型组的人调查男士用品市场。

比赛前，研究人员对他们说："假设我们在招聘人才，我们录取的人是用来开发市场的，所以，你们必须对市场有敏锐的观察力。让大家调查这些行业，是想看看大家对一个新行业的适应能力。每个小组的成员务必全力以赴！"随后，又补充道："为避免大家盲目开展调查，我已经叫助手准备了一份相关行业的资料，走的时候自己到助手那里去取。"

两天后，12个人都把自己的市场分析报告送到了研究人员那里。他们看完后，站起身来，走向A血型组的3个人，与之一一握手，并

第十二章　职场在线：略懂些职场生存攻略

祝贺道："恭喜三位，你们出色地完成了这次任务。"研究人员看见大家疑惑的表情，平静地解释道："请大家打开我叫助手给你们的资料，互相看看。"原来，每个人得到的资料都不一样，A血型组的3个人得到的分别是本市婴儿用品市场过去、现在和将来的分析，其他两组的也类似。老总说："A血型组的3个人很聪明，互相借用了对方的资料，补全了自己的分析报告。而其他三组的9个人却分别行事，抛开队友，自己做自己的。我出这样一个题目，主要的目的是想看看大家的团队合作意识。B、AB、O血型三组失败的原因在于，他们没有合作，忽视了队友的存在。要知道，团队合作精神才是现代企业成功的保障。所以，在这次试验中，A血型组做得最好。"

A型血人的合作意识正是现代职场所欣赏的。现代企业在强调个人素质的同时，更多地强调团队合作精神。一棵大树永远成不了森林，只有森林茂密，树才能享受更好的生长条件。同样，只有团队获得成功，个人才能获得成功。

合作的技巧其实很简单，就看你是否愿意掌握它，如果你总觉得自己如何了不起，而不考虑别人的感受，是不会受到别人欢迎的，当然就不会有"人缘"。所以，基本的沟通与合作技巧是青年人应该掌握的。如果你稍注意一些交流技巧的话，就可以为你营造一个好的合作氛围。

1. 用动作求得一致

你付出什么，就收获什么。如果同合作者合作愉快的话，那么你们之间就有某种默契，或者说有一种感应。要是人们相处得非常好，那么他们彼此的动作、表情和神韵自然都很相似。如果你把自己和沟通良好的人的交谈情形录下来，再倒过来看看，你会发现这种交谈很像是在表演，一人摆出了某种动作，另一个自然就跟了上来。通常只有当你和别人相处融洽时，才会产生这种默契。通过这种体态语言的一致，你和你的交谈对象完全进入了合作状态。

2. 做一个倾听者

能够聆听他人是一种美德。青年人应该有这种美德。人人都希望有一个倾诉对象，也希望别人了解自己。但是如果两个人都希望倾诉和被了解，却没有一个人愿意去倾听的话，两人要么争吵，要么互相不愿碰面。因此，如果你想被别人了解，就得先学会听别人倾诉。只有愿意了解别人的人，才能被别人了解。

兴趣是B型血人做事的原动力

B型血人的兴趣十分广泛而不受约束，他们是随着兴趣的转移而转移的，他们的思维与众不同，越多样性越能激活想象力、创造力，越能升华。B型血人的目标追求不能与O型血人相提并论，O型血人是根据需要而定，B型血人是根据兴趣而定；B型血人如果投入到一个领域当中，就会百折不回。

B型血人一般除了本职工作之外都有一两门技艺，而且水平不低，这都是他们日积月累学到或掌握的。一位B型血书法家，写得一手好字，同时又是一名颇有建树的按摩师，足底按摩技术叫绝。这两个风马牛不相及的行业竟让B型血人糅合在一起，相互不抵触。O型血人或A型血人会根据社会的标准将两个行业分离，但是B型血人会把两个行业同时进行着，因为他对两者都感兴趣，感兴趣就是动力。

另外一位B型血按摩师在传统中医的理论基础上摸索出了一套完全独特的经络疏通点穴法，效果非常好，他并非科班出身，却使包括医院大夫在内的很多病人重新回到正常人的生活中来。他的成功最早就源自兴趣，有了兴趣就一直钻研下去，终于开花结果。B型血人的才华是以兴趣作为基础的，如果需要但没有兴趣，B型血人照样做不好。

兴趣类型1——喜欢与生产工具、设备等相接触。有这类兴趣者可从事有技术操作的工作，如建筑工人、工匠、驾驶员、机床工、农业机械操作手、工程技术人员等。

兴趣类型 2——喜欢参与经济活动。有这类兴趣者可从事商品的生产经营、销售、管理等工作，如经济师、售货员、推销员、经纪人、企业管理人员、会计、出纳等。

兴趣类型 3——喜欢参与人的脑力、体力开发相关的活动。有这类兴趣者可从事人力资源开发方面的工作，如体育教练、教师、医生、护士等。

兴趣类型 4——喜欢与行政管理类活动打交道。有这类兴趣者可以从事各类事业的组织、协调、决策等活动，如公务、教学行政管理、群众团体组织等。

兴趣类型 5——喜欢从事探索、研究活动。有这类兴趣者可从事自然科学、社会科学的研究、探索等活动，如物理学、天文学、经济学等。

兴趣类型 6——喜欢地理地质考察等活动。有这类兴趣者可选择到野外从事地理考察、地质勘探等工作，如勘探、钻井、森林采伐等。

兴趣类型 7——喜欢与动物、生物、化学物品等接触。有这类兴趣者可选择从事试验、化验工作，种植饲养工作等，如化验、农业技术、饲养等。

兴趣类型 8——喜欢研究人的思维和心理活动等规律。有这类兴趣者可选择研究人的行为举止、心理状态等，如哲学、心理学、人类学研究等。

兴趣类型 9——喜欢想象、创造性活动。有这类兴趣者可从事有想象力、创造力的职业，如作家、演员、设计人员、画家、表演艺术家等。

兴趣类型 10——喜欢以自己的劳务为其他人服务。有这类兴趣的人，可选择记者、营业员、服务员、投递员、校对员、打字员、图书管理员等工作。

高效率的 AB 型血人

有些 AB 型血人是名副其实的天才。他们能经常保持清醒的头脑，知道什么时间该做什么，该怎么做。由于他们具有抽丝剥茧的分析问题的能力，个性冷静，情绪稳定，所以，他们做事总是有条不紊，效率极高。

在职场中，很多人都有这种感觉：每天忙忙碌碌，却总是忙而无功；感觉自己付出了很多，却总是不能获得老板的满意；没有一刻空闲，月底总结时却说不出自己的成绩。

如果你正处于这样的状态，你就需要提高警惕了，也许你不是工作不努力，而是需要掌握正确的方法提高工作效率。因为，如今可不是讲求"慢工出细活"的时代，效率总是与工作业绩、奖金，甚至晋升挂钩。因此，需要向 AB 型血人学习如何提高工作效率。

下面介绍几个提高工作效率的好方法。

1. 制订适宜的工作计划

在工作中，每个人都应认识到订出合理计划的重要性。为工作制订合理的目标和计划，做起事来才能有条理，你的时间就会变得很充足，不会扰乱自己的神志，办事效率会很高。所以，你应当计划你的工作，在这方面花点时间是值得的。如果没有计划，你就不会成为一个工作有效率的人。工作效率的核心问题，是你对工作计划得如何，而不是你工作干得如何努力。

2. 将工作分类

工作分类的依据主要有轻重缓急、相关性的原则和工作属地相同的原则。轻重缓急的原则包括时间与工作两方面的内容。很多时候员工会忽略时间的要求，而只看重工作的重要性，这样的理解是片面的。相关性原则主要指不要将某一件工作孤立地看待。因为工作是连续的，当前的工作可能是过去某项工作的延续，或者是未来某项工作的基础。

所以，开始工作之前，先向后看一看，再往前想一想，以避免前后矛盾造成返工。工作属地相同的原则指将工作地点相同的工作尽量归并到一起完成，这样可以减少因为工作地点变化造成的时间浪费。这一点对于在现场工作的员工尤为重要，如果这一点处理得好，可避免在现场、自己的办公室、物资部、监理、业主及其他部门之间频繁接触。既节约了时间，又少走了路程，还提高了工作效率，何乐而不为呢？

3. 营造高效率的办公环境

每次办事的时候总是马马虎虎，好像需要的每一样东西都故意和自己作对，需要它们的时候总是找不到，其实这些都是办事杂乱无章、环境混乱造成的。要营造高效率的办公环境，最有效的方法是将不常用的东西移出你的视线。你随便看看就会发现，办公室里很少使用的东西数量惊人，过期的文件、废弃的信笺、从来不使用的台灯等。在伸手可及的范围内只保留那些常用的东西，将那些不是每天都要用的东西移出你的视线。

4. 立即行动不拖延

在工作中，有些员工总是喜欢把工作往后拖，把今天的事拖到明天再做。因此，很多工作因为做得不够及时而被耽误，效率也就难保障。拖延是所有工作习惯中最有害的。职场中有许多人都是被这种习惯所累，造成挫败的结局。所以，你应该竭力改掉拖延的习惯。要改掉拖延的不良习惯，唯一的方法就是在有工作要做时，立刻动手去做。"要做，就立刻去做"这是保持高效工作的格言。

O型血人做事目的性很强

O型血人一定会先决定目的地，并且带好地图，才会出远门。他们的优点就是具有很强的目的性。没有目的，一切都无法开始。目的明确了，便知道该怎样做了。

目标引领行动。在目标的"引导"下，O型血人干劲十足，即使自己处在恶劣的环境下，也会充满热情，为所向往的目标努力前进。周杰伦就是这方面的典型代表人物。

1997年9月，周杰伦被吴宗宪看中，辞去了服务生的工作，开始在音乐公司专职写歌。刚进音乐公司时，周杰伦的职务是音乐制作助理。吴宗宪发现他做事踏实，不怕吃苦，但没有自己创作的空间，于是给周杰伦配备了一间办公室，并起名为阿尔发音乐工作室，让他专心创作歌曲。从此，这个狭小的地方成了周杰伦放飞梦想的平台。

"一个人不想做退却的懦夫，就应该像蜗牛一样，一步一步地往上爬。如果你一直追求下去，那么，天下还有什么事搞不定呢？"周杰伦酷酷地说。未成名前，他买不起好的床单和摩托车，也没有追星族的尖叫和媒体的关注，有的只是这一小片天地，一个可以让他蜷身小睡的狭小缝隙，他在这里反复梦到旋律和歌词，当曲子的片段像梦游的声带般泉涌时，他就起身，走向键盘，把如夜景般的旋律写成乐谱或录成示范带……

由于周杰伦从小就打下了扎实的音乐功底，他很快就创作出了大量歌曲。但这些歌曲一直不被音乐圈认可，屡次被人拒绝。周杰伦不灰心，继续创作。吴宗宪根据当时情况做了调整，让他走上舞台。于是周杰伦躲进音乐室，吃方便面，通宵达旦地创作。就这样，仅仅10天时间，周杰伦拿出了50首歌曲。吴宗宪从中挑选10首，制作了第一张专辑《JAY》，2001年初刚一上市，就被歌迷抢购一空，一举夺得台湾地区流行音乐金曲最佳演唱专辑、最佳制作人和最佳作曲三项大奖。

周杰伦在接受美国《时代》杂志记者专访时深有体会地说："明星梦并不是遥不可及的。其实，任何人都可以做，只要你设定目标、肯努力。我之所以能有今天，就是我永不服输的结果。"

如果没有周杰伦的勤奋创作和刻苦努力，即时吴宗宪发现了他，也不一定会给他机会。那样，周杰伦现在可能还是一个默默无闻的人，我们身边可能就少了很多快乐和感动。

目的性决定着O型血人的成败,失去目的性会导致他们混乱。周杰伦用自己的故事证明了这一点。

如果你确定知道自己要什么,对自己的能力有绝对的信心,你就会成功。如果你还不知道自己想要追求什么,现在就开始,此时此刻,想好自己要什么,你有几分的决心,何时会做到。

利用以下四个步骤,认清你的目标。

(1)把你最想要的东西用一句话清楚地写下来,当你得到或完成你想要的事物时,你就成功了。

(2)写出明确的计划,如何达成这个目标,清楚地写出你要怎么做。

(3)制订出完成既定目标的明确时间表。

(4)牢记你所写的东西,每天复述几遍。

遵照这几项步骤,很快你可能会惊讶地发现,你的人生愈变愈好。

私家秘语

在很长时间里,血型对一个人的职场表现就像一个保守得很好的秘密,很多人都没有发现。如今,我们了解了,但了解不是目的,重要的是结合自己的血型优势,发挥潜能;克服弱点,在信心、沟通、情绪、效率等方面进行修整,在职场上打开自己的新局面。

职场血型对对碰

不同血型人的思维方式和由此而来的气质、性格、处事特点都会不同。因此,对于领导的任用、领导与下属的搭配组合,都应注意血型。

根据血型选拔领导人

通常情况下，O 型血人比较现实、客观、实事求是、直率；A 型血人深谋远虑，较委婉，比较注意方式、方法且专业、实干；B 型血人思维活跃，多谋善断；AB 型血人善于综合，抓住重点、选择时机、化解矛盾。下面我们就来看看，各种血型的人都适合在什么境况下担任领导职务。

A 血型人：敬业守成、顾全大局

A 血型的人是四种血型人里面最适合做管理和领导者的。管理者要求人人遵守规章制度、做事严格谨慎，而领导者需要具有高瞻远瞩、顾全大局的能力。A 型血人将两者完美地结合了起来，因此，他们天生适合当领导者。

然而，非要说在什么阶段当领导的话，只能是平稳发展的时期。因为平稳发展的阶段，更需要有敬业守成、踏实且有开创的毅力和深谋远虑的人来引航，而 A 型血人正是这不二的人选。

B 血型人：头脑灵活、善出谋划策

与其他血型相比，B 型血人就是"智多星"，头脑灵活，有主见，且善于激发大家的积极性，调动办公室气氛，所以，他们适合在稳定发展时期当领导。B 型血领导上任时，需要辅佐以良好的、素质高的专业人士，这样，既能够弥补自身的不足，又能充分发挥其潜能。

B 型血的领导素质要高，要善于吸取各种血型人的意见，要能最大限度地发挥属下的长处，才能做出比较正确的决策、策略，不容易犯很大的错误，从而共同开创一番事业。

AB 血型人：为人正直、审时度势

AB 型血人比较适合处理内部人际关系复杂、派系斗争混乱的局面，因为他们不会拉帮结派，可以公平、公正地对待周围的人与事，

善于综合，善于抓住重点、选择时机来化解矛盾。所以，要想迅速解决内部矛盾，选 AB 型血人当领导是明智之举。

AB 型血人相信"识时务者为俊杰"，他们总能根据当前情况做出相应改变，抓住机遇成就自己。可是一旦公司走入正轨，AB 型血人的缺陷就出现了，他们在日常管理中，缺乏全局意识，不懂得体贴下属，很容易迷失前进的方向，因此，也就不再适合领导职位了。

O 血型人：热情高涨、喜欢挑战

O 型血人比较现实、直率、斗志昂扬，他们敢于竞争，喜欢和对手正面交锋。所以，在暴风骤雨般的变革时期，任命 O 型血人当领导是明智的。他们义无反顾，勇往直前，直到取得决定性胜利。

O 型血人对按部就班工作不感兴趣。所以，一旦风平浪静，他们就会委靡不振，严重影响公司形象和工作进度，甚至会导致前功尽弃，将辛辛苦苦取得的成果付诸东流，因此，这个时候他们不再适合领导职位。

上下级最合适的血型组合

初涉职场的你，是否会因面对威严的上司而发憷？BOSS 级职场老手，遇到不搭调的新人是否也会有点发晕？在工作上碰到一个默契的下属或老板，实属幸运，它会令你事半功倍。

下面，我们就来看看工作中最具协调性的血型速配。

第一名：A 血型领导对 O 血型下属

如果满分是 10 分，A 血型领导与 O 血型下属之间，默契指数高达 9.5 分。

他们之间的关系可以用融洽、愉快来形容。A 血型领导按部就班、沉稳内敛等行事方式，可以征服高傲、自负的 O 血型下属，获得他们的尊敬与支持。而O血型下属在工作中表现出的积极进取、迎难而上等优点，深受A血型领导赏识。

O血型下属多好学上进，时常会有很多问题，而A血型的上司往往是非常有耐性的好老师，他们往往能够给予详细的解答，帮助O血型下属快速成长。而好胜心、学习能力强且勇于尝试的O血型下属也不负所望，成长为令A血型上司非常满意的下属。

第二名：O血型领导对O血型下属

如果满分是10分，O血型领导与O血型下属之间，默契指数高达9分。

在O血型人眼中，对方不是朋友就是敌人。如果O血型领导与O血型下属，一开始就看对方不顺眼，那么合作下去的概率几乎为零。如果他们对对方全无反感，都赏识对方，那么合作就会顺利进行。加上O血型人对同伴非常忠诚，他们的合作会很长久。

O血型人是天生的实干者，他们非常注重个人能力、业绩、效率。当O血型领导赏识O血型下属时，他会有意栽培对方，下达任务常常是"高标准，严要求"的。倘若O血型下属明白领导的苦心，就会努力提高自己的工作能力，提升业绩。倘若受不了高压，就会竭力反抗，与领导产生诸多矛盾，关系恶化。

第三名：O血型领导对A血型下属

如果满分是10分，O血型领导与A血型下属之间，默契指数高达8.5分。

O血型上司多注重实际，非常喜欢A血型下属务实、吃苦耐劳的工作作风，因此，常常对A血型下属进行表扬。

A血型下属有固执的一面，如他们认为自己受到不公正待遇，就会向O血型领导提出想法。如果是私下里，O血型领导会很认真地听取意见，只要他们觉得是对的就会改进。如果是公开场合，碍于面子，O血型领导将不予理睬。

私家秘语

凡事无绝对，也许某血型人天生具有做领导的潜质，但若本身没有实力、学识，也难成大器。相反，若某种血型人具有慵懒散漫、不具吃苦耐劳的特性，他若下定决心改之，以饱满的热情投入工作，一样可以成为优秀的领导。职场中，积极的工作态度是脱颖而出的保障，它会使人在竞争激烈的职场上走得更顺利。

测试：你的工作效能如何

作为一名员工，只有敬业才能让工作产生最大的效能，取得最佳的业绩。那你的工作效能如何呢？通过下面的测试，就会有一定的了解。

下面的33道题，请选择一个与自己最切合的答案，在序号上打"√"。

1. 我能在规定的时间内完成工作。
   A. 从不　　　　　B. 几乎不　　　　C. 一半时间
   D. 大多数时间　　E. 总是
2. 我勇于承担责任。
   A. 从不　　　　　B. 几乎不　　　　C. 一半时间
   D. 大多数时间　　E. 总是
3. 我认为自己有责任把工作完成好。
   A. 从不　　　　　B. 几乎不　　　　C. 一半时间
   D. 大多数时间　　E. 总是

4. 我的领导对我很满意。
   A. 从不　　　　　B. 几乎不　　　　C. 一半时间
   D. 大多数时间　　E. 总是

5. 我能清楚地明白领导的意图，并努力执行。
   A. 从不　　　　　B. 几乎不　　　　C. 一半时间
   D. 大多数时间　　E. 总是

6. 我认为自己精力充沛，并富有竞争性。
   A. 从不　　　　　B. 几乎不　　　　C. 一半时间
   D. 大多数时间　　E. 总是

7. 我乐意听取一切有利于完成工作的建议。
   A. 从不　　　　　B. 几乎不　　　　C. 一半时间
   D. 大多数时间　　E. 总是

8. 我言行一致。
   A. 从不　　　　　B. 几乎不　　　　C. 一半时间
   D. 大多数时间　　E. 总是

9. 我把困难当成一种挑战。
   A. 从不　　　　　B. 几乎不　　　　C. 一半时间
   D. 大多数时间　　E. 总是

10. 我把错误看成是学习的机会，从中吸取教训。
    A. 从不　　　　　B. 几乎不　　　　C. 一半时间
    D. 大多数时间　　E. 总是

11. 我尽量找寻提高做事效率的方法。
    A. 从不　　　　　B. 几乎不　　　　C. 一半时间
    D. 大多数时间　　E. 总是

12. 我以团队为重，个人服从团队决定。
    A. 从不　　　　　B. 几乎不　　　　C. 一半时间
    D. 大多数时间　　E. 总是

13. 你认为工作是

    A. 使命

    B. 生存的方法

    C. 介于 A、B 之间

14. 你曾以"这不是我分内的工作"为由来逃避责任吗？

    A. 从不

    B. 仅有 1 次

    C. 至少 3 次

15. 你有过"每天多做一点"的想法吗？

    A. 从不

    B. 仅有 1 次

    C. 至少 3 次

16. 你曾认为同事的升迁

    A. 是幸运

    B. 很平常

    C. 是勤奋

17. 你经常第一个到公司吗？

    A. 经常　　　　B. 有时候

    C. 从不

18. 你曾主动推后下班的时间吗？

    A. 从不

    B. 很少

    C. 至少 3 次

19. 公司的地很脏，你会

    A. 视而不见

    B. 想扫又碍于面子

    C. 主动打扫一下

20. 你认为你的工作
    A. 很伟大　　　　B. 很平常　　　　C. 不值一提
21. 一件工作完成后，你会
    A. 坐等下一件工作的到来
    B. 预测下一件工作是什么
    C. 主动寻找下一件工作
22. 我做事讲究窍门，而不是一味蛮干。
    A. 非常符合　　　B. 有点符合　　　C. 无法确定
    D. 不太符合　　　E. 很不符合
23. 我给自己腾出足够的时间，处理最急迫的事情。
    A. 非常符合　　　B. 有点符合　　　C. 无法确定
    D. 不太符合　　　E. 很不符合
24. 我把所有的琐事积攒起来每月抽出几个小时一起处理。
    A. 非常符合　　　B. 有点符合　　　C. 无法确定
    D. 不太符合　　　E. 很不符合
25. 我保持桌面整洁，使我能随时入座办公，并把最急需处置的事情放在桌子正中。
    A. 非常符合　　　B. 有点符合　　　C. 无法确定
    D. 不太符合　　　E. 很不符合
26. 我一次只集中力量干一件事。
    A. 非常符合　　　B. 有点符合　　　C. 无法确定
    D. 不太符合　　　E. 很不符合
27. 我尽量减少一切"等候时间"。如果不得不等的话，我把它看做是"赠与时间"用来休息或干一点别的事情。
    A. 非常符合　　　B. 有点符合　　　C. 无法确定
    D. 不太符合　　　E. 很不符合

第十二章 职场在线：略懂些职场生存攻略

28. 我把上班时间的闲聊减少到最低限度。
    A. 非常符合　　B. 有点符合
    C. 无法确定　　D. 不太符合
    E. 很不符合

29. 我试图每天摸索一种能帮助我节省时间的窍门。
    A. 非常符合　　B. 有点符合
    C. 无法确定　　D. 不太符合
    E. 很不符合

30. 我把每天要办的事按轻重缓急列出单子，尽量把重要的事情早点办完。
    A. 非常符合　　B. 有点符合
    C. 无法确定　　D. 不太符合
    E. 很不符合

31. 我尽可能早地终止那些毫无收益的活动。
    A. 非常符合　　B. 有点符合
    C. 无法确定　　D. 不太符合
    E. 很不符合

32. 我不论做什么事，对自己和别人都提出时间要求。
    A. 非常符合　　B. 有点符合
    C. 无法确定　　D. 不太符合
    E. 很不符合

33. 当我连续办完了几件事后，我将给自己休息时间和特别报酬。
    A. 非常符合　　B. 有点符合　　C. 无法确定
    D. 不太符合　　E. 很不符合

结果分析

第1~12题，回答"A"得5分，回答"B"得3分，回答"C"得2分，回答"D"得1分，回答"E"得0分。

第13～21题，结合所选答案，按照以下计分标准，计算出自己的得分。

题号 选项 得分	13	14	15	16	17	18	19	20	21
A	6	6	0	0	6	0	0	6	0
C	3	0	6	6	0	6	6	0	6

第22～33题，回答"A"得5分，回答"B"得3分，回答"C"得2分，回答"D"得1分，回答"E"得0分。

如果得分在145分以上，说明工作效能很好，有较强的执行力，敬业、工作积极主动，更懂得如何珍惜时间，对工作充满热忱，这些都会是促使人成功的重要因素，只要保持这些良好的习惯，在职场上就会有很好的发展。

如果得分在115～144分，说明工作效能一般，知道工作效能的重要性，但做得还不够，工作效能虽不至于拖后腿，但也不是促使成功的动力。要想在职场中成功，就必须让自己拥有最大的工作效能：加强执行力，更敬业，更主动积极，更加珍惜时间，把更多的热情投入到工作中去。

如果得分在115分以下，说明工作效能很差，随时有丢掉工作的危险。现在所追求的不应该是高尚的理想、远大的目标，而应是脚踏实地地前行，让自己远离疏懒，前面两项就是最好的学习榜样。

第十三章
财富锦囊：解开自己的财富密码

做富翁是很多人深藏于心的梦想，然而真正成为富翁的人并不多，大多数人依然为了养家糊口而终日奔波。富翁与普通人的根本区别只有两个字——财商。如何消费、理财，是生活中最大的学问。

第十三章　财富锦囊：解开自己的财富密码

从九型人格看谁能白手起家当富豪

穷人最缺少什么？很多人都会回答："穷人最缺少钱。"是的，穷人是缺钱，但穷人最缺少的是钱吗？如果你现在正过着贫穷的生活，你就应该深思这个问题。

最富有野心的实干者

在九型人格中，最在意名利得失、自己能否取得成功的人，是实干家。他们具有很重的名利心，换言之，就是最有野心和斗志。

有人认为，野心是一种妄想，甚至是一种贪婪。其实，野心是一种志向、信心和坚忍不拔的精神，它会催人奋进，创造更大更多的财富。

法国富翁巴拉昂去世后，《科西嘉人报》刊登了他的一份特别遗嘱：

"我曾是穷人，但当我走进天堂时，我却是一个大富翁。在跨入天堂门之前，我不想把我的致富秘诀带走。在法兰西中央银行，我有一个私人保险箱，那里面藏有我的秘诀。保险箱的三把钥匙在我的律师和两位代理人手中。

"谁若能回答'穷人最缺少的是什么'而猜中我的秘诀，他将得到我的祝贺。当然，那时我已不可能从墓穴中伸出双手为其睿智欢呼，但他可以从那只保险箱里荣幸地拿走100万法郎，那是我给予他的掌声。"

遗嘱刊出后，《科西嘉人报》收到大量信件。绝大部分人认为，穷人最缺少的是金钱。穷人还能缺少什么？当然是钱了。还有一部分人认为，穷人最缺少的是机会，穷人最缺少的是技能，穷人最缺少的是帮助和关爱。总之，答案五花八门。

一年后，也就是巴拉昂逝世周年纪念日，律师和代理人按巴拉昂生前的交代，在公证部门的监督下打开了那只保险箱。

在48561封来信中，一位叫蒂勒的小姑娘猜对了巴拉昂的秘诀。蒂勒和巴拉昂都认为，穷人最缺的是野心，即成为富人的野心。

颁奖之日，主持人问9岁的蒂勒，为什么想到野心，而不是其他。她说："每次，我姐把她11岁的男友带回家时，总是警告我：'不要有野心！不要有野心！'我想，也许野心可以让人得到自己想要得到的东西。"

一个人取得成功的关键在于想不想成功。有时候，欲望的作用是很大的。

生活中很多人也有成功的愿望，但愿望和欲望不一样。愿望只是静态的，"我希望成功，希望富有，希望很有成就……"而欲望是动态的，"我要获得成功、要创造财富、要获得成就……"因此，拥有欲望的人不仅有愿望，还要付诸行动，真正去追求渴望获得的一切。所以，与其他人格相比，实干者最能成为富翁。

20世纪人类的一项重大发现，就是认识到思想能够控制行动。怎样思考，就会怎样去行动。要是强烈渴望致富，就会调动自己的一切能量去创富，使自己的一切行动、情感、个性、才能与创富的欲望相吻合。对于一些与创富的欲望相冲突的东西，会竭尽全力去克服；对于有助于创富的东西，会竭尽全力地去扶植。这样，经过长期努力，便会成为一个创富者，使创富的愿望变成现实。相反，要是创富的愿望不强烈，一遇到挫折，便会偃旗息鼓，将创富的愿望压抑下去。

如果不想再过贫穷的日子，就要学习实干者拥有创富的野心，并让这种野心时时刻刻激励自己，让你向着这一目标坚持不懈地前进。

第十三章 财富锦囊：解开自己的财富密码

在生活中富有创造力的浪漫主义者

当今时代是一个信息爆炸的时代，它为人们的创富提供了无限广阔的天地。一个好的创意即有可能成就一个富翁，而墨守成规、没有想法的人会被社会淘汰，被自己的同行迅速地甩在后面。

创意，说起来很难，其实也很简单，尤其对于极富想象力的浪漫主义者来说。他们好像天生就是为了创意而存在，因此，我们在一些艺术领域总能看到浪漫主义者忙碌的身影。这是他们的优势，他们的奇思妙想常让身边的人赞不绝口，唯有敬佩的分。

全球知名企业"亚马逊"的创始人贝索斯30岁时已是某金融公司的副总裁。然而当贝索斯偶然看到"网络用户一年中猛增23倍"的信息后，出人意料地告别了华尔街，转而创办网上商务。

在网络上现卖什么东西好？贝索斯列出了20多种商品，然后逐项淘汰，精简为书籍和音乐制品，最后他选定了先卖书籍。为什么贝索斯会如此选择？因为他在分析过程中发现传统出版业有一个根本矛盾：出版商和发行零售商的业务目标相互冲突。出版商需要预先确定某部图书的印数，但图书上市之前，谁也无法准确预知该书的市场需求量。为了鼓励零售商多订货，出版商一般允许零售商卖不完就退回，零售商既然囤积居奇毫无风险，也往往超量订购。贝索斯一针见血地说："出版商承担了所有的风险，却由零售商来预测市场需求量。"贝索斯所看到的其实就是经济活动中无法彻底根除的一种弊病：市场需求与生产之间的脱节。他坚信，运用互联网、省略掉商品流通的一系列中间环节，顾客直接向生产者下订单，就可以真正做到以销定产。

四年后，贝索斯创办的"亚马逊"的市值已经超过400亿美元，拥有450万长期顾客，每月营业额达数亿美元，杰夫·贝索斯也成为全球年轻的超级大富豪。

贝索斯以实际行动告诉我们：有的人能够取得成功，让他赢的往往不是学历，不是经验，而是即时产生的创意和将想法付诸实践的行动。

创意就有这样非凡的作用与威力。许多企业就是凭一个好的创意发达的，许多人就是靠奇妙的创意致富的。好的创意不仅能创造财富，更是财富的化身。也有人专门靠创意来赚钱，这就是大家耳熟能详的点子公司、咨询公司等。

拥有创意，就是拓宽思路，不断创造新点子，想人之所未想，为人之所不能为，从而以新、以奇取胜，用常规思维逻辑之外的想法赢得成功和收获。

人的一生，会有很多好的创意产生，关键是要认识到它的价值，抓住机会，让创意付诸实践，成为财富增长的源泉。不要放弃任何一个好的创意，好的创意就是获得财富的机会！如果你具有这种能力，就应该把握生活与工作的最佳时机，从而在工作中创造伟大的业绩，在为企业带来财富的同时也给自己带来相应的回报。

私家秘语

如果你不是出身富贵之家，靠自己获取财富的首要途径就是创业。创业应该选择什么业种呢？选择业种必须遵循三大原则。

第一，不熟不做。也就是应在自己所处的职业范围选择创业。因为你熟悉这个行业的经营方式，你在工作中也积累了一定的经验，这样你创业时就可以少走弯路。在许多成功的创业者中，他们所选择的业种都是老行当或与所从事职业密切相关的行业。

第二，选择有市场前景的行业，就是选择朝阳行业，选择市场的空白点，以及在尚未饱和的行业中选择创业。

第三，不要脱离自身的条件。比如房地产开发，需要大资金运作；选择软件开发，需要较高的知识技术背景。如果脱离自身的条件创业，那么等待你的很可能是失败。当然，条件不具备，并不等于你不能创业，你可以创造条件：积累资本、学习技术、掌握经验，准备越充分，你创业的胜算就越大。

细看"败家女"的奢侈生活

极尽奢侈的生活，也许是很多人梦想中的"好日子"，但是尽情享受几年之后，留下的是破产的惨败结局。不要以为有了高收入就可以尽情挥霍，不要以为今天尽情玩乐就会给自己留下没有遗憾的人生。当你开始为了高额的债务发愁时，你会为了今天的奢侈生活而后悔。

领导者沉浸于过度的狂欢

过度刺激能够让领导者对其他感觉的感知减弱，让一时的快乐取代个人真实的情感追求。所以，领导者不断寻找刺激，借此消除枯燥，以期得到精神上的愉悦。

为了平衡情绪或缓解压力而去疯狂购物，能在买东西的过程当中感到快乐，女领导者说："去大肆采购一番，然后想尽办法把钱花光，心情也就好了。"但这并不是宣泄无奈的最佳方式，更不要拿购物当做"心药"。

事实上，疯狂购物的女领导者每次买完东西后都会感到后悔，物品一旦到手就失去了吸引她们的魅力。长此以往，她们会掉入自卑的恶性循环中，她们除了通过购物来发泄压抑的情绪之外，无法再用别的外在物质刺激来填补内心的空虚。

有疯狂购物症的女领导者在生活中往往心理素质比较脆弱，容易紧张和焦虑，每次看到自己买了很多根本用不着的东西后，心情会更加郁闷。

所以，一定要走出购物狂的误区。专家建议：人们可以用改变购物模式的方法矫正购物狂热的行为。

（1）交费时不刷卡，改用现金支付，或长期在银联卡里只留小数钱。这样就会有钱被掏出去的感觉。

（2）购物前先列清单，限定只能买清单上列出的物品，如果实在控制不住购物欲望，就把购买目标放在价格较低的小东西上。

（3）采用"改日再来"的延缓方针。在垂青某商品时，先不急于掏钱，而是暗示自己："改天再来吧。"下次来时由于心情变化，购物欲可能下降。

（4）独自一人上街，又有孤独感受时，常常经不住货主的劝说而掏腰包。缓解的有效方法是对可买可不买的商品狠狠杀价，这势必造成碰壁或讨价还价的局面，而且砍价可使人不再孤独。

（5）强化期待心理。对欲购之物尽可能地发现它的不足与缺点，这样你可在期待更完美的物品问世的情绪中，缓解购物欲望。

（6）心里空虚、压抑、无聊时，最好的解决方法是去做些较激烈的体育运动，而不去逛街购物。

渴望奢侈生活的浪漫主义者

女浪漫主义者喜欢时尚、奢华的生活。她们会说"洗衣服可不是我该做的事""这件衣服太廉价，不够档次""为什么买促销的服装，难看而且质量不好"。

不管女浪漫主义者是富豪千金、豪门少奶奶，还是收入不菲的白领一族，她们总会将大把大把的钞票送入商家的口袋里，长此以往，有的人入不敷出，成为名副其实的月光族。

名牌的信誉和质量都是毋庸置疑的。比如诺基亚的手机，美的的小家电，佳能的相机，这些东西都是各自领域的佼佼者。如果想一劳永逸，我们不仅要接近名牌，还要学会买名牌产品。只有懂得名牌消费的方法，在护住自己银子的同时我们又能买到价廉物美的商品，何

第十三章　财富锦囊：解开自己的财富密码

乐而不为？买名牌会让钱包大失血，买仿冒品却又没品位，时尚女性们若想要消费物超所值，"血拼"前不妨先仔细想想，怎样让你的每分钱都花在刀刃上。

（1）挑选名牌时要注意，东西的价与值是否相符。购买物品的价与值一定要相当。价超于值，表示买贵了，是冤大头；如果值超于价，则是捡到便宜；而价与值相当，那就是买得合理、划算。其实，一旦价格超出了价值太多，就不是在买东西，而是在买牌子了。所以，重点在于商品的品质，并不是名牌就值得买。

（2）利用打折期间挑选名牌，你一定能买到物超所值的名牌。其实，较符合价与值相当原则的是一般平价名牌，如果你选对了买的时间，在打折期间，甚至比仿冒品还要便宜，但是品质比仿冒品好。而且，还可以试穿，不像仿冒品在路边只能凭目测。名牌打折其实不难碰到，很多名牌专柜通常会配合商场做换季甩卖，有时也有"花车特价品"，所以，偶尔逛一逛商场的特卖场，可以买到便宜货。

（3）买名牌也要学会把钱花在刀刃上，价格与品质相差很多的名牌最好不要买，如果价格与品质相差不是很大，打折后的正牌比仿冒品贵不了多少，那当然就该选择买正牌的。总之，只有在价格打了折扣又折扣时买名牌才符合理财的原则——划算，让钱财发挥最大的效用。其实，Shopping是一件相当感性的事，但重点在于商品或服务的价与值一定要相当，这样才真的有价值。名牌消费得当，也是省钱的一种表现，只有真正学会挑选价廉物美的名牌，你的钱袋才会守得住。

（4）贵的东西不一定好。卖的人精，买的人也不是傻瓜，贵东西必然有它贵的道理（如果是卖家的欺诈行为，以次充好、以假充真等那就另当别论了）。但对贵东西的"好"要具体分析，传统认为所谓的好，多表现在材料、制造、设计、工艺等方面。在现代社会，"好"的方面要广泛得多——两件材料、制作、工艺等完全相同的西服，名牌的比非名牌的就可能贵上好几倍，那些多出来的钱不是花在西服上，而是花在牌子上了。对一些消费者来说，名牌也是一种"好"，两件质量、款式一样的商品，豪华店、精品店里卖得就比普通商场贵。因为前者地处繁华地带（店堂房租高）、装修考究、服务周到，这些钱都要让消费者掏腰包，所以它贵，但并不代表它卖出的东西就值那么多钱。

另外，我们知道在新品上市的时候（尤其是电子产品），价位高得惊人。如果你在这时候买进，无疑可以"风光"一阵子，但一段时间以后，你会发现，时间过得有多快，价钱就跌得有多快！因此，为了省钱，你最好等到新品上市一段时间后再买，因为刚上市时，产品性能还不稳定，市场前景不明晰，商家生产数量有限。等到进入批量生产阶段，加之产品间的竞争升级，价格自然就下降了。总之，无论商家的花样多么纷繁，你只要认准了只买合适和必需的，你就能轻松掌控自己的钱财了，再也不会掉进商家的陷阱。

私家秘语

"由俭入奢易，由奢入俭难。"花钱花惯了，一下子处处计划，攒钱，不是一件容易的事。但是习惯也是可以养成的，一开始可能会感觉不习惯，但只要养成攒钱的习惯，你的财富就会逐渐增多。

把好日子当成苦日子过，经常告诉自己没有钱，这样就不会经常想着消费了。时间长了，自然会有一些积蓄。年轻人的人生才刚开始，在人生起点养成节俭的好习惯，会让你受益一生。

每种血型都有独特的花钱习惯

坏的花钱习惯如不改掉，会使你一生成不了富人。或许有的女孩子说："我以后嫁个金龟婿不就行了吗？"其实，花钱就像流水，只要你还是这样不计后果，没有计划地花钱，就算是金山银山也会很快消失。常听人们说"挣钱不容易，花钱如流水"就是这个意思。

A血型人：计划没有变化快

A血型人，经常会克制不住自己的欲望，很容易受物质的诱惑，打破原有的计划，预算总是赶不上开支。他们时常感到钱不够花。

上街之前，A血型女性通常会事先想好要买什么东西，并估算开支，可是一上街，这个喜欢，那个舍不得，结果是所有的计划和预算全都被抛到了一边，最后买得个钵满盆满，超资在所难免。

尽管A血型女性喜欢买东西，但也不是胡乱地买，她们通常会选择品质较好的物品，价格倒在其次，首要条件是她们喜欢，且认为合用，才会买下来。

A血型男性在花钱方面似乎更夸张，在一天之内，把零用钱或薪水花光，实在是太平常了。他们的计划总被膨胀的欲求打破。

B血型人：月光族一员

B血型人，对金钱从不知道节制，他们多比较随兴，从不计划，因而常常会身无分文。月光一族中，B血型人较多。

B血型女性购物时好冲动，一时心血来潮，很可能就抱着一堆不合用的东西回家。因为她们毫无节制，还不知悔改，所以，类似的浪费情形还会发生。因此，B血型女性通常存不下钱。

B血型男性是提前消费的典型，要他们为将来打算而储蓄，那简直比登天还难！他们更注重当下，是典型的现在有钱现在花的主儿。

AB血型人：女人攒钱，男人花钱

AB血型人，比较理智，因此，他们大多比较勤俭，有储蓄的习惯。

AB血型女性不喜欢浮华奢靡，对世俗的欲望很淡，因此，她们花钱时都很有计划，谨慎小心。她们喜欢随兴的生活方式，因此，往往能买到价廉物美的东西，当你看见她们身穿名牌衣服时，却搭配着时尚的地摊货，也就不足为奇了。

AB血型男性相当有经济观念，他们对待朋友多很大方，但礼尚往来的观念很淡泊，这倒不是小气，而是他们并不希望对方回请或是急于回请对方。他们在购物上也与众不同。只要是他们喜欢的东西，即使别人认为一文不值，他们也都会——买回来，视如珍宝，小心收藏。鉴于此，他们较AB血型女性在购物上容易冲动。

O血型人：把钱用在刀刃上

O血型女性不会肆意挥霍或凭一时冲动买东西，不太拘于小节，她们很有金钱概念，会有计划地储蓄，并妥善运用金钱。在花钱方面，O血型女性具有"该花则花"的观念，所以，如果你的领导是O血型女，那么恭喜你，她们很会体贴下属，经常邀你一起吃饭。

O血型男性相当精明干练，他们懂得该怎样安排钱财才能实现自己的目标。所以，当他们想要拥有某件东西时，就会进行有计划的储蓄。所以，O血型男性大多具备清晰的金钱观念，不会胡乱花钱，因此也很少浪费。

持家有道"型"女郎

持家有道是每个女人追求的理想，不管你是哪种人格的女生，自身有何优点和缺点，若想成为合格的"管家婆"，需要做到以下四步。

第一步，建立家私档案

每个家庭都有很多证件，购物后都有单据，还有许多藏在角落里不常用的东西。这些东西平时放得很乱，需要时如果找不到会有很大的损失。给你的家上档案，便于管理，也会为你以后减少许多麻烦。要想理清家里各种重要的单据、文件，学会使用家计簿是必要的。家计簿有许多种功能，其一便是记录各种资格文件，包括出生证、身份

第十三章 财富锦囊：解开自己的财富密码

证、护照、户口本及毕业证书等。其他的像结婚证、领养监护文件及各种资格证书也应登记在册。这类资格文件虽不是财产，但它们都是经过自己长时间学习、花费了大量的金钱才得到的。有些根本无法补办，若不慎遗失则损失难以估量。家计簿的另外一项重要记录为权力证明文件，包括房地产状况、家用电器的出厂文件及保修单、设定抵押文件、房屋出租合约等。这类文件直接影响你的收入和支出状况，必须妥善保管。此外，财务文件也应归入家计簿中做记录，如银行存折、股票或债券的单据、保险单、信用卡、贵重物品清单及保险箱中的物品清单等。整理文件要有系统，最好能集中管理，放在固定的地方并分类储存，如有电脑也可存入电脑中以方便查询。注意：所有的单据都应注明时间、内容、重要事项及用途等。除了这些证件、票据以外，任何一个家庭都是由许多繁杂的东西组成，大到房子、汽车、家用电器；小到服装、书本，甚至针线等。清楚地了解家里有哪些物品，不但能够较好地控制消费，而且查找东西时也可以更加省时、省力。如果你希望能够做得更好，可以把所有的物品都登记入册，有条件的还可以存入电脑。在每次准备购物前，可以直接打开记录本或电脑进行查询，家里的物品就能一目了然，需要什么、不需要什么也就很清楚了。给自己的家上档案，虽然做起来很琐碎，但是做好以后在买东西之前看看家里是否已经有了，免去重复购买的可能，能省下不少钱。何乐而不为呢？

第二步，买东西之前列个清单

女性买东西缺乏计划，常在急需的时候匆忙跑进商店买，来不及选择、比价；一进入商场就忘记自己要买的东西，反倒买一堆根本用不着的东西。所以，家中的东西很多买了从来没用，就过了保质期被迫扔掉。对付这个消费恶习最好的方法就是在买东西之前将自己需要的东西列个清单。进入商场按照单子选购，这样就不会进了商场看花眼，买一些不需要的东西。

第三步，在对的时候买对的东西

"买50送10，买100送40，满500就有好礼送，全场货品一律8折，有会员卡还可以享受折上折……"什么物品都打折，你似乎捡了个大便宜，于是，你每天都能买回一大堆商品。如今的商场就像在进行降价购物大比拼，这对于消费者自然是件好事。但如果因为便宜而买回很多不需要的东西，好事就成坏事了。聪明的消费者应该善于打时间差。就拿女人最关心的衣服来说，有些好牌子就一定要趁着刚打折赶快买，因为这种货一般数量有限，不要幻想再等折扣低一些，那时断码严重，估计你除了遗憾还是遗憾。而有一些品牌就一定要等到最后买，这些品牌就等着打折卖货呢，号码永远是全的。所以，打个时间差，在合适的时候买你喜欢的东西，这样，既做到了最大限度的节省，也买回了你心仪的东西。

第四步，砍价无极限

有些女性总会说："砍价？我好像不大在行，而且，好像只有在小贩那儿买东西才行，商场里哪能砍价啊？"谁说商场里不能砍价？这是绝对错误的观念。如今，商场的经营方式都很灵活，商品价格都有回旋余地。跟导购小姐商量，一般商品都能打折。当然，你不砍价，谁会主动降价把东西卖给你？最重要的是，砍价可是门大学问，要察言观色，有进有退，关键时刻一定要坚持。不要不好意思，时刻记住：多坚持一分，省下的实实在在是自己兜里的钱。

只要走好了以上四步，你会成为一个称职的持家女人，成家以后很容易把家里的财政理得井井有条，让你的丈夫对你刮目相看。

私家秘语

现在人们生活水平提高了，一两百元的消费对一般人来说，是不用多考虑的小数目。花一两百元便可以满足占有欲，无疑是很大的乐趣，但问题是，很多东西如装饰摆设和玩偶等，其实是多余的，有些被安置在窗台、角落蒙尘，或放在杂物架的角落里闲置。如果要点缀厅堂，不如买件起眼、有艺术价值的装饰品，虽略为贵点，但只需计算一下，以往花在各种装饰品上的冤枉钱，就会觉得它便宜多了。此外，如果买的是一件可以欣赏几十年的艺术品，就可以给客人留下深刻的印象，而且随着时间的流逝，说不定还有升值的可能。消费，不仅要注重实物，更要看重其潜在价值。

A、B、AB、O 血型人的理财观念

每个人都想有属于自己的小金库，里面有让别人吃惊的财富。可是为什么工作了这么多年小金库里还是存不下钱？每个月的收入也不少，那些收入都跑哪儿去了？其实，很多人只会挣钱，不会花钱。他们认为只要挣得多就行，挣得多了肯定能存下钱，却不知决定财富的不单是收入，还有支出。支出就像流出去的水，一旦流出，就像没有来过一样。所以，挣多少钱不是衡量财富的标准。想要躲开自己的"金融风暴"，积累财富，我们必须学会节省不必要的开支，懂得家庭理财。

A 血型人：捡起芝麻丢了西瓜

A 血型人通常比较短视，不能够从大局出发。因而，从财运上来看，他们很容易有些小财，但往往会漏掉大笔的财富，可谓因小失大，捡起芝麻，丢了西瓜。

A 血型的人长于分析，却从不看重时间，为了做成一件事，他们宁可花费很多时间和气力，也不愿意多花点钱去做一件事。因此，在花钱上，他们一定会仔细考虑所花的每一分钱是否值当。当然，他们也不是"铁公鸡"，只要是他们认为该花的，反倒比其他人都豪爽。

A 血型人在理财方面非常保守，对待金钱总是小心翼翼，一丝不苟，他们绝不容许自己的支出大于收入。所以，A 血型人不见得很有钱，但也不会荷包空空。他们大多不喜欢张扬，所以，你也别想听他们哭穷。

大部分 A 血型人的存折里都会有一笔积蓄，这是他们平时辛辛苦苦存下来的。他们知道金钱得来不易，所以，他们不太愿意将钱拿去投资，宁愿放在银行里，即使利息仍在节节下降。鉴于 A 血型人对于小数目的金钱比较得心应手，建议其可选择零存整取的定存，或谨慎选择一家信誉好的公司来投资定期定额股票和基金。

B 血型人："财富"来也冲冲，去也冲冲

B 血型人通常对能不能致富不那么上心。但他们人缘好，一有赚钱的生意，别人都会想到他，因此，他们的财运不是波涛汹涌，就是风平浪静。

B 血型人通常比较大方，和友人一起吃饭，多半是他们主动埋单。他们也很喜欢享受，尽管他们知道应该存些钱，但是他们似乎天生对自己喜爱的东西缺乏免疫力，总是克制不住花钱的欲望。因此，他们时常会感到捉襟见肘，月初潇洒月末哀。

B 血型人对金钱的反应不那么敏感，对能否赚钱也没有太大的信心，一切全凭运气。在赚钱方面，他们多显得比较被动，要想让他自发地去赚钱，可能性不大。

B 血型人有很多想法，尽管很多都不着边际。鉴于此，建议 B 血型人可开一家纪念品专卖店，因为他们浑身上下能值钱的可能就只剩下创意了。

AB 血型人：常会收到"意外"财富

AB 血型的人，不喜欢占人家的便宜，对自己该出的钱，他算得一清二楚，一分也不会少出。借给人家钱的时候，通常也不太计较利息，而且还很健忘。所以，在 AB 血型人感到分文无有、走投无路的时候，可能会有一笔"意外"的财富降临到他们头上。

AB 血型的人常会预留一笔钱在身边，而且，他们平时也常会有意外的小收获，比如随兴买的饮料可能会中奖等。所以，即使他们再怎么花钱，也不至于山穷水尽。

第十三章　财富锦囊：解开自己的财富密码

AB血型人多比较乐观进取，在生意场上可谓是无往不利，而只要是钱，他们也没有不赚的道理。他们在理财投资上多比较主观，他们获取投资情报的渠道，主要是通过平时阅读理财书籍、收看理财节目，以及自己从多方收集。他们非常相信自己的眼光，有时一出手就是大手笔，让人为之咋舌。

鉴于以上几点，建议AB血型人可多储备些黄金、珠宝和首饰，又能保值还不失体面。当然，要想赚取更多的钱，还需要请专业的理财顾问给予专门的指导。

O血型人：赚钱，坐以待毙不如主动出击

O血型人的财运比较差，他们似乎与钱结了怨，总是需要玩命地挣，才能比较有钱。每遇到赚钱的事，他们都是分秒必争，六亲不认，近乎于抢，在他们的赚钱哲学里，是不允许坐等钱从天上掉下来的。因此，眼前有钱，他们势必赚之而后快。

与O血型人为友是一件很愉快的事，他（她）会对你非常慷慨。当然，这仅限于你是他（她）的知心朋友。有时，他们也是很小气的。当他对别人比较大方时，多是因为他赚到了钱或者对对方有所求。他们是比较现实的一种人，你大可不必因此而疏远他（她），因为他（她）对朋友间的交往还是真诚、可以信赖的。

O血型人对金钱的直觉很敏锐，能够嗅出"钱味"，比较喜欢可以控制一笔钱的感觉，也有掌控金钱的能力。大部分O血型人对数字都很感兴趣，也热衷于各式各样的理财、投资方式，而且一旦确定了目标，他们极可能会大笔投资下去。因此，O血型人可称得上是超爱投资的一类人。这类人通常在古董、字画的收藏上极有心得。

私家秘语

朋友们，站在投资的门槛前，你是不是希望成为一位投资理财的高手呢？一起来看看理财专家为我们设计的最大众化的投资搭配方式吧！

1. 储蓄 35%

从流动性来说，活期储蓄最佳。随着 ATM 和 POS 机的大量出现，活期储蓄存折＋借记卡的形式使用起来非常方便。

储蓄收益虽然大幅减少，但作为保本收益，普通家庭仍可以选择。

2. 国债 30%

由于免征利息税等优惠措施，目前国债的收益率比定期储蓄要高，国债的兑现也不难，只需到银行储蓄网点办理提前支取即可。国债超过半年后，如果提前支取，不像储蓄一样按活期计算利息，而是按各个档次分段计算利息，但提前支取国债要收取 0.2% 的手续费。

3. 保险 10%

投保未出"险情"时如同储蓄，出了"险情"受益匪浅。虽说保险好处多，但现在它仍不能完全与银行储蓄相比，储蓄可以随时支取，保险则是在保值、增值的同时，在发生意外事故后才能给予赔偿，保险不能不投，也不能过量。

4. 股票 5%

从收益来说，股票总体而言收益率较高，但股票市场风云变幻，起伏不定，风险也很大。

5. 其他 10%

投资品种还有很多，如古董、书画、艺术品等，各有各的优缺点，可以根据自己的爱好，选择自己投资的重点。在条件不具备的情况下不要勉强。

财富是累积所得，理财知识也是慢慢积累的。现代人应在成功和失败的投资经历中不断总结经验和教训，特别是现在，金融危机一直潜伏，很多经济上的不安因素都会影响人们对于经济投资的判断，所以我们要理智投资，这样，财富一定会多起来。

第十三章　财富锦囊：解开自己的财富密码

测试：是什么阻碍了你发财致富

尽管金钱不是衡量一个人成功与否的唯一标准，但在现今社会中，成功人士的口袋中缺钱的为数不多，也就是说，有钱在一定程度上已经与有作为画上了等号。

也许你目前正处于锻炼自我、提高能力的阶段，虽有壮志，却无钱财，那你也不必着急，只要你掌握了积累财富的方法，何愁不发财呢？

先做个测试吧！每题共有三个选项：A. 是；B. 不知道；C. 否。选择适合你的一项。

测试开始

1. 你经常买福利彩票吗？
2. 你喜欢吃甜食吗？
3. 你喜欢打麻将吗？
4. 你喜欢说些令人吃惊的话吗？
5. 你的体重适中吗？
6. 你常去商店买打折的物品吗？
7. 小时候你拥有许多玩具吗？
8. 你的亲友有人经商吗？
9. 你看到想要的东西一定要得到吗？
10. 你喜欢追逐时尚吗？
11. 你能独自一人完成一项任务吗？
12. 你从小到大从未缺过钱吗？
13. 在银行有你的户头吗？
14. 你很少借钱给别人吗？
15. 你觉得自己很聪明吗？

16. 你会同意以分期付款的方式买房、买车吗？
17. 你经常储蓄吗？
18. 你愿意为了大局而牺牲小的利益吗？
19. 你会在公共场合捡起一角钱吗？
20. 你从没做过丢钱或被抢劫的梦吗？

评分标准

选A计3分，选B计2分，选C计1分，最后汇总分。

结果分析

1～20分：花钱如流水型

你的一生不会有太多的储蓄。不是不能挣钱，而是不能存钱，"得过且过""今朝有酒今朝醉"这种观念根深蒂固，只图眼前的享受，不为以后着想，丝毫没有储蓄的念头。

你若想过得"丰衣足食"，平时就应计划用钱，减少不必要的开支。

21～30分：老来有财运型

你胆大心细，喜欢挑战，如果有机会投资金属、宝石和不动产等，甚至独自经商，极有可能成为亿万富翁。纵然，丧失了这些良机，成不了亿万富翁，但凭你不服输、肯吃苦的个性也能成为"小财主"，过上舒适、不愁物质享受的晚年。

31～44分：缺乏财运型

你从小缺少存钱的习惯，加上性情懒惰、赚钱能力弱，自然不会得到财神爷的眷顾。但是倘若从现在起，你尽可能存钱，且从事不动产等风险小的投资事业，那么日后拥有几十万元也不是不可能。

45～60分：财运滚滚型

你之所以腰缠万贯，除了敢于冒险、艰苦奋斗外，最主要的是有一颗成为富人的野心：不满足于平凡的生活，始终憧憬事业飞黄腾达。可以说，"不放弃、不抛弃"的事业态度成就了你的一生。